# Kompakt-Training
# Praktische Betriebswirtschaft
Herausgeber Professor Klaus Olfert

www.kiehl.de

# Investition

Von
Prof. Dipl.-Kfm. Klaus Olfert

6., durchgesehene und aktualisierte Auflage

**Herausgeber:**

Prof. Dipl.-Kfm. Klaus Olfert
Postfach 13 26
69141 Neckargemünd

ISBN 978-3-470-**49756**-3 · 6., verbesserte und aktualisierte Auflage 2012

© NWB Verlag GmbH & Co. KG, Herne 1999

**Kiehl ist eine Marke des NWB Verlags**

Satz: Röser MEDIA GmbH & Co. KG, Karlsruhe
Druck: medienHaus Plump GmbH, Rheinbreitbach

# Kompakt-Training Praktische Betriebswirtschaft

Das Kompakt-Training Praktische Betriebswirtschaft ist aus der Notwendigkeit entstanden, dass Wissen immer häufiger unter erheblichem Zeit- und Erfolgsdruck erworben oder reaktiviert werden muss. Den vielfältigen betriebswirtschaftlichen Fakten und Zusammenhängen, die aufzunehmen sind, stehen eng begrenzte Zeitbudgets gegenüber.

Die vorliegende Fachbuchreihe ist darauf ausgerichtet, die Leser darin zu unterstützen, rasch und fundiert in die verschiedenen betriebswirtschaftlichen Themenbereiche einzudringen sowie diese aufzufrischen. Sie eignet sich in besonderer Weise für:

► Studierende an Fachhochschulen, Akademien und Universitäten
► Fortzubildende an öffentlichen und privaten Bildungsinstitutionen
► Fach- und Führungskräfte in Unternehmen und sonstigen Organisationen.

Das Kompakt-Training Praktische Betriebswirtschaft ist auch zum Selbststudium sehr gut geeignet, nicht zuletzt wegen seiner herausragenden Gestaltungsmerkmale. Jeder einzelne Band der Fachbuchreihe zeichnet sich u. a. aus durch:

► kompakte und praxisbezogene Darstellung
► systematischen und lernfreundlichen Aufbau
► viele einprägsame Beispiele, Tabellen, Abbildungen
► 50 praxisbezogene Übungen mit Lösungen
► MiniLex mit 150 bis 200 Stichworten.

Für Anregungen, die der weiteren Verbesserung dieses Lernkonzeptes dienen, bin ich dankbar.

*Prof. Klaus Olfert*
Herausgeber

# Vorwort zur 6. Auflage

Investitionen sind die notwendigen Grundlagen, um den Bestand und die Weiterentwicklung der Unternehmen sicherzustellen. Aufgrund des sich anhaltend verstärkenden Kostendruckes in den Unternehmen und den sich dadurch entsprechend begrenzenden Kostenbudgets wird es zunehmend bedeutsamer, die Wirtschaftlichkeit von Investitionen zu gewährleisten und nachzuweisen.

Das bedeutet, dass sämtliche Investitionsvorhaben der Unternehmen auf den Prüfstand gestellt werden müssen. Jede neue Investition ist kritisch zu durchleuchten und nur dann zu realisieren, wenn sie den Zielen des Unternehmens uneingeschränkt gerecht wird. Um die Vorteilhaftigkeit von Investitionen feststellen zu können, gibt es eine Reihe unterschiedlich geeigneter Verfahren.

Das Kompakt-Training Investition will dazu beitragen, Studierenden, Fortzubildenden sowie Fach- und Führungskräften das grundlegende investitionsbezogene Wissen zu vermitteln. Es umfasst vier Themenschwerpunkte:

► die **Grundlagen**, die als finanzwirtschaftliche Funktionen und Führung beschrieben werden, wobei insbesondere auf die Ziele und Instrumente der Finanzwirtschaft eingegangen wird

► die **Investitionsentscheidung**, die sich mit dem Entscheidungsprozess, dem dabei erforderlichen Informationsbedarf und der Ermittlung des Kapitalbedarfes beschäftigt

► die **Investitionsrechnungen zur Beurteilung von Sachinvestitionen** als statische und dynamische Investitionsrechnungen, die der Lösung von Auswahl- und Ersatzproblemen dienen

► die **Investitionsrechnungen zur Beurteilung von Finanzinvestitionen**, die sich als Bewertung von Unternehmen bzw. Aktien auf Beteiligungen beziehen sowie festverzinsliche Wertpapiere zum Gegenstand haben.

Die Themenbreite, die sich der Investition stellt, wird systematisch und kompakt behandelt. 50 praxisbezogene Aufgaben und Lösungen schließen sich an den Textteil an. Das rund 110 Stichworte umfassende MiniLex bietet die Möglichkeit, die wichtigsten finanzwirtschaftlichen Begriffe nachzuschlagen und zu repetieren.

Nach kurzer Zeit wurde es notwendig, eine neue Auflage vorzubereiten. Dabei wurden zahlreiche Verbesserungen und Aktualisierungen vorgenommen. Für Anregungen, die der Verbesserung des Buches dienen, bin ich auch weiterhin allen Leserinnen und Lesern dankbar.

*Prof. Klaus Olfert*
Neckargemünd, im Mai 2012

## Feedbackhinweis

Kein Produkt ist so gut, dass es nicht noch verbessert werden könnte. Ihre Meinung ist uns wichtig. Was gefällt Ihnen gut? Was können wir in Ihren Augen verbessern? Bitte schreiben Sie einfach eine E-Mail an: **c.ziegler@kiehl.de**

Als kleines Dankeschön verlosen wir unter allen Teilnehmern einmal pro Monat ein Buchgeschenk!

# Benutzungshinweise

## Aufgaben/Fälle

Die Aufgaben/Fälle im Übungsteil dienen der Wissens- und Verständniskontrolle. Auf sie wird jeweils im Textteil hingewiesen:

Aufgabe 1 > Seite 193
Aufgabe 2 > Seite 193

Der Übungsteil befindet sich als „blauer Teil" am Ende des Buches. Es wird empfohlen, die Aufgaben/Fälle unmittelbar nach Bearbeitung der entsprechenden Textstellen zu lösen.

Aus Gründen der Praktikabilität und besseren Lesbarkeit wird darauf verzichtet, jeweils männliche und weibliche Personenbezeichnungen zu verwenden. So können z. B. Mitarbeiter, Arbeitnehmer, Vorgesetzte grundsätzlich sowohl männliche als auch weibliche Personen sein.

# INHALTSVERZEICHNIS

# A. Grundlagen

Unternehmen sind planmäßig organisierte Betriebswirtschaften, die dazu dienen, Güter bzw. Dienstleistungen zu beschaffen, zu verwerten, zu verwalten und abzusetzen. Sie können z. B. **Industrieunternehmen** sein, bei denen die Produktion von Sachgütern mithilfe ggf. vielfältiger Maschinen bzw. Anlagen im Vordergrund steht, oder **Handelsunternehmen**, die selbst keine Sachgüter fertigen, sondern vorrangig die Aufgabe übernehmen, die Distribution von Gütern zu bewirken.

Gleichgültig, ob Unternehmen industriell ausgerichtet sind, als Handelsunternehmen tätig werden oder sonstige Dienstleistungen anbieten, erfordert die Erbringung ihrer Leistungen, dass **Auszahlungen** dafür notwendig werden. Andererseits führt die erfolgreiche Verwertung ihrer Leistungen zu **Einzahlungen**. Unternehmen sind entsprechend durch zwei Bereiche geprägt:

► Den **Leistungs(wirtschaftlichen) Bereich**, in dem die Kombination der Produktionsfaktoren erfolgt, um die Leistungen herbeizuführen. **Produktionsfaktoren** sind:

| Arbeit | Tätigkeit der Mitarbeiter zur Erfüllung von Aufgaben |
|---|---|
| Betriebsmittel | Sämtliche Einrichtungen und Anlagen des Unternehmens |
| Werkstoffe | Für den Leistungsprozess benötigte Roh-, Hilfs-, Betriebsstoffe |

In **industriellen Unternehmen** umfasst der Leistungsbereich den Materialbereich, Produktionsbereich und Marketingbereich. Er ist einerseits mit dem Beschaffungsmarkt und andererseits mit dem Absatzmarkt verbunden, zwischen denen **leistungswirtschaftliche Prozesse** ablaufen:

Der **Materialbereich** beschafft auf dem Beschaffungsmarkt die für die Produktion erforderlichen Werkstoffe und Zulieferteile, die daraufhin zu lagern und zu verteilen sind, ggf. aber auch das Produktionsprogramm ergänzende Waren. **Keine Aufgabe** des Beschaffungsbereiches ist die Beschaffung von Betriebsmitteln und Arbeitskräften. Da sie beträchtlich andere Merkmale aufweisen als Werkstoffe, befasst sich mit ihnen der Produktions- bzw. Personalbereich.

Der **Produktionsbereich** ist dafür zuständig, unter Einsatz der erforderlichen Betriebsmittel, z. B. Maschinen und Werkzeuge, die Bearbeitung und Verarbeitung der Werkstoffe durchzuführen. In industriellen Unternehmen stellen Sachgüter das Ergebnis des Produktionsprozesses dar. Dem **Marketingbereich** kommt die Aufgabe zu, die gefertigten Produkte und ggf. ergänzend die angebotenen Waren unter Einsatz marketingpolitischer Instrumente an die Kunden abzusetzen, d. h. die erstellten Leistungen zu verwerten.

► Der **Finanz(wirtschaftliche) Bereich** steht dem Leistungsbereich gegenüber. Er befasst sich mit den Einzahlungen und Auszahlungen, die so zu gestalten sind, dass die **Zahlungsfähigkeit** des Unternehmens nicht gefährdet wird. Wie gezeigt, werden die Zahlungen durch die Erstellung und Verwertung der Leistungen bewirkt.

Die **finanzwirtschaftlichen Prozesse** laufen – wie die leistungswirtschaftlichen Prozesse – zwischen dem Absatzmarkt und dem Beschaffungsmarkt ab, sind jedoch gegenläufig zu diesen:

Obwohl oben dargestellt wurde, dass die Einzahlungen und Auszahlungen des Unternehmens aus der Erstellung und Verwertung seiner Leistungen resultieren, muss festgestellt werden, dass es auch Einzahlungen und Auszahlungen gibt, die sich nicht aus leistungswirtschaftlichen Prozessen ergeben, sondern in Zusammenhang mit dem **Geld- bzw. Kapitalmarkt** sowie dem **Staat** stehen, z. B. als:

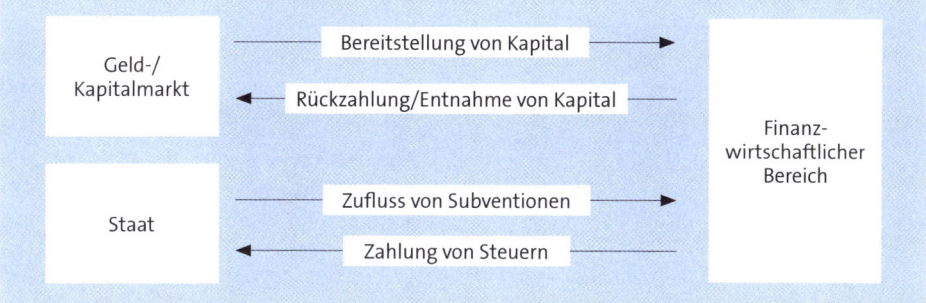

Die Investition, der sich dieses Buch widmet, wird in der Betriebswirtschaftslehre der **Finanzwirtschaft** zugerechnet. Ihr obliegt die Planung, Steuerung und Kontrolle der Einzahlungen und Auszahlungen des Unternehmens. Dabei hat sie Sorge dafür zu tragen, dass die dem Unternehmen zufließenden Einzahlungen auf Dauer die bewirkten Auszahlungen weitestmöglich übersteigen, d. h. ein maximaler finanzwirtschaftlicher Überschuss erzielt wird.

Als **Grundlagen** der Finanzwirtschaft sollen in diesem Kapitel behandelt werden:

| Grundlagen | Finanzwirtschaftliche Funktionen |
| --- | --- |
| | Finanzwirtschaftliche Führung |

# 1. Finanzwirtschaftliche Funktionen

Die finanzwirtschaftlichen Funktionen des Unternehmens umfassen:

► die **Finanzierung** als Kapitalbeschaffung

► die **Investition** als Kapitalverwendung

► den **Zahlungsverkehr**, welcher der Kapitalverwaltung in Form der Kapitalaufnahme und Kapitaltilgung dient.

Im Gegensatz zur leistungswirtschaftlichen Sichtweise des erlösmaximierenden und kostenminimierenden Prinzips ist **im finanzwirtschaftlichen Denken** die Maximierung der **Rentabilität** als Zielsetzung vorrangig, wobei sie unter Beachtung weiterer Zielsetzungen erfolgt, die Liquidität, Sicherheit und Unabhängigkeit darstellen. Hierauf wird noch näher eingegangen – siehe S. 30 ff.

Zunächst soll geklärt werden, was unter **Kapital** zu verstehen ist. Es wird in der Betriebswirtschaftslehre begrifflich unterschiedlich weit gefasst. So kann Kapital z. B. als abstrakte Wertsumme in der Bilanz oder als Geld für Investitionen angesehen werden. Es sollen abstraktes und konkretes Kapital gegenübergestellt werden:

► Das **abstrakte Kapital** umfasst die Gesamtheit der Positionen, die auf der **Passiv-Seite** der Bilanz ausgewiesen werden und lässt sich rechtlich in Eigenkapital und Fremdkapital untergliedern – siehe ausführlich *Ditges/Arendt, Grefe*:

| AKTIVA | Bilanz | PASSIVA |
|---|---|---|
| | Eigenkapital<br>► Geschäftsanteile<br>► Rücklagen<br>► Gewinnvortrag<br>► Jahresüberschuss<br><br>Fremdkapital<br>► Rückstellungen<br>► Verbindlichkeiten | |

Mithilfe des abstrakten Kapitals kann die Herkunft des Kapitals offengelegt und eine Bewertung des Kapitals vorgenommen werden.

▶ Das **konkrete Kapital** stellt das Vermögen des Unternehmens dar und wird auf der **Aktiv-Seite** der Bilanz als Anlagevermögen und Umlaufvermögen ausgewiesen. Mit ihm werden die Ergebnisse der Finanzierung deutlich, also – sofern es nicht Geld ist – die **Investitionen**.

Das **Anlagevermögen** umfasst all jene Vermögensgegenstände, die ihrer Zweckbestimmung nach dazu bestimmt sind, dem Unternehmen „dauernd" zu dienen, d. h. über lange Zeit. Dem **Umlaufvermögen** sind die Vermögensgegenstände zuzurechnen, die dem Unternehmen nicht „dauernd" dienen sollen.

| AKTIVA | Bilanz | PASSIVA |
|---|---|---|
| Anlagevermögen<br>▶ Immaterielle Vermögensgegenstände, z. B. Patente, Lizenzen, Geschäfts-, Firmenwert<br>▶ Sachanlagen, z. B. Grundstücke, Bauten, Maschinen, technische Anlagen<br>▶ Finanzanlagen, z. B. Beteiligungen, Wertpapiere des AV, Ausleihungen<br><br>Umlaufvermögen<br>▶ Vorräte, z. B. Roh-, Hilfs-, Betriebsstoffe, Erzeugnisse, Waren<br>▶ Forderungen, z. B. aus Lieferungen und Leistungen sowie sonstige Vermögensgegenstände<br>▶ Wertpapiere des UV<br>▶ Schecks/Kassenbestand<br>▶ Guthaben bei Zentralbank/Kreditinstituten | | |

**Geld** ist das Bindeglied zwischen den leistungswirtschaftlichen und finanzwirtschaftlichen Funktionen. Es dient der Beschaffung der Produktionsfaktoren und wandelt sich dadurch in Anlagevermögen und Umlaufvermögen des Unternehmens um, bis es durch den Absatz der erstellten Leistungen wieder in Form von Geld dem Unternehmen zufließt.

Als Geld ist das **Bargeld** anzusehen, aber auch das **Buchgeld**, das kein gesetzliches Zahlungsmittel ist, in Form von Sichteinlagen bei Kreditinstituten und durch Kreditgewährung bereitgestellte Mittel. Zudem gibt es **Geldersatzmittel** in Form von Schecks und Wechseln. Alle diese Zahlungsmittel – siehe S. 25 – sind dem Umlaufvermögen zuzurechnen, stellen also **konkretes Kapital** dar.

Die Summe sämtlicher mit der Tätigkeit des Unternehmens verbundenen Zahlungen – also der Auszahlungen bzw. der Einzahlungen, die in Verbindung mit den erbrachten Leistungen in Form von Sachgütern oder Dienstleistungen stehen – wird als **Zahlungsstrom** bezeichnet.

**Auszahlungen** stellen den Abgang von Geldmitteln dar, z. B. indem Kreditverbindlichkeiten getilgt werden. **Einzahlungen** bewirken den Zufluss von Geldmitteln, wobei sich z. B. das Bankguthaben oder der Kassenbestand erhöht.

Mit Auszahlungen und Einzahlungen wird der Bestand an liquiden Mitteln verändert, da das Geld unmittelbar fließt. Er wird auch als **Zahlungsmittelbestand** bezeichnet und umfasst Kassenbestände sowie jederzeit verfügbares Bankguthaben.

Auszahlungen und Einzahlungen sind für die Finanzwirtschaft und die ihr zu Grunde liegende Planung die **einzig geeigneten Größen**. Sie sind von weiteren Begriffen, die im Unternehmen ebenfalls mit Geldbewegungen verbunden sind, abzugrenzen. Das sind:

► **Ausgaben/Einnahmen**

**Ausgaben** werden dadurch bewirkt, dass Verbindlichkeiten eingegangen werden, z. B. Waren eingekauft werden. **Einnahmen** entstehen aufgrund von Forderungen, z. B. aus dem Verkauf von Waren auf Ziel.

Ausgaben und Einnahmen beeinflussen sowohl den leistungswirtschaftlichen als auch den finanzwirtschaftlichen Strom und verändern das **Geldvermögen**, das sich aus dem Zahlungsmittelbestand zuzüglich der Forderungen und abzüglich der Verbindlichkeiten zusammensetzt. Sie entstehen durch einen Kreditierungsvorgang.

► **Aufwand/Ertrag**

Aufwand ist der erfasste Wertverzehr. Er führt zu negativen Veränderungen des Geld- und Sachvermögens. Dem Ertrag liegt ein Wertzugang zu Grunde, der das Geld- und Sachvermögen positiv verändert. Aufwand und Ertrag können der Erfüllung des Betriebszweckes dienen oder nicht dazu bestimmt sein.

► **Kosten/Erlöse**

Auch den **Kosten** und **Erlösen** liegen erfolgswirksame betriebliche Vorgänge zu Grunde. Sie stellen Wertverzehr bzw. Wertezugang dar, der in Verbindung mit der Erstellung und Verwertung betrieblicher Leistungen steht sowie der Sicherung der dafür notwendigen betrieblichen Kapazitäten.

## Aufgabe 1 > Seite 193

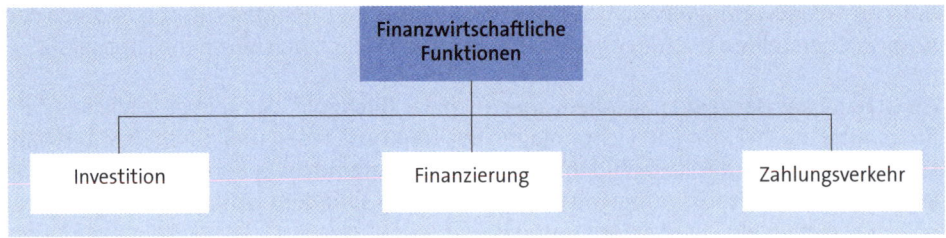

## 1.1 Investition

Die Investition wird allgemein als **Kapitalverwendung** aufgefasst. Es gibt aber unterschiedliche Auffassungen darüber, was unter Investition genau zu verstehen ist, so gibt es z. B.:

► Einen **vermögensbestimmten Investitionsbegriff**, der sich aus der bilanziellen Sichtweise ergibt. Danach ist die Investition eine Umwandlung des Kapitals in Vermögen.

► Einen **zahlungsbestimmten Investitionsbegriff**, dem eine pagatorische Sichtweise zu Grunde liegt. Hier wird unter der Investition alles verstanden, was nicht mehr Geld ist, d. h. durch Auszahlungen zu Vermögen wird.

Folgende **Fragen** stellen sich bei der Kapitalverwendung im Unternehmen:

► Welche Investitionen sind zur Beschaffung von Vermögensteilen notwendig?
► Welche Investitionen sind – besonders unter Kostengesichtspunkten – optimal?
► Welche Kapitalbindungen ergeben sich durch Investitionen?

Der **Investitionsprozess** beginnt mit der ersten Auszahlung, die für die Beschaffung eines Investitionsobjektes erforderlich ist. Vielfach folgen daraufhin Auszahlungen, z. B. für Löhne und Materialien. Das so gebundene Kapital wird nach und nach wieder freigesetzt, indem die mithilfe des Investitionsobjektes erstellten Leistungen abgesetzt werden, wodurch Einzahlungen erfolgen.

Dementsprechend schließt sich der Investition die **Desinvestition** an, welche die Freisetzung des gebundenen Kapitals bedeutet. Sie kann in Form von Umsatzerlösen aus den durch die Investition erzeugten und verkauften Produkten oder durch den Verkauf von Investitionsobjekten selbst erfolgen. Ihr kommt eine **Finanzierungsfunktion** zu.

Um möglichst vorteilhafte Investitionen zu bewirken, setzen die Unternehmen im Rahmen der Investitionsplanung verschiedene **Investitionsrechnungen** ein – siehe ausführlich *Olfert*.

Als **Arten** der Investition können unterschieden werden:

► **objektbezogene Investitionen**
► **wirkungsbezogene Investitionen**.


### 1.1.1 Objektbezogene Investitionen

Objektbezogene Investitionen beziehen sich auf am betriebswirtschaftlichen Prozess des Unternehmens mitwirkende Objekte. Sie können eingeteilt werden in:

► **Sachinvestitionen**, die auch leistungs- oder produktionswirtschaftliche Investitionen bzw. Realinvestitionen genannt werden. Sie sind direkt in den Leistungsprozess des Unternehmens beteiligt, z. B. als Maschinen, oder ermöglichen ihn, z. B. als Gebäude.

Sachinvestitionen lösen Zahlungsströme aus, deren Nachverfolgung auf der Auszahlungsseite, z. B. für eine Drehmaschine, relativ einfach ist, während die Zurechenbarkeit der daraus resultierenden Einzahlungen sich schwierig gestaltet, z. B. inbesondere bei mehrstufigen und komplexen Fertigungsprozessen mit mehreren Maschinen.

► **Finanzinvestitionen**, die auch finanzwirtschaftliche Investitionen oder Nominalinvestitionen genannt werden und sich auf das Finanzanlagevermögen des Unternehmens beziehen. Sie lassen sich einteilen in:

| | |
|---|---|
| **Forderungsrechte** | Sie stellen Ansprüche auf Nominalgüter, z. B. Bankguthaben, Kundenforderungen, gewährte Darlehen oder festverzinsliche Wertpapiere dar. |
| **Beteiligungsrechte** | Das sind Beteiligungstitel, z. B. als Aktien oder Gesellschaftsanteile zur Beteiligung an anderen Unternehmen. |

Finanzinvestitionen lösen relativ leicht zurechenbare Zahlungsströme aus. Im Gegensatz zu Sachinvestitionen sind auch die Einzahlungen zumeist nach der Höhe und dem Zeitpunkt gut zu erfassen, da die Investitionsobjekte abgrenzbar sind.

► **Immaterielle Investitionen**, die vorgenommen werden, um die Wettbewerbsfähigkeit des Unternehmens zu erhalten oder zu stärken. Sie erfolgen im Bereich Forschung und Entwicklung, z. B. durch Schaffung neuer günstigerer Produktionsverfahren, aber auch im Personalbereich, z. B. durch Aus- und Fortbildungsinvestitionen oder im Marketingbereich zur Steigerung des Goodwill, z. B. durch Aufbau eines Kundenstammes oder eines Firmenimage.

Immaterielle Investitionen werden auf der Aktiv-Seite der Bilanz ausgewiesen, wenn sie durch das Unternehmen gegen Geld erworben wurden, z. B. als gekaufte Patentrechte. Ohne bilanziellen Niederschlag bleiben sie, wenn sie im Unternehmen selbst gebildet werden, z. B. als eigene Patente oder im Rahmen der Fortbildung.

Die Zahlungsströme der immateriellen Investitionen sind nur relativ ungenau zu erfassen. Das gilt vor allem für die Einzahlungen.

### 1.1.2 Wirkungsbezogene Investitionen

Wirkungsbezogene Investitionen streben bestimmte Effekte und Auswirkungen im Unternehmen an. Nach ihrer Wirkungsart lassen sich unterscheiden:

► **Nettoinvestitionen**, die auch Neuinvestitionen genannt werden. Sie haben erstmaligen oder einmaligen Charakter für das Unternehmen und können sein:

| | |
|---|---|
| **Gründungs-investitionen** | Sie fallen bei der Gründung oder dem Kauf eines Unternehmens einmalig an und werden auch als Anfangsinvestitionen, Erstinvestitionen, Errichtungsinvestitionen oder Neuinvestitionen bezeichnet. |
| **Erweiterungs-investitionen** | Sie stellen die einmalige Vergrößerung des bereits vorhandenen Leistungspotenzials oder die Schaffung eines neuen Leistungspotenzials zur Schaffung neuer Kapazitäten dar. |

▶ **Reinvestitionen**, die auch Ersatzinvestitionen im weiteren Sinne genannt werden. Sie schließen sich zeitlich an bereits in der Vergangenheit getätigte Investitionen im Unternehmen an und füllen die durch Verschleiß oder Verbrauch verringerten Bestände an Produktionsfaktoren im Unternehmen wieder auf. Zu unterscheiden sind:

| | |
|---|---|
| **Ersatzinvestitionen** im engeren Sinne | Sie ersetzen nicht mehr nutzbare Investitionsobjekte durch neue gleichartige Investitionsobjekte, um die Leistungsfähigkeit des Unternehmens zu erhalten und bringen keinen technischen Fortschritt mit sich.<br>**Beispiel**: Ein Schwarz-Weiß-Kopiergerät wird durch ein gleichartiges Gerät ersetzt. |
| **Rationalisierungsinvestitionen** | Sie dienen der Steigerung der Leistungsfähigkeit des Unternehmens, indem neue, mit einem höheren Technikstand versehene und/ oder kostensparende Investitionsobjekte alte Investitionsobjekte ersetzen.<br>**Beispiel**: Ein Schwarz-Weiß-Kopiergerät wird durch einen Farb-Kopierer mit Sortierfunktion ersetzt. Es tritt eine höhere Produktionseffektivität ein. |
| **Umstellungsinvestitionen** | Sie werden aufgrund einer mengenmäßigen Verschiebung im Fertigungsprogramm erzwungen. Zumeist sind dies absatzbedingte Umstellungen, die dazu dienen, mit einer neuen Zusammensetzung des Maschinenparks den Marktentwicklungen zu entsprechen.<br>**Beispiel**: Ein Unternehmen fertigt drei Produkte A, B und C mithilfe von drei unterschiedlichen Maschinentypen. Während sich die Absatzmenge von A in diesem Jahr fast verdoppelt, reduziert sie sich für C fast auf die Hälfte. Entsprechend muss der Maschinenpark angepasst werden. |
| **Diversifizierungsinvestitionen** | Das Unternehmen führt sie zur Risikostreuung und damit zu seiner Sicherung durch, weswegen sie auch **Sicherungsinvestitionen** genannt werden. Ursachen können z. B. veränderte Absatzstrukturen oder durch neue Märkte erzwungene neue Produktionsgebiete sein. Zu unterscheiden sind:<br>▶ **Horizontale Diversifizierungsinvestitionen**, die eine Aufnahme von Produkten in das Fertigungsprogramm bedeuten, welche produktionstechnisch, beschaffungs- oder absatzwirtschaftlich mit den bisherigen Produkten verwandt sind.<br>**Beispiel**: Ein Holzspielzeughersteller produziert auch Holzmöbel oder Plastikspielzeug.<br>▶ **Vertikale Diversifizierungsinvestitionen**, die Leistungen von vor- oder nachgelagerten Wirtschaftsstufen in das Unternehmen integrieren.<br>**Beispiel**: Ein Holzspielzeughersteller kauft zur Sicherung seines Rohstoffbezuges eine Sägemühle oder eröffnet zur Sicherung seines Absatzes eine stationäre Vertriebsorganisation (Holzspielzeugläden).<br>▶ **Laterale Diversifizierungsinvestitionen**, die völlig neue Produktionsformen oder branchenfremde Produkte bedeuten.<br>**Beispiel**: Ein Holzspielzeughersteller eröffnet eine Schnell-imbisskette. |

▶ **Bruttoinvestitionen**, ergeben sich aus der Summe der Nettoinvestitionen und Reinvestitionen und stellen die Gesamtheit aller Investitionen innerhalb einer Wirtschaftsperiode dar.

### Aufgabe 2 > Seite 193

## 1.2 Finanzierung

Finanzierung ist die **Beschaffung von Kapital**, das zur Leistungserstellung und Leistungsverwertung im Unternehmen benötigt wird. Sie kann in Form von Geld, Sachwerten und Rechten erfolgen und findet ihren Niederschlag auf der **Passiv-Seite** der Bilanz, die Auskunft über Art und Umfang der Finanzierung gibt.

Überwiegend wird dem Unternehmen durch die Finanzierung Geld zugeführt, das der späteren Investition und Umwandlung in Vermögen dient. Die Zuführung von Sachwerten und Rechten beinhaltet bereits die Investition, d. h. Finanzierung und Investition geschehen dabei zum gleichen Zeitpunkt.

In der betrieblichen Praxis geht es bei der Finanzierung um die Beantwortung z. B. folgender Fragen:
▶ Welche Höhe weist der Kapitalbedarf des Unternehmens auf?
▶ Welche Finanzierungsarten bieten sich zur Deckung des Kapitalbedarfs an?
▶ Wie sieht die optimale – insbesondere auch kostenminimale – Finanzierung aus?

Hinsichtlich der Finanzierung sind zu unterscheiden:
▶ **Eigen-/Fremdfinanzierung**
▶ **Außen-/Innenfinanzierung**
▶ **Finanzierungsanlässe/Überlassungsfristen**.

### 1.2.1 Eigen-/Fremdfinanzierung

Bei der Eigen- und Fremdfinanzierung werden dem Unternehmen unterschiedliche Kapitalarten zugeführt. Je nachdem, ob es sich dabei um Eigenkapital oder Fremdkapital handelt, gibt es:

▶ Die **Eigenfinanzierung**, die sich dadurch auszeichnet, dass Eigenkapital dem Unternehmen gewöhnlich zeitlich unbegrenzt zur Verfügung gestellt wird, wobei der bzw. die Eigenkapitalgeber bei der Auflösung des Unternehmens einen Anspruch auf den verbleibenden Liquidationserlös haben. Es kann aber auch sein, dass Eigenkapital – ganz oder teilweise – im Verlauf der Zeit aus dem Unternehmen abgezogen wird.

Der Zufluss von Eigenkapital ist möglich durch:
- **alte Gesellschafter**, die ihre Kapitaleinlage erhöhen
- **neue Gesellschafter**, die erstmals Kapital einlegen.

▶ Bei der **Fremdfinanzierung** fließt dem Unternehmen Fremdkapital zu. Seine Nutzung ist zeitlich begrenzt. Der bzw. die Fremdkapitalgeber haben bei der Liquidation des Unternehmens einen Anspruch auf bevorrechtigte Befriedigung vor dem Eigenkapital.

Die Unterschiede zwischen Fremd- und Eigenkapital gründen auf verschiedenen Rechten, die den jeweiligen Kapitalgebern zustehen – siehe ausführlich *Olfert*:

| Eigenkapital | ► Herrschaftsrechte (Entscheidungsrecht und Informationsrecht)<br>► Vermögensrechte bei der Liquidation<br>► Recht auf Gewinnbeteiligung |
|---|---|
| Fremdkapital | ► Rückzahlung des Nominalbetrages<br>► Zahlung des vereinbarten Zinses |

## 1.2.2 Außen-/Innenfinanzierung

Das Unterschied zwischen der Außen- und Innenfinanzierung ist darin zu sehen, dass die Herkunft des dem Unternehmen zur Verfügung gestellten Kapitals voneinander abweicht:

► Die **Außenfinanzierung** geschieht durch die Zuführung von Kapital, das von außerhalb des Unternehmens kommt. Zu unterscheiden sind dementsprechend:

| Beteiligungs-<br>finanzierung | Bei ihr wird Eigenkapital durch alte oder neue Gesellschafter des Unternehmens zugeführt. Aus diesem Grunde wird sie auch als **Einlagenfinanzierung** bezeichnet. |
|---|---|
| Fremd-<br>finanzierung | Sie ist dadurch gekennzeichnet, dass Fremdkapital von Kreditgebern bereitgestellt wird. Da es sich hierbei zumeist um Kredite handelt, wird auch von **Kreditfinanzierung** gesprochen. |

► Bei der **Innenfinanzierung** wird Kapital aus dem Unternehmen heraus zum Zwecke der Finanzierung aufgebracht. Auf diese Weise kann entstehen:

| Eigenkapital | Das ist der Fall, wenn ein finanzwirtschaftlicher Überschuss vorhanden ist, der im Unternehmen belassen und damit nicht an die Eigenkapitalgeber ausgeschüttet wird. Dies geschieht im Rahmen der **Selbstfinanzierung**, die auch Überschuss- oder Cashflow-Finanzierung genannt wird. |
|---|---|
| Fremdkapital | Dazu kommt es, wenn Rückstellungen gebildet werden, die über den Verkauf der produzierten Güter als Einzahlungen zugeflossen sein müssen. Mit ihrer Hilfe können Finanzierungsmaßnahmen bewirkt werden, d. h. eine **Finanzierung aus Rückstellungsgegenwerten** erfolgen. Zudem entsteht ein Steuerstundungseffekt. |

Es gibt aber auch Maßnahmen der Innenfinanzierung, bei denen nicht eindeutig bestimmt werden kann, ob sie den Charakter von Eigenkapital oder Fremdkapital haben. Das sind:

| | |
|---|---|
| **Finanzierung aus Abschreibungsgegenwerten** | Bei ihr werden die über den Verkauf von Absatzgütern dem Unternehmen zurückfließenden Gegenwerte bzw. Anteile der Abschreibung für Finanzierungszwecke wiederverwendet. |
| **Finanzierung aus sonstigen Kapitalfreisetzungen** | Sie erfolgt, indem ein Verkauf von Vermögensteilen vorgenommen wird, die keine Absatzgüter darstellen, z. B. im Unternehmen nicht mehr benötigte oder abgeschriebene Maschinen, um Kapital zum Zwecke der Finanzierung freizusetzen.. |

## Aufgabe 3 > Seite 193

### 1.2.3 Finanzierungsanlässe/Überlassungsfristen

Die Finanzierung kann bei den Unternehmen aus verschiedenen Anlässen notwendig werden. Als **Finanzierungsanlässe** lassen sich unterscheiden:

► Die **laufende Finanzierung**, die täglich und/oder in periodischen Bedarfsfällen die Leistungsfähigkeit eines Unternehmens aufrechterhält.

► Die **Finanzierungen zu besonderen Anlässen**, die einmalig oder gelegentlich auftreten können. Sie stehen z. B. in Verbindung mit Ereignissen wie:

- **Gründung** oder Liquidation eines Unternehmens
- **Kapitalerhöhung** oder Kapitalherabsetzung
- **Umwandlung** der Rechtsform eines Unternehmens
- **Fusion** mit anderen Unternehmen.

Die **Überlassung** des Kapitals kann im Hinblick auf seine zeitliche Verfügbarkeit unterschiedlich geregelt sein. Danach werden als Finanzierungen unterschieden:

► Die **unbefristete Finanzierung**, bei der das Kapital ohne zeitliche Begrenzung zur Verfügung steht. Sie erfolgt z. B. zumeist bei der Beteiligungsfinanzierung.

► Die **befristete Finanzierung**, bei der das Kapital dem Unternehmen zeitlich begrenzt bereitgestellt wird, z. B. im Rahmen der Kreditfinanzierung, wobei nach dem banküblichen Schema einzuteilen ist in:

- **kurzfristige Finanzierung** mit einer Laufzeit bis zu einem Jahr
- **mittelfristige Finanzierung** mit einer Laufzeit von einem Jahr bis zu fünf Jahren
- **langfristige Finanzierung** mit einer Laufzeit über fünf Jahre.

Seit 1999 wird in der Statistik der Deutschen Bundesbank obige Fristeneinteilung verwendet. Damit fand eine Angleichung an die Einteilung der Fristen des HGB statt.

## 1.3 Zahlungsverkehr

Der Zahlungsverkehr organisiert die für Investition und Finanzierung erforderlichen finanziellen Transaktionen. Er fungiert damit als finanzielles **Bindeglied** zu den Kapitalmärkten, aber auch zu den Beschaffungs- und Absatzmärkten.

Formen von **Zahlungsmitteln** sind im Rahmen des Zahlungsverkehrs zu unterscheiden:

▸ **Bargeld** in Form von Banknoten und Münzen als **gesetzliches Zahlungsmittel**, das bei der Hingabe an **Erfüllungs statt** die Verpflichtung des Schuldners gegenüber dem Gläubiger erfüllt.

▸ **Buchgeld**, das z. B. Sichteinlagen oder aufgenommene Kredite bei Banken sein kann. Es ist **kein gesetzliches Zahlungsmittel**, die Hingabe erfolgt aber dennoch an **Erfüllungs statt**.

▸ **Geldersatzmittel**, zu denen Schecks und Wechsel zählen. Sie sind **keine gesetzlichen Zahlungsmittel** und ihre Hingabe erfolgt **erfüllungshalber**, d. h. erst die Einlösung dieser Hilfs-Zahlungsmittel erfüllt die Verpflichtung des Schuldners gegenüber dem Gläubiger.

Die **Abwicklung** des Zahlungsverkehr kann vorgenommen werden als:

▸ **barer/halbbarer Zahlungsverkehr**
▸ **bargeldloser Zahlungsverkehr**
▸ **elektronischer Zahlungsverkehr**.

## 1.3.1 Barer/halbbarer Zahlungsverkehr

Beim **Barzahlungsverkehr** erfolgt eine Übertragung von Bargeld. Er kann die geschehen als:

▸ **unmittelbare Barzahlung**, wobei Geld bar von Hand zu Hand übergeben und der Empfang üblicherweise quittiert wird

▸ **mittelbare Barzahlung**, bei der das Geld nicht direkt von Hand zu Hand übergeben wird, sondern z. B. bar auf ein fremdes Konto eingezahlt und vom Empfänger der Zahlung wieder bar abgehoben wird.

Aus betrieblicher Sicht entstehen beim Barzahlungsverkehr nicht zu unterschätzende **Kosten** der Handhabung und Entsorgung, wenn größere Mengen an Bargeld anfallen, z. B. bei der Nutzung von Nachttresoren für die Einzahlung der Tageseinnahmen auf ein Bankkonto. Zudem ist das Geldwäschegesetz (GwG) zu beachten, das ab einer Bargeldeinzahlung von 15.000,00 € die Identifizierung des Einzahlers anhand eines Ausweispapiers verlangt.

Der **halbbare Zahlungsverkehr** ist dadurch gekennzeichnet, dass sich das Bargeld in Buchgeld wandelt oder umgekehrt. Entweder Gläubiger oder Schuldner müssen ein Konto bei einer Bank besitzen. Nach Art der **Umwandlung** gibt es:

► die **bare Leistung**, bei der sich durch einen **Zahlschein** Bargeld in Buchgeld wandelt

► die **unbare Leistung**, wobei das Buchgeld durch einen **Barscheck** in Bargeld gewandelt wird.

Die Bedeutung des halbbaren Zahlungsverkehrs ist in der betrieblichen Praxis im Wesentlichen auf den Zahlschein begrenzt, der vielfach Rechnungen beigelegt wird.


### 1.3.2 Bargeldloser Zahlungsverkehr

Beim bargeldlosen Zahlungsverkehr besitzen Schuldner und Gläubiger ein Konto und setzen zur Zahlung bestimmte Instrumente ein, die Verfügungen über Bankguthaben zulassen. Die Beteiligten kommen bei der Zahlung nicht mit Bargeld in Berührung. Der bargeldlose Zahlungsverkehr dominiert den betrieblichen Zahlungsverkehr. Er kann in folgenden **Arten** durchgeführt werden als:

► **Überweisungsverkehr**, bei dem Buchgeld vom Konto des Schuldners auf das Konto des Gläubigers übertragen wird. Die Überweisung ist eine Bringzahlung, da der Schuldner die Initiative ergreift. **Sonderformen** der Überweisung sind z. B.:
  - die **Dauerüberweisung**, z. B. zur Mietzahlung per Dauerauftrag
  - die **Eilüberweisung** für dringende Zahlungsfälle
  - die **Sammelüberweisung** für z. B. Gehaltszahlungen eines Unternehmens.

► **Lastschriftverkehr**, bei welchem der Gläubiger initiativ wird. Er lässt durch sein Kreditinstitut fällige Forderungen beim Schuldner einziehen, weshalb von einem Holinkasso gesprochen wird. Die Lastschrift kann in zwei **Formen** erfolgen. Das sind:

| Einzugs-ermächtigung | Sie ist die gebräuchliche Form des Lastschriftverkehrs und wird vom Schuldner gegenüber dem Gläubiger abgegeben, wobei der Schuldner ein unbegrenztes Widerspruchsrecht erlangt, um Lastschriften zurückgeben zu können. Die Einzugsermächtigung hat den **Vorteil** der terminlichen Ungebundenheit und der Variabilität der Zahlungshöhe. |
|---|---|
| Abbuchungs-auftrag | Bei ihm erteilt der Gläubiger seiner Bank zu Gunsten des Schuldners eine schriftliche Zustimmung zur Abbuchung. Die Forderung ist nach der Höhe genau bestimmt und ein Widerspruch durch den Gläubiger nicht möglich, lediglich ein Widerruf für die Zukunft. |

Seit 2009 gibt es das SEPA-Lastschriftverfahren, womit Beträge in andere EU-Länder übertragen werden können.

► **Scheckverkehr**, wobei der Scheck in seiner ersten Phase eine Bringzahlung ist, bei der die Scheckübergabe durch den Schuldner erfolgt. In der zweiten Phase erfolgt dann eine Holzahlung, wenn die Scheckeinreichung durch den Gläubiger bei seinem Kreditinstitut vorgenommen wird und er den Scheck gutgeschrieben bekommt.

Der Scheck stellt eine unbedingte Anweisung des Ausstellers an sein Kreditinstitut dar, einen bestimmten Betrag bei Vorlage des Schecks (bei Sicht) an einen Dritten unter Belastung seines Kontos zu zahlen.

Folgende **Arten** von Schecks sind zu unterscheiden:

| | |
|---|---|
| **Barscheck/ Verrechnungs- scheck** | Sie unterscheiden sich nach der Form ihrer **Einlösung**: <br> ▶ Beim **Barscheck** erfolgt sie als Bargeldauszahlung, d. h. die einreichende Person muss nicht über ein Konto verfügen. <br> ▶ Beim **Verrechnungsscheck** schließt der Vermerk „Nur zur Verrechnung" eine Barauszahlung aus. Dementsprechend ist es für seine Einlösung notwendig , dass der Gläubiger ein Konto besitzt. |
| **Inhaberscheck/ Orderscheck/ Rektascheck** | Sie unterscheiden sich nach der Form der **Übergabe**: <br> ▶ **Inhaberschecks** können formlos, lediglich durch Einigung und Übergabe, übertragen werden und sind an den Vorlegenden zahlbar. <br> ▶ **Orderschecks** erfordern für den Übertrag ein Indossament (Angabe der jeweiligen Person, die den Orderscheck erhalten soll: „Zahlen Sie an ..."). <br> ▶ Der **Rektascheck** (rekta = direkt) bestimmt eine Person als Empfänger des Schecks und schließt eine Übertragung durch Indossament auf andere Personen aus (negative Orderklausel: „Zahlen Sie ... ,nicht an Order"). |
| **Bestätigter Scheck** | Er unterscheidet sich von obigen Scheckarten durch einen Bestätigungsvermerk der Bundesbank (früher – bis 2002 – der jeweiligen Landeszentralbanken), durch welchen sie sich zur Einlösung des Schecks innerhalb acht Tagen verpflichtet. |

▶ **Wechselverkehr**, wobei der Wechsel ein Zahlungs-, Kreditierungs- bzw. Sicherungsinstrument darstellen kann. Als streng förmliches Wertpapier verbrieft er ein privates Vermögensrecht. Die Ausübung dieses Rechts ist an den Besitz der Urkunde gebunden. Als **Arten** des Wechsels sind zu unterscheiden:

| | |
|---|---|
| **Gezogener Wechsel** | Er wird auch **Tratte** genannt. Beim ihm fordert der Aussteller einen Dritten auf, Zahlung zu leisten. Der Schuldner verpflichtet sich hierzu mit einer schriftlichen Annahmeerklärung, die **Akzept** genannt wird und durch eine Unterschrift links quer über die Vorderseite des Wechsels geleistet wird. |
| **Eigener Wechsel** | Beim ihm verspricht der Aussteller selbst, die Zahlung bei Fälligkeit des Wechsels an eine bestimmte Person vorzunehmen. Er wird **Solawechsel** genannt und kann als Sicherungsmittel und Finanzierungsmittel eingesetzt werden. |

## Aufgabe 4 > Seite 193

### 1.3.3 Elektronischer/kartengebundener Zahlungsverkehr

Im Rahmen der Automatisierung und Rationalisierung bankgetragener Zahlungsverkehrsmittel haben sich elektronischer und kartengebundene Arten des Zahlungsverkehrs entwickelt. Das sind:

► **Electronic Cash-Systeme**, mit deren Hilfe Kunden an automatisierten Kassen von Handels- und Dienstleistungsunternehmen direkt am „**Point of Sale**" Zahlungen bargeldlos mithilfe verschiedener Karten vornehmen können. Deshalb wird auch von POS-Systemen gesprochen.

Für POS-Systeme verwendbare **Karten** können sein:

| Karten mit Magnetstreifen | Das sind Debitkarten, Kundenkarten von Kreditinstituten oder Kreditkarten. Sie ermöglichen meist in Verbindung mit der Eingabe einer persönlichen Identifikationsnummer (**PIN**) bargeldlose Zahlungen. |
|---|---|
| | Auf der Rückseite der Karten befindet sich ein die Informationen tragender Magnetstreifen, der je nach Vorhandensein einer Direktverbindung zum betreffenden Kreditinstitut entweder Online-Abbuchungen oder Offline-Abbuchungen vom Girokonto des Karteninhabers ermöglicht. |
| Chip-Karten | Auf ihnen befindet sich ein Mikroprozessorchip, der aufladbar ist und bis zum aufgeladenen Betrag Zahlungen ermöglicht. Sie werden auch **GeldKarten** genannt und können kontogebunden oder ohne Kontobezug sein. Dieses System kann kostengünstig offline abgewickelt werden und soll künftig die Bargeldzahlung kleinerer Beträge ersetzen. Wegen der mehrfachen Funktionalität der Karte wird auch von einer **elektronischen Geldbörse** gesprochen |

► **Kreditkarten**, deren Inhaber bei ausgewiesenen **Akzeptanzstellen** (Handel, Hotels, Tankstellen,Gaststätten) bargeldlos durch die Vorlage der Karte zahlen, die Vertragsunternehmen der Herausgeber der Kreditkarten sind. Sie schreiben den **Vertragsunternehmen** die durch die Zahlung entstandene Forderung an den Karteninhaber unter Abzug eines Disagios gut und ziehen die abgekauften oder abgetretenen Forderungen vom Karteninhaber zumeist monatlich ein.

Auf diese Weise bekommen Kreditkarten neben einer **Zahlungsfunktion** durch die Einräumung eines Zahlungszieles an Karteninhaber auch eine **Kreditfunktion**.

► **Electronic/Internet Banking**, bei dem zwischen Kunden und Kreditinstituten elektronische Verbindungen bestehen. Die Kunden wickeln mittels eines Computer eines Modems und eines Telefonanschlusses direkt über eine gesicherte Verbindung im Internet ihre Zahlungsvorgänge ab. Die übermittelten Daten werden mittels Geheimzahlen (PIN) und anderer Vorkehrungen abgesichert.

# 2. Finanzwirtschaftliche Führung

Als Führung ist die situationsbezogene Beeinflussung des Unternehmens und seiner Bereiche, also auch des finanzwirtschaftlichen Bereichs bzw. des darin tätigen Personals zu verstehen, die unter Einsatz von **Führungsinstrumenten** auf ein gemeinsam zu erzielendes Ergebnis hin ausgerichtet ist.

Die Führung erfolgt auf verschiedenen **Ebenen** als Stufen der Organisationsstruktur. Grundsätzlich lassen sich bezüglich der finanzwirtschaftlichen Führung unterscheiden:

| Ebenen | Beispiele | Entscheidungen |
|---|---|---|
| **Top-Management**<br>= Obere Führungsebene | Finanzvorstand<br>Kaufmännischer Geschäfts-<br>führer<br>Direktor der Finanzabteilung | **Vorwiegend strategische Entscheidungen**, z. B.<br>über langfristige Investitionen wie Unternehmens-<br>beteiligungen |
| **Middle-Management**<br>= Mittlere Führungsebene | Hauptabteilungsleiter in<br>der Finanzabteilung | **Vorwiegend dispositive Entscheidungen und Anordnungen**, z. B. bezüglich kurzfristiger Investitionen für den laufenden Geschäftsbetrieb |
| **Lower-Management**<br>= Untere Führungsebene | Disponent im Zahlungsverkehr | **Vorwiegend Anordnungen und Ausführungen**, z. B. in Bezug auf die Disposition der finanziellen Mittel |

Der Prozess der finanzwirtschaftlichen Führung umfasst die Gesamtheit aller zielbezogenen Handlungen durch Führungskräfte, die in mehreren **Phasen** erfolgen:

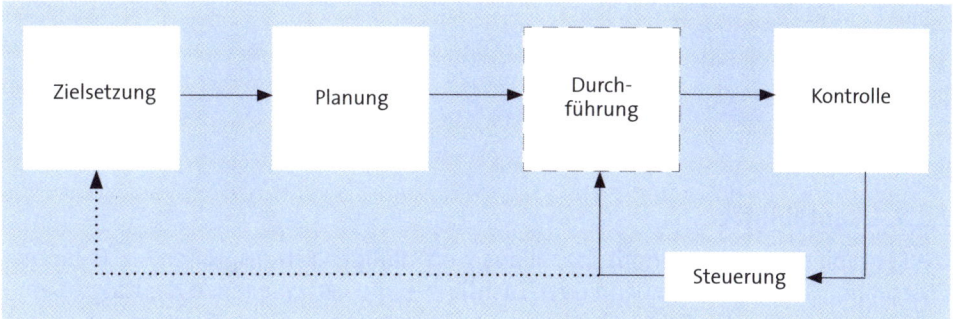

Die Zielsetzung als angestrebter künftiger Zustand und Planung als gedankliche Vorwegnahme der zukünftigen wirtschaftlichen Handlung hat für die Durchführung den Charakter der **Vorgabe**, deren Einhaltung durch die Kontrolle überprüft wird. Stimmen Soll-Werte und Ist-Werte dabei nicht überein, sind Maßnahmen der Steuerung angezeigt, um Störgrößen zielentsprechend zu beeinflussen und auszuschalten. Die Steuerungsmaßnahmen beziehen sich vorrangig auf die Durchführung, können aber auch Veränderungen, z. B. unrealistische Zielsetzungen bzw. Planungsdaten, zur Folge haben.

Im Rahmen der finanzwirtschaftlichen Führung sollen schwerpunktmäßig behandelt werden:

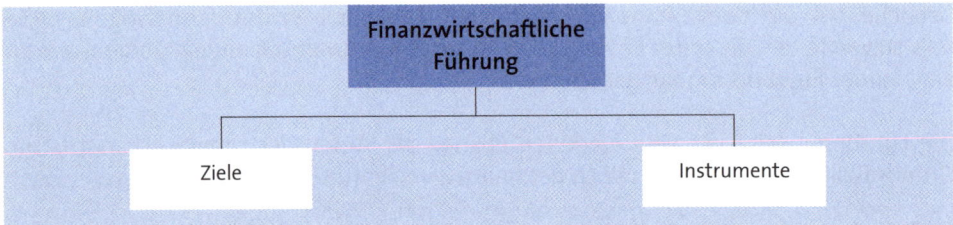

## 2.1 Ziele

Die finanzwirtschaftlichen Ziele werden aus den Unternehmenszielen abgeleitet. Sie richten sich insbesondere an der Rentabilität aus, zu denen weitere finanzwirtschaftliche Ziele in Konflikt stehen. Dementsprechend sind zu unterscheiden:

► **Arten**
► **Konflikte**.

### 2.1.1 Arten

Neben der Rentabilität bestehen weitere finanzwirtschaftliche Ziele, die auch als Nebenbedingung aufgefasst werden können und die Rentabilität begrenzen. Grundlegende finanzwirtschaftliche Ziele sind:

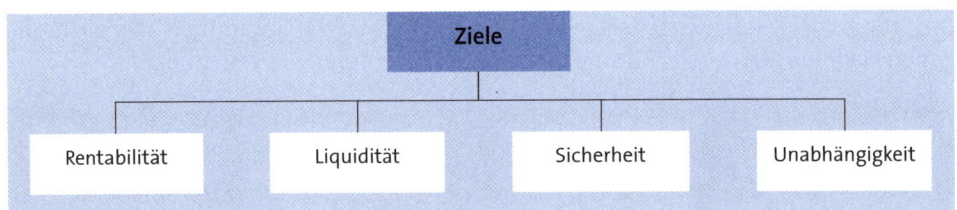

### 2.1.1.1 Rentabilität

Die Rentabilität ist eine Verhältniszahl aus wertmäßigen **Ertragsgrößen** – z. B. Jahresüberschuss, Steuerbilanzgewinn oder Cashflow – und verschiedenen Kapitalgrößen – z. B. Eigenkapital oder Gesamtkapital – als **Einsatzgrößen**. Diese Relation entspricht dem **ökonomischen Prinzip**, wonach der maximale Ertrag mit einem bestimmten Einsatz oder ein bestimmter Ertrag mit einem minimalen Einsatz erreicht werden soll.

Zur Messung der Rentabilität und damit zur **Analyse der Ertragskraft** eines Unternehmens kommen verschiedene Kennzahlen zur Anwendung. Das sind:

► Die **Eigenkapitalrentabilität**, die eine Relation zwischen dem Gewinn und dem eingesetzten Eigenkapital darstellt:

$$\text{Eigenkapitalrentabilität} = \frac{\text{Gewinn}}{\text{Eigenkapital}} \cdot 100$$

Eigenkapitalgeber fordern einen angemessenen Gewinn für das von ihnen eingesetzte Kapital. Sie interessiert die Verzinsung im Vergleich zu anderen Investitionsalternativen, z. B. dem Kauf einer Anleihe oder Aktien am Kapitalmarkt.

Der **Leverage-Effekt** schmälert allerdings die Aussagekraft der Eigenkapitalrentabilität. Er besagt, dass sich eine Steigerung der Eigenkapitalrentabilität mittels des Ersatzes von Eigenkapital durch Fremdkapital nur solange einstellt, wie die Gesamtkapitalrentabilität höher ist als die zu zahlenden Fremdkapitalzinsen. Dieser Umstand wird als **Leverage-Chance** bezeichnet.

Zu berücksichtigen ist, dass mit zunehmender Verschuldung auch ein **Leverage-Risiko** entsteht, welches das Unternehmen schon bei der kurzfristigen Aufhebung der Voraussetzung Gesamtkapitalrentabilität > Fremdkapitalzins in seiner Existenz bedroht, indem es zu einer Überschuldung kommen kann bis hin zur Vernichtung des Eigenkapitals.

## Aufgabe 5 > Seite 193

► Die **Gesamtkapitalrentabilität** erhöht die Aussagekraft der Rentabilitätsanalyse. Unter Berücksichtigung des im Unternehmen arbeitenden Fremdkapitals analysiert die Gesamtkapitalrentabilität die Leistungsfähigkeit des gesamten im Unternehmen arbeitenden Kapitals, weshalb sie auch als **Unternehmensrentabilität** bezeichnet wird.

Hierzu wird die obige Formel zur Ermittlung der Eigenkapitalrentabilität im Zähler um die zu zahlenden Fremdkapitalzinsen und im Nenner um das zur Verfügung stehende Fremdkapital erweitert:

$$\text{Gesamtkapitalrentabilität} = \frac{\text{Gewinn + Fremdkapitalzinsen}}{\text{Eigenkapital + Fremdkapital}} \cdot 100$$

Der Führung des Unternehmens wird die **tatsächliche Effektivität** des Unternehmens gezeigt, im Gegensatz zu der Eigentümersichtweise der Eigenkapitalrentabilität. Die Einbeziehung der Fremdkapitalzinsen berücksichtigt in angemessener Weise unterschiedliche Finanzierungsstrukturen.

Zudem gibt die Gesamtkapitalrentabilität den **Grenzzinssatz** vor, der von Fremdkapitalzinsen nicht überschritten werden sollte, damit weiterhin das Bestehen und der Erfolg des Unternehmens gesichert sind.

► Der **Return on Investment (RoI)** misst ebenso die Rentabilität des Kapitaleinsatzes. Dabei wird der Gewinn, der Jahresüberschuss oder der Cashflow dem investierten Kapital gegenübergestellt, wobei Rentabilitätsaussagen über das gesamte Unternehmen, aber auch über Unternehmensbereiche, Produkte oder einzelne Investitionen erfolgen können.

$$\text{Return on Investment} = \frac{\text{Gewinn}}{\text{Gesamtkapital}} \cdot 100$$

Durch die Erweiterung der RoI-Formel mit dem **Umsatz** erhöht sich die Analysemöglichkeit des RoI. Die Einführung des dritten Renditeeinflussfaktors Umsatz ergibt die beiden Komponenten **Umsatzrentabilität** und **Kapitalumschlagshäufigkeit**. Sie zeigen Ergebnisveränderungen im Unternehmen, die gegeben sein können aus:

- **Leistungswirtschaftlichen Gründen**. Eine höhere Umsatzrentabilität kann sich z. B. durch eine höhere Rohgewinnspanne oder durch geringere Personalkosten ergeben.
- **Finanzwirtschaftlichen Gründen**. So ist ein höherer Kapitalumschlag, z. B. durch Verminderung des Anlage- oder Umlaufvermögens bei gleich bleibendem Umsatz, möglich.

Der Return on Investment ergibt sich dementsprechend in folgender Weise:

$$\text{Return on Investment} = \frac{\text{Gewinn}}{\text{Umsatz}} \cdot 100 \cdot \frac{\text{Umsatz}}{\text{Gesamtkapital}}$$

Die erste Relation zeigt als **Umsatzrentabilität** das Verhältnis des Gewinns zum Umsatzerlös, d. h. wie viel Gewinn dem Unternehmen von 100,00 € Umsatz bleibt. Die Umsatzrendite wird vornehmlich durch die Kostenstruktur des Unternehmens bestimmt.

Die zweite Relation misst als **Kapitalumschlagshäufigkeit** die Umschlagsgeschwindigkeit des investierten Kapitals. Ein Kapitalumschlag von 2 bedeutet, dass mit 100,00 € investiertem Kapital 200,00 € Umsatz realisiert werden. Hier steht die Kapitalbindung im Vordergrund. Die Kapitalumschlagshäufigkeit kann z. B. erhöht werden durch die Verminderung der Lagerbestände, den Verkauf nicht genutzter oder voll ausgenutzter Anlagen, die Beschleunigung des Debitorenumschlags, eine effizientere Investitionspolitik, die Verkürzung der Abschreibungsfristen.

## Aufgabe 6 > Seite 194

### 2.1.1.2 Liquidität

Die Liquiditätspolitik eines Unternehmens zielt auf das **Prinzip des finanziellen Gleichgewichtes**, das die jederzeitige Erfüllung der auf das Unternehmen zukommenden Zahlungsverpflichtungen unter Beachtung der Rentabilität fordert. **Betragsgenau** und **zeitgenau** geleistete Zahlungen sichern das Überleben des Unternehmens.

**Illiquidität** oder **Zahlungsunfähigkeit** wird nach der Insolvenzordnung als Insolvenzgrund angesehen. Bei den Gesellschaftsformen OHG und KG reicht hierzu die Zahlungsunfähigkeit zur Eröffnung eines Insolvenzverfahrens aus, bei der AG, KGaA bzw. GmbH oder haftungsbeschränkte Unternehmergesellschaft kommt zur Zahlungsunfähigkeit auch die Überschuldung hinzu.

**Arten** der Liquidität sind:

▶ Die **absolute Liquidität**, unter der die Eigenschaft von Vermögensteilen verstanden wird, als Zahlungsmittel zu dienen oder in Zahlungsmittel umgewandelt zu werden. Je rascher die Umwandlung – auch als Schaffung von **künstlicher Liquidität** bezeichnet – möglich ist, als umso liquider wird ein Vermögensgegenstand angesehen.

Die **Liquidierungsdauer** ist tendenziell umso niedriger, je „weiter unten" der Vermögensgegenstand auf der Aktivseite der Bilanz steht.

Neben der Dauer der Liquidierung ist auch der **Liquidierungserlös** von Bedeutung. Er ist insbesondere von drei Faktoren abhängig:

| Qualität | Die Qualität des Gutes selbst kann sich z. B. in der Bonität der Forderung oder dem Zustand bei Sachgütern äußern. |
|---|---|
| Markt-gegebenheiten | Dabei lassen sich als Kriterien unterscheiden: <br> ▶ **Marktexistenz** für ein Gut (z. B. Gebrauchsgütermarkt) <br> ▶ **Marktgängigkeit** eines Gutes (z. B. hoch spezialisierte Druckereimaschinen gegenüber Fotokopierer) <br> ▶ **Organisationsgrad** der Märkte (hoch organisierte Effektenbörse im Vergleich zum weniger stark organisierten Immobilienmarkt) <br> ▶ **Konjunktursituation** |
| Dringlichkeit | Je größer der Zeitdruck des Verkaufs ist, desto niedriger dürfte der Verkaufspreis eines Gutes sein. |

▶ Die **relative Liquidität** zeigt die Möglichkeit des Unternehmens, seinen Verpflichtungen nachzukommen, um die Betriebsbereitschaft aufrechtzuerhalten. Sie wird auch als **Unternehmensliquidität** oder **Zahlungsbereitschaft** des Unternehmens bezeichnet.

Die relative Liquidität weist eine statische sowie eine dynamische Variante auf:

| | |
|---|---|
| **Statische Liquidität** | Sie leitet sich von einer **Beständebilanz** ab und zeigt auf einen bestimmten Zeitpunkt bezogen: |
| | In einer **kurzfristigen Auslegung** das Verhältnis von Zahlungsmitteln und liquiden Vermögensgegenständen zu den kurzfristigen Verbindlichkeiten in Form von **Liquiditätsgraden**, siehe S. 41 f. |
| | Im Rahmen der **langfristigen Liquiditätsanalyse** verschiedene **Deckungsgrade**, die langfristig gebundene Vermögensteile dem langfristig zur Verfügung stehenden Kapital gegenüberstellen, siehe S. 42. |
| **Dynamische Liquidität** | Sie löst sich von der zeitpunktbezogenen Betrachtung der Beständebilanz und kann durch eine **Bewegungsbilanz** dargestellt werden. Darin werden nicht Bestände zu einem bestimmten Stichtag ermittelt, sondern Ausgaben (Verpflichtungen) und Einnahmen (Forderungen) verfolgt, die in einem bestimmten Zeitraum zu Aus- bzw. Einzahlungen führen: |

| Mittelverwendung | Mittelherkunft |
|---|---|
| aus Aktivzunahmen (z. B. Investitionen in das Vermögen) und Passivabnahmen (z. B. Kredittilgung) | aus Aktivabnahmen (z. B. Liquidation von Vermögen) und Passivzunahmen (z. B. Kreditfinanzierung) |

Bei der dynamischen Liquidität erfasst das Unternehmen alle Einzahlungen und Auszahlungen. Die Zahlungsströme für verschiedene Zeiträume werden prognostiziert und mithilfe von **Finanzplänen** dokumentiert. Sie dienen der finanzwirtschaftlichen Steuerung eines Unternehmens, um dessen finanzielles Gleichgewicht zu erhalten. Bewegungsbilanz und Finanzpläne ermöglichen eine vollständige Betrachtung der dynamischen Liquidität – siehe S. 44 f.

Der **Cashflow** bildet – im Gegensatz zu Finanzplänen – als **partielle Brutto-Kapitalflussrechnung** (Cashflow Statement) lediglich den aus den Umsatzerlösen entstandenen Einzahlungsüberschuss ab. Er reicht über die reine Aufwandsdeckung hinaus und steht dem Unternehmen zur Verfügung als:

- Innenfinanzierungspotenzial für Investitionen
- Tilgungspotenzial für Verbindlichkeiten
- Gewinnausschüttungsvolumen.

Die Analyse durch die Aufstellung eines Finanzplanes ist nur unternehmensintern möglich, während der Cashflow auch in der externen Analyse errechnet werden kann – siehe S. 44.

### 2.1.1.3 Sicherheit

Das Sicherheitsstreben als zweite Nebenbedingung zur Rentabilität zielt auf den Ausschluss möglicher Verluste durch Investitionen ab. Investitionen bieten **Chancen** zur Gewinnerzielung und sind unerlässlich zur erfolgreichen Weiterführung eines Unternehmens, sie bergen aber auch Risiken, z. B. dass Gewinne nicht im geplanten Maße erreicht werden bzw. sich Verluste einstellen.

Der Bestand des Unternehmens darf durch Investitionen nicht gefährdet werden. Je mehr und je länger Investitionen Kapital binden, desto höhere Risiken werden eingegangen. Andererseits sind angemessene Gewinne lediglich durch entsprechend risikobehaftete Investitionen erreichbar. Nur durch diese Gewinnerzielung stellt ein Unternehmen eine langfristige, positive Entwicklung sicher.

### 2.1.1.4 Unabhängigkeit

Unabhängigkeit stellt sich als nicht gegebene Möglichkeit der Einflussnahme, insbesondere der Fremdkapitalgeber auf das Unternehmen, dar. Investitionen erfordern aber i. d. R. Finanzierungen von außerhalb des Unternehmens, wodurch Abhängigkeiten entstehen. Sie zeigen sich z. B. in:

▶ **Informationspflichten**, die hinsichtlich der Menge und Qualität der bereitzustellenden Information unterschiedlich ausgeprägt sein können. Sie gibt es gegenüber:
  - Banken bei der Kreditvergabe
  - Gesellschaftern bei weiterem Einsatz von Eigenkapital
  - weiteren Institutionen, die nach Informationen verlangen (z. B. gegenüber dem Betriebsrat, als gesetzliche Publizitätspflicht i. V. m. Steuererklärungen)

▶ **Kontrollen**, z. B. durch Kreditinstitute, die eine Überprüfung der wirtschaftlichen Entwicklung eines Unternehmens während der Kreditvergabe verlangen

▶ **Beeinflussungen** als stärkste Form der Abhängigkeit. Betriebliche Entscheidungen sind dann von Weisungen oder Genehmigungen Dritter abhängig.

### 2.1.2 Konflikte

Zwischen den beschriebenen Zielen bestehen Zielkonflikte. So kann die Erreichung des Ziels Rentabilität z. B. die Aufrechterhaltung einer angemessenen Liquidität behindern. Auch werden höhere Rentabilitäten nur beim Eingehen höherer Risiken und damit geringerer Sicherheit erreicht. Die konfliktäre Situation zeigt sich auch bei der Rentabilität und der Aufrechterhaltung von Unabhängigkeit.

**Aufgabe 7 > Seite 194**

## 2.2 Instrumente

Die finanzwirtschaftliche Führung basiert auf den finanzwirtschaftlichen Zielen. Sie bedarf zu ihrer Gestaltung aber auch finanzwirtschaftlicher Instrumente, mit deren Hilfe die Investitionsentscheidungen optimiert werden als:

► **Analyse**
► **Planung**
► **Organisation**
► **Controlling.**

## 2.2.1 Analyse

Die finanzwirtschaftliche Analyse bereitet Informationen auf und verdichtet diese, um Tatsachen und Zusammenhänge deutlich zu machen. Sie bezieht sich auf folgende Schwerpunkte:

► **Investitionen**, bei denen Vermögensstrukturen, Umsatzrelationen, Investitions- und Abschreibungspolitik beurteilt werden

► **Finanzierungen**, bei denen es um die Analyse von Kapitalstrukturen, Kapitalbeschaffung, Sicherheit und Fristigkeiten geht

► **Liquiditäten**, wobei die Untersuchungen auf die Zahlungsfähigkeit, die Liquidierbarkeit des Vermögens und die Vermögensdeckung gerichtet sind

► **Erträge**, bei denen sowohl gegenwärtige als auch zukünftig erwartete Erträge betrachtet werden.

Mithilfe der finanzwirtschaftlichen Analyse ist es möglich, Entscheidungen innerhalb des Unternehmens wertend zu beurteilen. Erkenntnisse aus Analysen geben **Hinweise** zur Lenkung und Beeinflussung künftiger Entscheidungsprozesse und ermöglichen **Vergleiche** als:

► **Objektvergleich**, bei dem das zu untersuchende Objekt, z. B. eine Investition, mit einem ähnlich strukturierten Objekt verglichen wird. Beim Vergleich von Unternehmen derselben Branche spricht man von einem **Betriebsvergleich**, der aber auch mit Branchendurchschnittswerten vorgenommen werden kann.

► **Zeitvergleich**, bei dem ein Analysegegenstand, z. B. eine Investition oder ein Unternehmen, über einen Zeitraum hinweg untersucht wird, insbesondere um Trendentwicklungen aufzuzeigen.

► **Soll-Ist-Vergleich**, der vor allem in der internen Analyse genutzt wird. Dabei werden Vorgabe- und Planwerte während der Kontrollphase mit tatsächlich erreichten Werten verglichen.

**Arten** der finanzwirtschaftlichen Analyse sind:

► die **interne Analyse**, die innerhalb des Unternehmens durchgeführt wird und auf das unternehmensinterne Datenmaterial zurückgreifen kann

▶ die **externe Analyse**, die außerhalb des Unternehmens erfolgt und sich auf veröffentlichte Daten beschränken muss, z. B. veröffentlichte Jahresabschlüsse

▶ die **formelle Analyse**, welche die formelle Einhaltung der gesetzlichen Vorschriften bei der Erstellung des Jahresabschlusses überwacht

▶ die **materielle Analyse**, die den Inhalt des Jahresabschlusses prüft. Das kann geschehen in Form einer:

| Substanz-analyse | Mit ihrer Hilfe werden die Posten des Jahresabschlusses auf ihr Zustandekommen, ihre Zusammensetzung und ihre Entwicklung hin geprüft. |
|---|---|
| Kennzahlen-analyse | Sie bezieht sich auf die Investitionen und Finanzierungen selbst sowie auf den Erreichungsgrad der finanzwirtschaftlichen Zielsetzungen als: <br> ▶ Investitionsanalyse <br> ▶ Finanzierungsanalyse <br> ▶ Liquiditätsanalyse. |

## 2.2.1.1 Investitionsanalyse

Die Investitionsanalyse untersucht die **Aktiv-Seite** der Bilanz hinsichtlich der Struktur der Investitionen, des Investitionsverhaltens des Unternehmens und des Zusammenhangs zwischen Investitionen und Umsatz. Zu unterscheiden sind:

▶ Die **Analyse der Investitionsstruktur**, deren Kennzahlen die Zusammensetzung der Vermögensteile wiedergeben. Sie machen Aussagen zum **Umfang der Kapazitätsnutzung** und zur **Flexibilität** bzw. **Stabilität des Unternehmens**, wobei branchenbedingte und größenbedingte Unterschiede berücksichtigt werden müssen. Es gibt:

- Die **Vermögenskonstitution**, welche die Beziehung zwischen dem Anlagevermögen und dem Umlaufvermögen ausdrückt und insbesondere mittels eines mehrperiodischen Vergleiches an Aussagekraft gewinnt:

$$\text{Vermögenskonstitution} = \frac{\text{Anlagevermögen}}{\text{Umlaufvermögen}} \cdot 100$$

**Niedrige Anlagevermögen** stehen für **betriebliche Flexibilität**, da das Unternehmen schneller auf Beschäftigungsschwankungen reagieren kann. Weiterhin werden bei ihnen **geringere Fixkosten** aufgrund der niedrigeren Kapitalbindung vermutet. Eine erforderliche Verringerung großer Anlagevermögen geht dahingegen nur schwerfällig vor sich.

Niedrige Anlagevermögen können aber auch bedeuten, dass Unternehmen mit veralteten und bereits stark abgeschriebenen Anlagen produzieren und nicht für die Zukunft gerüstet sind.

- Die **Anlageintensität** gibt über den Grad der Beweglichkeit sowie möglicher Probleme im Fixkostenbereich des Unternehmens Auskunft:

$$\text{Anlageintensität} = \frac{\text{Anlagevermögen}}{\text{Gesamtvermögen}} \cdot 100$$

- Die **Umlaufintensität** gibt die Beziehung zwischen dem Umlaufvermögen und dem Gesamtvermögen an:

$$\text{Umlaufintensität} = \frac{\text{Umlaufvermögen}}{\text{Gesamtvermögen}} \cdot 100$$

Eine ausgeprägte **Umlaufintensität** deutet bei materialintensiven Branchen auf einen zu hohen Lagerbestand und entsprechend hohe Lagerhaltungskosten hin. Auslöser kann aber auch ein hoher Forderungsbestand sein.

► Die **Analyse der Investitionspolitik**, mit deren Hilfe das Verhalten des Unternehmens als Investor offengelegt wird. Die Kennzahlen spiegeln Änderungen der Investitionstätigkeit über einen Zeitverlauf wider oder zeigen das Unternehmenswachstum und dessen Finanzierung auf. Kennzahlen sind:

- Die **Investitionsquote**, die Aufschluss über die Investitionsneigung des Unternehmens und deren Veränderung im Zeitverlauf gibt:

$$\text{Investitionsquote} = \frac{\text{Nettoinvestitionen bei Sachanlagen}}{\text{Anfangsbestand der Sachanlagen}} \cdot 100$$

- Die **Investitionsdeckung**, die das tatsächliche Wachstum im Unternehmen misst:

$$\text{Investitionsdeckung} = \frac{\text{Abschreibungen auf Sachanlagen}}{\text{Zugänge an Sachanlagen}} \cdot 100$$

Sie zeigt den Finanzierungsgrad der Anlagenzugänge aus Abschreibungen. Liegt der Investitionsdeckungsgrad über 100 %, fand keine volle Reinvestition der Abschreibungen im Unternehmen statt.

- Die **Abschreibungsquote**, die bei einer mehrperiodischen Betrachtung die Entwicklung stiller Reserven offenlegt:

$$\text{Abschreibungsquote} = \frac{\text{Abschreibungen auf Sachanlagen}}{\text{Endbestand an Sachanlagen}} \cdot 100$$

Bei steigender Quote wurden stille Reserven zulasten des Gewinnes gebildet, eine sinkende Quote deutet auf die Auflösung von stillen Reserven zu Gunsten des Gewinnes hin.

► Die **umsatzbezogene Investitionsanalyse**, mit der die Beziehung zwischen den Umsatzerlösen und Vermögensteilen untersucht wird, um Aussagen über die Geschäftsentwicklung zu gewinnen. Als Kennzahlen sind zu nennen:

- Die **Anlagennutzung** als Verhältniszahl aus Umsatz zu Sachanlagen:

$$\text{Anlagennutzung} = \frac{\text{Umsatz}}{\text{Sachanlagen}} \cdot 100$$

Sie gibt bei steigenden Kennzahlengrößen die verbesserte Ausnutzung der Sachanlagen und damit die Erhöhung des Beschäftigungsgrades im Unternehmen wieder.

- Die **Vorratshaltung** als Verhältniszahl aus Vorräten zum Umsatz gibt Auskunft über die Wirtschaftlichkeit der Bevorratung:

$$\text{Vorratshaltung} = \frac{\text{Vorräte}}{\text{Umsatz}} \cdot 100$$

**Positive Entwicklungen** sind:

· das unterproportionale Ansteigen der Vorräte bei steigenden Umsätzen
· die Verminderung der Vorräte bei gleich bleibenden Umsätzen
· die überproportionale Verminderung der Vorräte bei sinkenden Umsätzen.

- Die **Umschlagshäufigkeit** gibt in unterschiedlichen Ausprägungen an, wie oft sich die Vermögensteile innerhalb einer Periode umgeschlagen haben. Sie beziehen sich damit auf die Kapitalbindung und die Höhe des Kapitalbedarfs eines Unternehmens:

$$\frac{\text{Umschlagshäufigkeit}}{\text{des Anlagevermögens}} = \frac{\text{Abschreibung des Anlagevermögens} + \text{Abgänge des Anlagevermögens}}{\text{ø Bestand des Anlagevermögens}}$$

$$\frac{\text{Umschlagshäufigkeit}}{\text{des Umlaufvermögens}} = \frac{\text{Umsatz}}{\text{ø Bestand des Umlaufvermögens}}$$

$$\frac{\text{Umschlagshäufigkeit}}{\text{des Gesamtvermögens}} = \frac{\text{Umsatz}}{\text{ø Bestand des Gesamtvermögens}}$$

Der **durchschnittliche Bestand** ergibt sich aus:

$$\text{Durchschnittlicher Bestand} = \frac{\text{Anfangsbestand} + \text{Endbestand}}{2}$$

Je höher die Umschlagshäufigkeit des Vermögens eingeschätzt wird, umso vorteilhafter ist dies für das Unternehmen.

Die **Forderungslaufzeit** gibt Aufschluss über das Zahlungsverhalten der Kunden:

$$\text{Laufzeit der Forderungen} = \frac{\text{ø Bestand an Warenforderungen}}{\text{Umsatz}} \cdot 360$$

Lange Laufzeiten lassen auf eine schlechte Zahlungsmoral der Kunden schließen und erhöhen die Dauer des tatsächlichen Liquiditätszuflusses durch Umsatzerlöse. Mögliche Liquiditätsengpässe können durch die Umgestaltung der Zahlungskonditionen (Verkürzung des Zahlungsziels) oder durch den Verkauf der ausstehenden Forderungen (Factoring) vermieden werden.

## Aufgabe 8 > Seite 194

### 2.2.1.2 Finanzierungsanalyse

Die Finanzierungsanalyse untersucht auf der **Passiv-Seite** der Bilanz die **Kapitalstruktur** und ermittelt **vertikale Finanzierungsregeln**:

► Die **Analyse der Kapitalstruktur** ermöglicht Aussagen zur Freiheit des Unternehmens, Entscheidungen selbst treffen zu können. Als Kennzahlen lassen sich unterscheiden:

$$\text{Eigenkapitalquote} = \frac{\text{Eigenkapital}}{\text{Gesamtkapital}} \cdot 100$$

$$\text{Anspannungskoeffizient} = \frac{\text{Fremdkapital}}{\text{Gesamtkapital}} \cdot 100$$

$$\text{Verschuldungskoeffizient} = \frac{\text{Fremdkapital}}{\text{Eigenkapital}} \cdot 100$$

Die Ausprägungen der Eigenkapitalquote und des Anspannungskoeffizienten sind abhängig von der Branche, der Gesellschaftsform des Unternehmens und der momentanen Unternehmenssituation.

► Für den Verschuldungskoeffizienten existieren allgemeine, insbesondere bei der Kreditwürdigkeitsprüfung durch Banken angewandte „Qualitätsnormen" als **vertikale Finanzierungsregeln**:

| 1 : 1-Regel | $\dfrac{\text{Fremdkapital}}{\text{Eigenkapital}} \leq 1$ | Gilt als „**erstrebenswerte**" Relation bei den Kreditinstituten. |
|---|---|---|
| 2 : 1-Regel | $\dfrac{\text{Fremdkapital}}{\text{Eigenkapital}} \leq 2$ | Gilt als „**gesunde**" Relation bei den Kreditinstituten. |
| 3 : 1-Regel | $\dfrac{\text{Fremdkapital}}{\text{Eigenkapital}} \leq 3$ | Gilt als „**noch zulässige**" Relation bei den Kreditinstituten. |

Im Rahmen der Finanzierungsanalyse können weitere Kennzahlen gebildet werden – siehe *Olfert*.

## 2.2.1.3 Liquiditätsanalyse

Die Liquiditätsanalyse untersucht sowohl die Vermögensseite als auch die Kapitalseite der Bilanz. Dies erfolgt bei der statischen Liquiditätsanalyse auf einen **Zeitpunkt**, bei der dynamische Liquiditätsanalyse auf einen **Zeitraum** bezogen.

► Die **statische Liquiditätsanalyse** verwendet die Bestände eines Jahresabschlusses. Sie kann kurzfristig und langfristig ausgerichtet sein:

- In ihrer **kurzfristigen Ausrichtung** nutzt sie folgende drei **Liquiditätsgrade**:

| Barliquidität | Liquidität 1. Grades = | $\dfrac{\text{Zahlungsmittel}}{\text{Kurzfristige Verbindlichkeiten}}$ |
|---|---|---|
| Liquidität auf kurze Sicht | Liquidität 2. Grades = | $\dfrac{\text{Zahlungsmittel + kurzfristige Forderungen}}{\text{Kurzfristige Verbindlichkeiten}}$ |
| Liquidität auf mittlere Sicht | Liquidität 3. Grades = | $\dfrac{\text{Zahlungsmittel + kurzfristige Forderungen + Vorräte}}{\text{Kurzfristige Verbindlichkeiten}}$ |

In der Praxis prüfen insbesondere **Banken** die **Kreditwürdigkeit** durch diese Grade, wobei die Prozentwerte für den ersten Grad unter 100 liegen können. Ab dem zweiten Grad sollten 100 % und mit dem dritten Grad 200 % erreicht werden. Die Vorgabe für den dritten Grad wird auch „**Banker's Rule**" genannt.

Die **Aussagekraft** der Liquiditätsgrade ist stark eingeschränkt, da nur zu einem einzigen Zeitpunkt, z. B. zum Geschäftsjahresabschluss, gemessen wird und die Liquidität vor und nach dem Zeitpunkt völlig anders ausfallen kann. Aufgrund ihrer Abhängigkeit von der Bilanz ergeben sich folgende **Probleme**:

· Die Fälligkeiten der gegenübergestellten Forderungen und Verbindlichkeiten sind nicht bekannt.

· Die bilanzielle Bewertung der einbezogenen Positionen ist nicht bekannt.

- Sicherungsübereignete, verpfändete oder abgetretene Vermögensgegenstände können einbezogen sein.
- Die Möglichkeiten der Aufnahme weiterer Kredite oder die Verlängerung der kurzfristigen Kredite wird außer Acht gelassen.

Die Liquidität dritten Grades kann auch als absolute Zahl in Form des **Working Capital** dargestellt werden, das Aussagen zum Überschuss des kurzfristig gebundenen Umlaufvermögens über das kurzfristige Fremdkapital macht:

> Umlaufvermögen
> (kurzfristige, innerhalb eines Jahres liquidierbare Vermögensteile)
> - Kurzfristige Verbindlichkeiten
> _____
> = **Working Capital**

Es wird auch als **Reinumlaufvermögen** bezeichnet und ermittelt Liquiditätsveränderungen und Liquiditätsrisiken. Außerdem gibt es Auskunft über zukünftige Finanzierungspotenziale im Rahmen der Innenfinanzierung.

- Die statische Liquiditätsanalyse in ihrer **langfristigen Ausrichtung** unterscheidet **Deckungsgrade**, die langfristig gebundene Vermögensteile mit langfristig zur Verfügung stehendem Kapital vergleichen:

$$\text{Deckungsgrad A} = \frac{\text{Eigenkapital}}{\text{Anlagevermögen}} \cdot 100$$

$$\text{Deckungsgrad B} = \frac{\text{Eigenkapital} + \text{langfristiges Fremdkapital}}{\text{Anlagevermögen}} \cdot 100$$

$$\text{Deckungsgrad C} = \frac{\text{Eigenkapital} + \text{langfristiges Fremdkapital}}{\text{Anlagevermögen} + \text{langfristig gebundenes Umlaufvermögen}} \cdot 100$$

Wie bei den Qualitätsnormen der Finanzierungsanalyse existieren auch bei den Deckungsgraden normative Regeln, die ein anzustrebendes Optimum darstellen. Aufgrund der Einbeziehung von Aktiva und Passiva werden sie als **horizontale Finanzierungsregeln** bezeichnet:

| Goldene Bilanzregeln | im **engeren** Sinne: | im **weiteren** Sinne: |
|---|---|---|
| | $$\frac{\text{Anlagevermögen}}{\text{Eigenkapital}} \leq 1$$ | $$\frac{\text{Anlagevermögen}}{\text{Eigenkapital + lang-}\atop\text{fristiges Fremdkapital}} \leq 1$$ |
| Goldene Finanzierungs-regeln | $$\frac{\text{Kurzfristiges Vermögen}}{\text{Kurzfristiges Kapital}} \geq 1$$ | |
| | $$\frac{\text{Langfristiges Vermögen}}{\text{Langfristiges Kapital}} \leq 1$$ | |

Beide Finanzierungsregeln verlangen die Einhaltung der **Fristenkongruenz**, worunter die Forderung nach der Übereinstimmung der **Kapitalbindungsdauer**, die durch Vermögensgegenstände verursacht wird, sowie der **Kapitalüberlassungsdauer**, die durch Eigenkapital und Fremdkapital determiniert wird, zu verstehen ist.

Hintergrund dafür ist die Aufrechterhaltung der Liquidität zur Sicherung der Unternehmensexistenz und damit die Erfüllbarkeit von Zahlungsverpflichtungen zu jedem, auch weit in der Zukunft liegenden Zeitpunkt.

**Aufgabe 9 > Seite 195**

▶ Die **dynamische Liquiditätsanalyse** ist **zeitraumbezogen**. Sie ist möglich mithilfe:

- Des **Cashflow**, der als partielle Brutto-Kapitalflussrechnung den entstandenen Einzahlungsüberschuss abbildet. Er misst als Finanzkraft-Indikator die Fähigkeit des Unternehmens, aus eigener Kraft zur Innenfinanzierung, Schuldentilgung und Dividendenzahlung beizutragen. Seine Errechnung ist auf zweifache Weise möglich:

| Direkte Ermittlung | Der Cashflow kann **unternehmensintern** ermittelt werden: |
|---|---|
| | Zahlungswirksame Erträge<br>- Zahlungswirksame Aufwendungen<br>= **Cashflow** |
| Indirekte Ermittlung | Bei **externer Analyse** der Kreditfähigkeit und Kreditwürdigkeit muss der Cashflow indirekt aus den Daten des Jahresabschlusses ermittelt werden. Dazu dient folgendes, häufig verwendetes Schema: |
| | Bilanzgewinn<br>+ Zuführung zu den Rücklagen<br>(- Auflösung von Rücklagen)<br>- Gewinnvortrag aus der Vorperiode<br>(+ Verlustvortrag aus der Vorperiode)<br>= Jahresüberschuss<br>+ Abschreibungen<br>(- Zuschreibungen)<br>+ Erhöhung der langfristigen Rückstellungen<br>(- Verminderung der langfristigen Rückstellungen)<br>= **Cashflow[1]** |

[1] Bei kurzfristigen Cashflow-Betrachtungen können noch außerordentliche Aufwendungen berücksichtigt und außerordentliche Beträge abgezogen werden. Vergleiche hierzu S. 161.

- Der **Bewegungsbilanz**, welche die Mittelverwendung und Mittelherkunft gegenüberstellt und durch die Bestandsveränderungen finanzwirtschaftliche Vorgänge zeigt:

| Bewegungsbilanz | |
|---|---|
| **Mittelverwendung** | **Mittelherkunft** |
| Aktivmehrung<br>Passivminderung | Aktivminderung<br>Passivmehrung |

Aus dieser Sichtweise heraus leiten sich **Kapitalflussrechnungen** ab, die Bilanzen und GuV-Rechnungen zu Beginn und am Ende einer Rechnungsperiode gegenüberstellen. Folgendes **Schema** ergibt sich:

| Mittel-herkunft | Einstellungen in die Rücklagen |
|---|---|
| | - Entnahmen aus den Rücklagen |
| | + Abschreibungen auf Sachanlagen |
| | + Abschreibungen auf Beteiligungen |
| | + Erhöhung des Grundkapitals |
| | + Zunahme der langfristigen Verbindlichkeiten |
| | + Zunahme der mittelfristigen Verbindlichkeiten |
| | + Erhöhung der Rückstellungen |
| | + Verringerte Vorratshaltung |
| | = **Gesamtbetrag der verfügbaren Mittel (1)** |
| Mittel-verwendung | Investitionen in Sachanlagen oder Beteiligungen |
| | + Erhöhung der Vorräte |
| | + Zunahme der Forderungen aus langfristigen Geschäften |
| | + Zunahme der Forderungen aus mittelfristigen Geschäften |
| | - Verminderungen der kurzfristigen Verbindlichkeiten |
| | = **Gesamtbetrag der eingesetzten Mittel (2)** |

Die Differenz aus (1) und (2) zeigt die Zu- oder Abnahme der flüssigen Mittel. Wie oben in der Bewegungsbilanz werden auch hier Aussagen zum Bereich Finanzierung und Investition möglich:

- zur Höhe der Betriebseinnahmen aus Umsatzerlösen
- zur Höhe der Betriebsausgaben
- zum Überschuss der Betriebseinnahmen über die Betriebsausgaben
- zu den Ausgaben für Investitionen und Entwicklungen
- zum Finanzbedarf (Investitionen übersteigen den Überschuss aus Betriebseinnahmen und Betriebsausgaben)
- zu der Außenfinanzierung
- zur Veränderung der liquiden Mittel.

- Die dynamische Auffassung findet sich auch in **Finanzplänen** wieder, die den Liquiditätsstatus periodisch unterschiedlich durch die Gegenüberstellung der Einzahlungen und Auszahlungen ermitteln, z. B. wöchentlich, monatlich.

Die **Grundstruktur** eines Finanzplanes kann wie folgt aussehen:

| | |
|---|---|
| I. | **Auszahlungen** |
| | Auszahlungen für laufende Geschäfte |
| | Auszahlungen für Investitionszwecke |
| | Auszahlungen im Rahmen des Finanzgeschäftes |
| II. | **Einzahlungen** |
| | Einzahlungen aus ordentlichen Umsätzen |
| | Einzahlungen aus außerordentlichem Umsatz |
| | Einzahlungen aus Kapital- bzw. Kreditaufnahmen |
| III. | **Ermittlung der Über- oder Unterdeckung** |
| | II - I + Zahlungsmittelbestand der Vorperiode |
| IV. | **Ausgleichsmaßnahmen** |
| | Bei Unterdeckung oder bei Überdeckung |
| V. | **Zahlungsmittelbestand am Periodenende** |

Finanzpläne können grundsätzlich **langfristig** (über fünf Jahre), **mittelfristig** (über einem bis zu fünf Jahre) und **kurzfristig** (bis zu einem Jahr) ausgerichtet sein.

**Aufgabe 10 > Seite 196**

## 2.2.2 Planung

Investitionen nehmen starken Einfluss auf das betriebliche Geschehen. Sie sind daher **besondere Entscheidungssituationen**, die eine Planung unabdingbar machen. Sie stellt ein Verbindungsglied zwischen Information und Aktion dar und dient der **Willensbildung** in Form der Gewinnung von Erkenntnissen sowie der gedanklichen Umsetzung von Erkenntnissen in Handlungen, in diesem speziellen Falle in Investitionen.

Damit ist die Planung die **gedankliche Vorwegnahme zukünftigen Handelns**. Durch sie werden Entscheidungen aufgrund des Abwägens verschiedener Handlungsalternativen ermöglicht. Dies geschieht im Investitionsprozess durch die später abzuhandelnden Investitionsrechnungen.

Zu Grunde liegendes Denkschema der Planung ist die **Bewertung von Alternativen**. Um solche Alternativen aufstellen zu können, ist der Informationsstand über die in der Zukunft liegenden möglichen Ereignisse von besonderer Wichtigkeit:

$$\text{Informationsstand} = \frac{\text{Tatsächlich vorhandene Information}}{\text{Für notwendig erachtete Information}}$$

Entscheidungsvorbereitungen in der Praxis sind durch **unvollkommene Information** und/oder durch das Vorliegen **großer Datenmengen** gekennzeichnet, sodass nur ein Bruchteil der infrage kommenden Alternativen näher geprüft werden kann.

Weitere Schwierigkeiten bestehen in der Berücksichtigung der **Umweltsituation** und der meist vielfältigen **Verhaltensalternativen** im Unternehmen selbst, da der Marktbezug der Entscheidung einen sehr großen Komplexitätsgrad mit sich bringt.

Die unternehmensinterne Ausrichtung von Entscheidungen kann zudem jede mögliche Art von **Zielkonflikten** entstehen lassen, z. B. aufgrund von Interdependenzen zwischen Produkten in Mehrproduktunternehmen.

Im Folgenden sollen betrachtet werden:

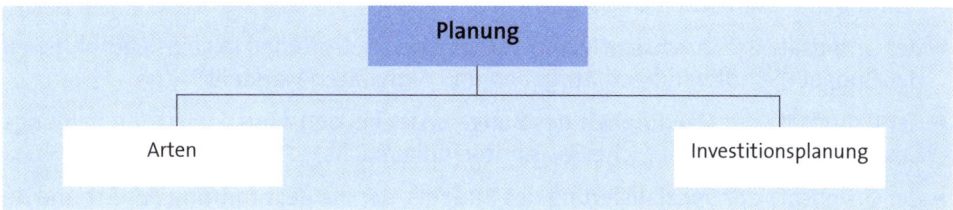

## 2.2.2.1 Arten

Als wichtige Arten der Planung im Rahmen der finanzwirtschaftlichen Führung lassen sich unterscheiden:

▶ Die **strategische Planung** als Gesamtplanung, die langfristig ausgerichtet durch die obere Führungsebene erfolgt. Sie beinhaltet allgemeine Produkt- und Marktstrategien sowie die Diagnose von Stärken und Schwächen des Unternehmens. Zumeist in Verbindung mit der Bilanz- und Erfolgsplanung setzt das Finanzmanagement folgende Schwerpunkte:
  - die strategische Planung der **Vermögens**- und **Kapitalstruktur**
  - die Planung des **Kapitalflusses** und der **Kapitalbindung**.

▶ Die **taktische Planung** [1], die mittelfristig für die Aufrechterhaltung des laufenden Geschäftes sorgt und sich an der strategischen Planung als Vorgabe ausrichtet. Im Finanzmanagement sind dies:
  - die **Investitions- und Kapazitätsplanung**
  - die Planung des **Finanzierungsmix**
  - die Aufstellung mittelfristiger **Finanzpläne**.

▶ Die **operative Planung** [1], die kurzfristig sowohl Routinevorgänge als auch die Umsetzung der taktischen Planung als Ausführungsplanung zum Inhalt hat. Im Finanzmanagement geschieht dieses operative Geschäft im Rahmen der **Disposition**. Die von ihr bewirkte kurzfristige Planung erfolgt z. B.:
  - für Maßnahmen der Liquiditätssicherung als Liquiditätsvorschau
  - als Optimierung der Wertstellung im Zahlungsverkehr.

  Diese Aktivitäten können als **Cash-Management** EDV-gestützt durchgeführt werden.

---

[1] Als taktische Planung wird in der Literatur mitunter auch die kurzfristige Planung gesehen, entsprechend unter operativer Planung eine mittelfristige Planung verstanden.

Aus den Planungen ergeben sich **Budgets**, die abteilungs- oder mitarbeiterbezogen Aufgaben festlegen. In Anlehnung an allgemeine Planungsgrundsätze gelten als Grundregeln für ein Planungs- bzw. Budgetwesen (*Perridon/Steiner/Rathgeber*):

► der Grundsatz der **Vollständigkeit**, der eine Voraussetzung für die Verwendung des Budgets als Führungsinstrument ist

► der Grundsatz der **Einheit** des Budgets, der eine Zusammenführung von Teilbudgets aus organisatorisch unterschiedlichen Stufen ermöglicht

► der Grundsatz der **Zentralisation**, der eine Erfassung aller Zahlungsvorgänge zur Erhaltung des finanziellen Gleichgewichtes verlangt

► der Grundsatz der **Durchsichtigkeit**, der für jeden Betroffenen bei Einsichtnahmen in das Budget die notwendigen Aufgaben und Aktivitäten klarstellt

► der Grundsatz der **Genauigkeit** des Budgets, der bei den Angaben zu den Zahlungsbewegungen eine realistische Basis notwendig macht

► der Grundsatz der **Spezialisierung** des Budgets, der die Bestimmung der Art und der Ursache aller Zahlungsbewegungen vorgibt

► der Grundsatz der **Periodizität**, der eine periodische Aufstellung je nach Budgetart fordert

► der Grundsatz der **materiellen Bedeutung** und **Wirtschaftlichkeit**, der die Grundsätze nach Vollständigkeit, Genauigkeit und Spezialisierung in ihrer Anwendung einschränken kann. Dies geschieht dann, wenn die Kosten der Anwendung nicht durch den Nutzen der Anwendung gedeckt sind.

## 2.2.2.2 Investitionsplanung

Die Investitionsplanung als Teilplanung der Unternehmensplanung hat herausragende Bedeutung. **Gründe** hierfür sind:

► Investitionen verursachen eine **längerfristige Kapitalbindung**. Im strategischen Bereich können dies vier bis fünf Jahre, mitunter zehn Jahre und mehr sein. Taktische Investitionen sind mittelfristig ausgelegt und binden bis zu vier Jahre das Kapital im Unternehmen. Probleme ergeben sich, wenn vor dem Ablauf der Planungsperioden die Kapitalbindungen nur unter Inkaufnahme von Verlusten verändert oder aufgehoben werden können.

► Investitionen verursachen Änderungen in der Kostenstruktur eines Unternehmens. Unabhängig von der Kapazitätsauslastung der Investitionsobjekte ergeben sich zumeist **Erhöhungen im Fixkostenbereich**.

► Die **Möglichkeiten der Finanzierung** begrenzen das Volumen der Investitionen. Zudem bestehen Abhängigkeiten zwischen der **Dauer der Kapitalbindung** und der **Form des eingesetzten Kapitals**. Nach den Finanzierungsregeln sollte das Anlagevermögen durch langfristig zur Verfügung stehendes Kapital, also Eigenkapital und zum Teil langfristiges Fremdkapital, abgedeckt sein.

► Investitionen prägen den **technischen Fortschritt**, weshalb die Investitionsplanung damit zur Sicherung und Weiterentwicklung des Unternehmens maßgeblich beiträgt.

Für die Investitionsplanung gilt:

► Sie hat sich an den **strategischen Zielen** auszurichten, die obere langfristige Ziele des Unternehmens darstellen.

► Sie ist mittels festgelegter **Beurteilungskriterien** und zuverlässiger **Planungsverfahren** durchzuführen.

► Sie muss in Bezug auf die **Organisation** und die **Entscheidungsbefugnis** optimal im Unternehmen eingebettet sein.

Mithilfe der Investitionsplanung ist sowohl die Planung von **Einzelinvestitionen** möglich, die auf ihre Vorteilhaftigkeit untersucht werden als auch die Aufstellung vollständiger **Investitionsprogramme**. Mit deren Hilfe wird der notwendige oder wünschenswerte Investitionsbedarf eines Unternehmens für eine Rechnungsperiode dokumentiert und mit dem sich hieraus ergebenden Kapitalbedarf abgeglichen.

**Aufgabe 11 > Seite 196**

### 2.2.3 Organisation

Die organisatorische Einbindung der finanzwirtschaftlichen Führung in das Unternehmensgefüge hängt vor allem von mehreren Kriterien ab. Dazu zählen insbesondere:

► die Größe des Unternehmens
► die Rechtsform des Unternehmens
► die Branche des Unternehmens
► die Art der Einbindung in einen Konzern.

Zumeist liegen bei **kleineren Unternehmen** die finanzwirtschaftliche Führung und die Unternehmensleitung in einer Hand. Finanzielle Entscheidungen, die für die weitere Existenz des Unternehmens lebensnotwendig sein können, stellen damit einen oft unterschätzten Engpassfaktor dar. Strategische und operative Entscheidungen nimmt die Unternehmensleitung häufig gleichzeitig wahr oder delegiert nur dispositive oder routineartige Tätigkeiten.

Wachsen Unternehmen auf eine **mittlere Größe**, erfolgt meistens eine Trennung in eine kaufmännische und in eine technische Leitung. In diesem Falle befasst sich die kaufmännische Leitung mit der finanzwirtschaftlichen Führung. **Großkonzerne** besitzen überwiegend schon im oberen Organisationsbereich eine finanzwirtschaftliche Abteilung.

Die organisatorische Einordnung der Finanzwirtschaft bzw. des Finanzwesens kann **funktional** oder **divisional** erfolgen:

► Bei der **funktionalen Organisation** werden gleichartige Verrichtungen und Arbeitsvorgänge in Abteilungen oder Ressorts zusammengefasst. Dadurch sollen Spezialisierungsvorteile und eine Degression der Kosten bewirkt werden. Das Unternehmen gliedert sich nach dem **Verrichtungsprinzip:**

**Beispiel**

| Ressort Einkauf | Ressort Technik | Ressort Vertrieb | Ressort Finanzen und Betriebswirtschaft |
|---|---|---|---|
| | | | ► Controlling |
| | | | ► Finanzwesen: Banken, Kasse, Kredit, Ausland |
| | | | ► Rechnungswesen |
| | | | ► Beteiligungen |

Die funktionale Organisation ist häufig in kleineren und mittleren Unternehmen zu finden. Wachsende Betriebsgrößen führen bei der funktionalen Organisation jedoch zu Koordinationsproblemen.

► Die **divisionale Organisation** des finanzwirtschaftlichen Bereichs ist bei größeren Unternehmenseinheiten anzutreffen. Sie gliedert die Aufgaben nach **Objekten** oder **Sparten**, die z. B. Produkte oder Produktgruppen, Kunden oder Kundengruppen, Regionen oder Länder sein können:

**Beispiel**

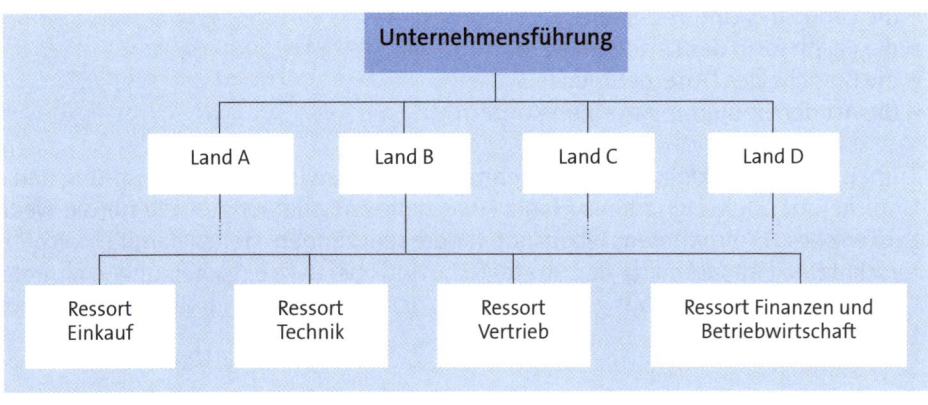

**Vorteile** der divisionalen Organisationsform liegen in der Verbindung von konkreten Zielausrichtungen, z. B. auf eine bestimmte Kundengruppe oder ein bestimmtes Land und in Spezialisierungsvorteilen der Funktionen.

► Die Schaffung von **Profit Centern** und damit die Dezentralisation der Ergebnisverantwortung wird i. d. R. bei divisional organisierten Unternehmen erleichtert. Dies gilt allerdings für Finanzabteilung nur eingeschränkt, da sie in Großunternehmen oftmals als zentralistisch geführte Querschnittsabteilung hierarchisch verankert ist.

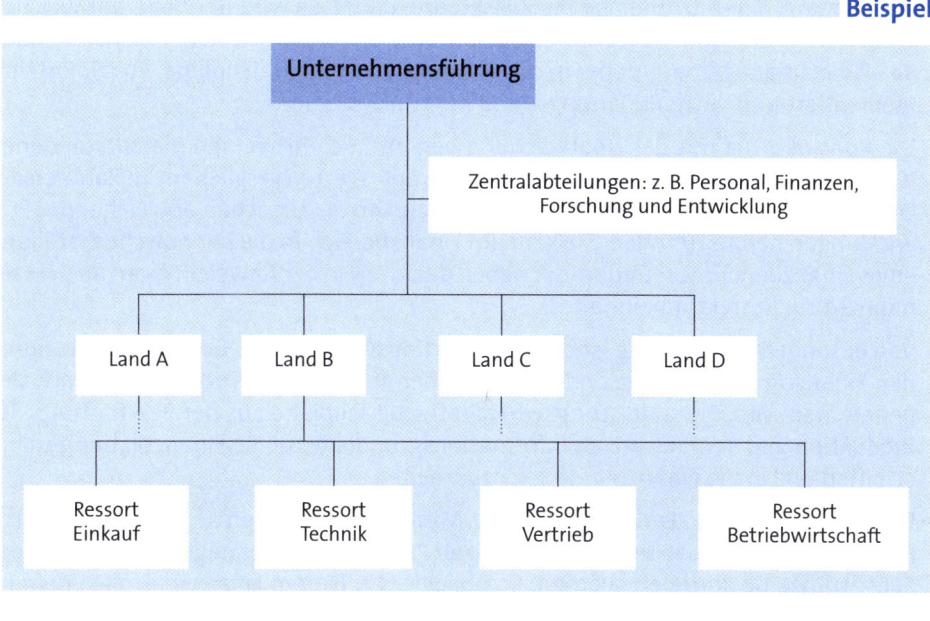

Zur besseren **Organisation der Investitionspolitik** werden in größeren Unternehmen oftmals spezielle **Investitionsabteilungen** gebildet, die vorgesehene Investitionen prüfen und deren Durchführung kontrollieren. Dabei finden **Formulare** vielfach Verwendung, die zur Standardisierung eines Investitionsantrags, der Investitionsbeurteilung und der Investitionskontrolle dienen.

Je nach Höhe der Investitionssumme kann es sein, dass unterschiedliche Abteilungen über die Realisierung von Investitionsobjekten entscheiden. Dies sind vor allem:

► Unternehmensleitung
► Investitionsabteilung
► Investitionsausschuss
► Abteilungsleitung.

## 2.2.4 Controlling

Das Controlling verbindet den Koordinationsprozess der Planung, Kontrolle und Steuerung mit der Informationsversorgung. Es vollzieht nicht das unmittelbare Unternehmensgeschehen, sondern soll die einzelnen Unternehmensbereiche bei ihrer Arbeit unterstützen, so auch den finanzwirtschaftlichen Bereich. Es ist den Bereichen des Unternehmens **parallel gelagert** bzw. **überlagert**.

Die Realisierung des Unternehmens- bzw. des finanzwirtschaftlichen Geschehens selbst ist keine Aufgabe des Controlling, das grundsätzlich zu bewältigen hat:

► Die **Planung**, deren Grundlage die Zielsetzung bildet. Es wird überlegt, auf welchen Wegen die Ziele (Soll-Werte) zu erreichen sind. So unterstützt der Finanzcontroller das Finanzmanagement dabei in der **Planung**, koordiniert Teilpläne, konzipiert, implementiert und betreut Planungs- und Kontrollsysteme.

► Die **Kontrolle**, die mit der Überwachung beginnt. Bei ihr werden die entstandenen Ist-Werte möglichst früh erfasst und mit den Soll-Werten verglichen. Im Rahmen der Untersuchung erfolgen Abweichungsanalysen, um die Ursachen abweichender Entwicklungen herauszufinden. Sie kann im Finanzbereich in die periodische Erstellung eines Finanzberichtes münden, der neben der Analyse der Abweichungen auch Maßnahmen zur Korrektur beinhaltet.

► Von besonderer Bedeutung ist die **Koordinationsfunktion** des Controlling, die durch den Finanzcontroller insbesondere gegenüber anderen Unternehmensteilen wahrgenommen wird. Er hat leistungswirtschaftliche Teilpläne aus der Beschaffung, der Produktion und dem Absatz als Informationsgrundlage für die Finanzplanung zu beschaffen und in die Finanzplanung einzuarbeiten.

► Die **Information**, die als Weitergabe bzw. Mitteilung von Daten anzusehen ist. Durch Frühwarnung sollen außerhalb festgelegter Planungsansätze gegebene Daten möglichst frühzeitig korrigiert werden. So obliegt es z. B. dem Finanzcontroller, dem Finanzmanagement ein tägliches Cashflow-Statement oder eine periodisierte Liquiditätsvorausschau in Form eines Finanzplanes zur Verfügung zu stellen.

► Die **Steuerung** als Maßnahme, bei der eine oder mehrere Größen als Eingangsdaten andere Größen als Ausgangsdaten beeinflussen, z. B. zur Beeinflussung finanzwirtschaftlicher Störgrößen.

Als Controlling- bzw. Managementmethode findet inzwischen auch die **Balanced Scorecard** Anwendung – siehe *Kaplan/Norton, Ehrmann*. Sie fungiert als Bindeglied zwischen Strategiesetzung und deren operative Umsetzung in Zielsetzungen mittels Kennzahlen, die nicht nur schwerpunktartig aus dem finanzwirtschaftlichen Bereich und dem Rechnungswesen stammen sollen.

## Aufgabe 12 > Seite 196

# B. Investitionsentscheidung

Die Investitionsentscheidung bewirkt den **Investitionsvorgang**, der einerseits aus der Bindung und andererseits aus der Freisetzung von Kapital besteht:

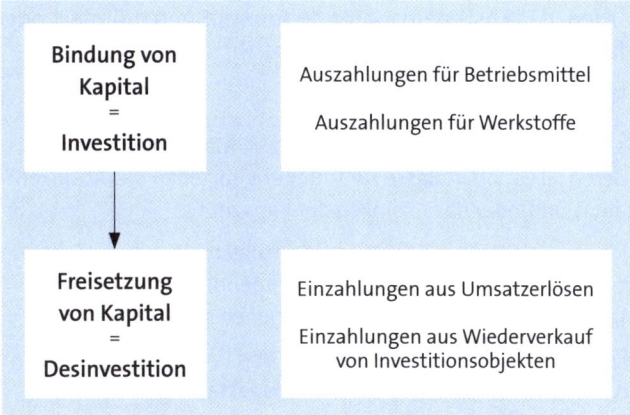

Die im Folgenden aufgezeigten Vorgänge zur Investitionsentscheidung sind im Hinblick auf die Planung von **Einzelinvestitionen** zu verstehen. Es sollen behandelt werden:

| | |
|---|---|
| | Entscheidungsprozess |
| **Investitionsentscheidung** | Informationsbedarf |
| | Kapitalbedarf |

# 1. Entscheidungsprozess

Der Entscheidungsprozess bei einer Einzelinvestition erfolgt über mehrere **Phasen** hinweg. Er umfasst:

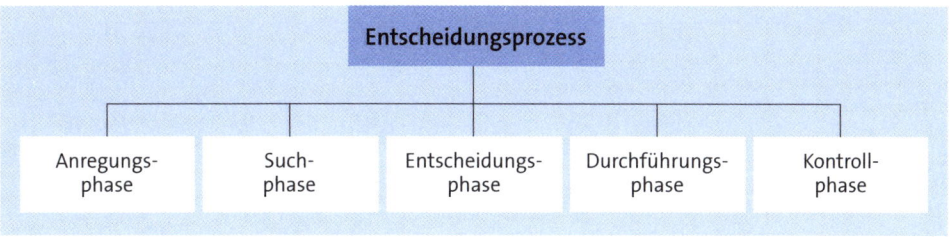

## 1.1 Anregungsphase

Ausgangspunkt für die Investitionsplanung und damit für den Entscheidungsprozess sind Anregungen zu einer Investition. Quellen hierfür können innerhalb oder auch **außerhalb** des Unternehmens liegen:

► **Unternehmensinterne Anregungen** sind aus den betrieblichen **Abteilungen** oder direkt von den **Mitarbeitern** möglich.

► Die **Mitarbeiter** können aufgrund ihrer Erkenntnisse und Erfahrungen bei der Arbeitsdurchführung Anregungen geben. Dies kann auch über ein **betriebliches Vorschlagswesen** gesteuert werden, das kosteneinsparende Anregungen prämiert oder bis hin zu schutzfähigen Erfindungen durch Arbeitnehmer führt.

► Als **Abteilungen** sind vor allem zu nennen:

| Fertigungs-abteilung | Sie arbeitet direkt mit Sachinvestitionen, z. B. Maschinen, und analysiert deren Situation. **Anlässe** für Anregungen geben das Absinken der Qualität und/oder das Absinken der Kapazität. |
| --- | --- |
| | Auch sich verschlechternde Kostengrößen allgemein, wie die Erhöhung von Reparaturkosten oder der zunehmende Bedarf an Ersatzteilen, können Hinweise für Ersatzinvestitionen sein. |
| | Zusätzlich fließen hier Informationen aus den unterschiedlichsten Quellen, z. B. als Fachartikel, Anzeigen, Prospekte, Angebote, über verbesserte Betriebsmittel oder verbesserte Fertigungsverfahren als Anregung mit ein. |
| Forschungs- und Entwicklungs-abteilung | Die Anregungen stammen insbesondere aus den eigentlichen, praktischen Forschungs- und Entwicklungstätigkeiten, aus der Fachliteratur oder dem Erfahrungsaustausch mit anderen Fachleuten. |
| Marketing-abteilung | Durch ihren ständigen Marktkontakt mit Absatzmittlern, Absatzhelfern und Endverbrauchern, insbesondere durch die Marktforschung, gewinnt sie Informationen z. B. über Marktverschiebungen, Kundenzufriedenheit und Konkurrenzaktivitäten. |
| Investitions-abteilung | Sie selbst oder ein **Investitions-Gremium** prüft nicht nur eingereichte Investitionsvorschläge, sondern regt wegen ihres unternehmensweiten Überblicks auch Investitionen an. |
| Rechnungs-wesen | Es analysiert veränderte Kosten- und Erlösstrukturen z. B. im Personal-, Beschaffungs- und Absatzbereich, die Ausgangspunkte für Investitionen darstellen können. |

▶ **Unternehmensexterne Anregungen**, die erfolgen können durch:

| Marktpartner | Dazu zählen alle Verbindungen und Kontakte zu Händlern, Handelsvertretern, Kommissionären, weiterverarbeitenden Unternehmen, Banken und Versicherungen. |
|---|---|
| Unternehmensberater | Sie können generell beratend im Unternehmen tätig sein bzw. als spezielle Beratungsunternehmen, die technische (Ingenieurbüros) oder wirtschaftliche (Marktforschungsinstitute, Werbeagenturen) Beratungen leisten. |
| Gesetzgeber | Der Gesetzgeber oder andere **öffentliche Institutionen**, die durch Gesetze und Verordnungen Investitionen initialisieren, z. B. im Umwelt- oder Unfallschutz, sind hier zu nennen. |
| Kunden | Vor allem deren Unzufriedenheit kann, wenn sie vom Unternehmen entsprechend abgefragt und berücksichtigt wird, wertvolle Anregungen zu Änderungen geben. |

Die Anregungsphase schließt mit der **Beschreibung des Investitionsproblems** ab. Wichtige Angaben sind:

▶ Darstellung und Begründung des Investitionsproblems
▶ Angaben zur Dringlichkeit der Investition
▶ Beurteilung der Investition (Aufzeigen von Vor- und Nachteilen).

Der Einsatz von **Formularen** hilft, wie bereits angeführt, bei der Standardisierung des Vorgehens und führt damit zur exakten Beschreibung und Begründung des Investitionsproblems – siehe auch *Olfert*.

## Aufgabe 13 > Seite 197

## 1.2 Suchphase

In der Suchphase werden die Bewertungs- und Begrenzungsfaktoren festgelegt sowie Investitionsalternativen ermittelt:

▶ **Festlegung der Bewertungskriterien**
▶ **Festlegung der Begrenzungskriterien**
▶ **Ermittlung der Investitionsalternativen**.

## 1.2.1 Festlegung der Bewertungskriterien

Um Entscheidungen über Investitionsalternativen treffen zu können, müssen Kriterien der Bewertung vorliegen und als Maßstäbe dienen. Diese Bewertungskriterien leiten sich von den **Unternehmenszielen** ab, werden konkretisiert und in Form von **quantitativen und qualitativen** Maßstäben gemessen.

Die Unternehmensziele können sein:

► **Formalziele** als übergeordnete Unternehmensziele, die an der Spitze der betrieblichen Zielhierarchie stehen. Zu ihnen zählen insbesondere:

| Gewinnziel | Dabei kann ein Mindestgewinn pro Periode mit dem Einsatz möglichst geringer Mittel (**Minimalprinzip**) oder ein möglichst hoher Gewinn pro Periode mit dem Einsatz bestimmter, festgelegter Mittel (**Maximalprinzip**) gefordert werden. |
|---|---|
| Umsatzziel | Es unterscheidet ebenso einen Minimal- und Maximalansatz, wird zusätzlich aber noch im Hinblick auf bestimmte **Märkte** differenziert in Form von Mindest-Marktanteilen oder einem möglichst hohen Anteil in bestimmten Märkten. |
| Wachstumsziel | Es kann sich auf die Steigerung der oben genannten quantitativen Formalziele beziehen, aber auch auf qualitative Aspekte, z. B. Image, Prestige. |
| Sicherheitsziel | Es soll – oftmals in der Verbindung mit dem Wachstumsziel – den Bestand des Unternehmens garantieren, indem durch die Risikopolitik das Unternehmensrisiko abgesichert oder beschränkt wird. |
| Sozialziel | Es äußert sich im Sozialstreben, das den Menschen als soziales Wesen begreift und ihn umweltbezogen in den betrieblichen Planungsprozess aufnimmt. |

► **Sachziele**, welche sich auf die übergeordneten Formalziele beziehen, die sie praktisch durch betriebliche Handlungen realisieren. Im Rahmen der finanzwirtschaftlichen Führung wurden bereits Ziele genannt, die Sachziele darstellen. Das waren: Rentabilität, Liquidität, Sicherheit, Unabhängigkeit.

Anhand des **Gewinnes** als Formalziel sollen abzuleitende Sachziele gezeigt werden:

| Erlössteigerung | Sie kann durch den Einsatz des marketingpolitischen Instrumentariums erreicht werden, z. B. innerhalb der Kommunikationspolitik durch die Planung werbender oder verkaufsfördernder Aktivitäten. |
|---|---|
| Kostensenkung | Sie wird z. B. durch den Einsatz wirtschaftlicherer Betriebsmittel oder Überlegungen zur Eigenerstellung oder zum Fremdbezug von Werkstoffen ermöglicht. |
| Engpassvermeidung | Sie bezieht sich auf die betriebliche Kapazität, die eine Optimierung des betrieblichen Arbeitsablaufes erfordert. |

Die aus den Formalzielen und Sachzielen abzuleitenden Bewertungskriterien können sein:

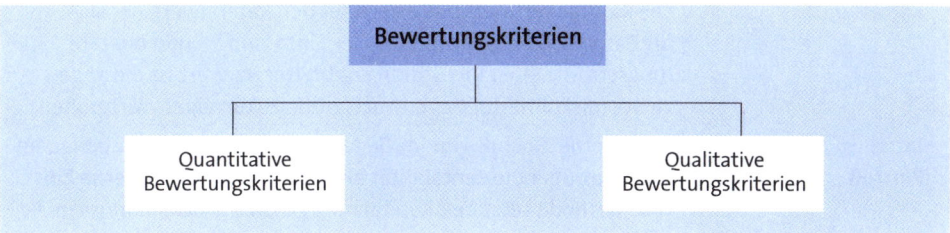

## 1.2.1.1 Quantitative Bewertungskriterien

Quantitative Bewertungskriterien messen die Vorteilhaftigkeit von Investitionen mithilfe von Zahlenwerten. Dabei sind zu unterscheiden:

▶ **Statische Investitionsrechnungen**, die insbesondere bei der Beurteilung von Sachinvestitionen eingesetzt werden, vgl. hierzu S. 83 ff. Ihre **Bewertungskriterien** sind:

| Kosten | In der **Kostenvergleichsrechnung** werden zum Vergleich von Investitionen die Kosten innerhalb einer Periode gesamthaft oder pro Stück gegenübergestellt. |
|---|---|
| Gewinn | Mithilfe der **Gewinnvergleichsrechnung** geschieht dies auf Grundlage des erzielten Gewinns durch die Einbeziehung der Erlöse und der Kosten. |
| Rentabilität | Eine Erweiterung der Gewinnvergleichsrechnung durch die Berücksichtigung des durchschnittlich eingesetzten Kapitals führt zu Rentabilitätsaussagen in der **Rentabilitätsvergleichsrechnung**. |
| Amortisationszeit | Ein zeitlicher Maßstab wird bei der **Amortisationsvergleichsrechnung** angesetzt. Als Bewertungskriterium gilt die Kürze des Zeitraums, in dem eine Investition durch die erzielten Überschüsse das eingesetzte Kapital deckt. |

Die statischen Investitionsrechnungen sind in der betrieblichen Praxis relativ leicht einzusetzen. Ihr **Aussagegehalt** wird allerdings **eher negativ** beurteilt. Gründe hierfür sind die nur einperiodische Betrachtungsweise, das Nichtaufzeigen von Interdependenzen sowie die ausschließliche Betrachtung von Kosten und Erlösen.

Die Anwendung statischer Investitionsvergleichsrechnungen beschränkt sich auf abgrenzbare, gleichartige Investitionsobjekte, sofern repräsentative oder durchschnittliche Werte vorliegen.

▶ **Dynamische Investitionsrechnungen**, die als quantitative Bewertungskriterien nutzen – vgl. hierzu S. 123 ff.:

| Kapitalwert | Die **Kapitalwertmethode** errechnet den Kapitalwert, der sich als Barwert aus der Differenz aller Einzahlungs- und Auszahlungsströme einer Investition ergibt. Der Barwert ist die abgezinste (diskontierte) Gegenwartsgröße zukünftiger Wertgrößen. |
|---|---|
| Interner Zinsfuß | Der interne Zinsfuß gibt im Gegensatz zum Kapitalwert genauere Auskunft über die Rentabilität einer Investition. Die **Interne Zinsfuß-Methode** setzt den Kapitalwert gleich Null. Dann müssen die Barwerte der Einzahlungs- und Auszahlungsströme einer Investition gleich groß sein. |
| Annuität | Die **Annuitätenmethode** periodisiert den Gesamterfolg und weist als Annuität einen jährlich gleich hohen Überschuss einer Investition aus. |

Die Ergebnisse der dynamischen Investitionsrechnungen erreichen eine stärkere Aussagekraft über die Vorteilhaftigkeit einer Investition als die statischen Investitionsrechnungen. Gründe sind die Einbeziehung aller Nutzungsperioden, die Anwendung genauerer finanzmathematischer Methoden und Berücksichtigung von gesamthaften Zahlungsströmen.

In der Praxis sind die dynamischen Investitionsrechnungen stärker in der Anwendung verbreitet als die statischen Investitionsrechnungsmethoden.

Zur Beurteilung von **Finanzinvestitionen** stehen die unterschiedlichsten quantitativen Kriterien zur Verfügung. Im Rahmen der **Unternehmensbewertung** können dies z. B. sein:

▶ **traditionelle Größen**, zu denen Liquidationswert, Ertragswert, Substanzwert zählen

▶ **modernere Größen**, die auf dem Cashflow basieren, wie z. B. der Shareholder Value.

Darüber hinaus machen zahlreiche weitere quantitative Maßstäbe Aussagen zur Rentabilität für Finanzinvestitionen wie Anleihen, Aktie, Fonds u. Ä.

Die aufgeführten **quantitativen Bewertungskriterien** werden ausführlich in den Teilen C und D dargelegt.

**Aufgabe 14 > Seite 197**

### 1.2.1.2 Qualitative Bewertungskriterien

Für einige der oben aufgeführten Formalziele eines Unternehmens, wie z. B. Image, Sicherheit und soziales Streben, schließt sich ein Quantifizieren oft aus. Gründe sind die nicht vorhandene wirtschaftliche Vertretbarkeit eines solchen Messvorganges oder die nicht gegebene Möglichkeit, solche Bewertungskriterien zu quantifizieren.

Zum Einsatz kommt hier die **Nutzwertrechnung**, die mithilfe des Nutzwertes einen zahlenmäßigen Ausdruck für den subjektiven Zielerreichungswert von Investitions-Alternativen findet. Dieses Vorgehen ermöglicht die Bildung einer Rangordnung, in der dann die Investitionsalternative mit dem höchsten Nutzwert den ersten Rang einnimmt – siehe ausführlich *Olfert*.

**Qualitative Bewertungskriterien** in Nutzwertrechnungen können sein:

► **Wirtschaftliche Bewertungskriterien**, zu denen zählen:

| Absatz-<br>bezogene<br>Kriterien | Beispiele: | - Marktanteil<br>- Marktsättigung<br>- Marktstrategie | - Distributionsfähigkeit<br>- Werbewirksamkeit<br>- Preisangemessenheit |
|---|---|---|---|
| Beschaffungs-<br>bezogene<br>Kriterien | Beispiele: | - Fortschrittlichkeit<br>- Kundendienst<br>- Garantie<br>- Kulanz<br>- Elastizität | - Lieferzeit<br>- Bonität<br>- Pünktlichkeit<br>- Zuverlässigkeit |
| Personal-<br>bezogene<br>Kriterien | Beispiele: | - Qualitative Beschaffbarkeit<br>- Quantitative Beschaffbarkeit<br>- Entwicklungsfähigkeit | |
| Finanzbezogene<br>Kriterien | Beispiele: | - Sicherheit<br>- Kursrisiko | - Fungibilität<br>- Zinsrisiko |

► **Technische Bewertungskriterien**, die sein können:

| Betriebsmittel-<br>bezogene<br>Kriterien | Beispiele: | - Universalität<br>- Spezialisierungsgrad<br>- Automationsgrad<br>- Genauigkeitsgrad<br>- Kapazitätsreserve<br>- Ergänzbarkeit | - Energieverbrauch<br>- Störunanfälligkeit<br>- Arbeitsgeschwindigkeit<br>- Arbeitsdruck<br>- Arbeitstemperatur<br>- Werkstückdimension |
|---|---|---|---|
| Arbeits-<br>physiologische<br>Kriterien | Beispiele: | - Unfallsicherheit<br>- Staubentwicklung<br>- Lärmentwicklung | - Bedienbarkeit<br>- geistige Anforderungen<br>- körperliche Anforderungen |
| Infrastruk-<br>turelle<br>Kriterien | Beispiele: | - Transportmöglichkeit<br>- Lagermöglichkeit | - Energieversorgung<br>- Abfallentsorgung |

► **Soziale Bewertungskriterien**, zu denen zählen:

- Arbeitsmonotonie
- Arbeitsstress
- Arbeitszufriedenheit
- Arbeitsinteresse
- Arbeitsautonomie
- Arbeitsplatzerhaltung
- Qualifikationssicherung Umweltfreundlichkeit
- Ästhetik

▶ **Rechtliche Bewertungskriterien**, z. B. als

- Unfallverhütungsvorschriften
- Patente Lizenzen
- Umweltschutzvorschriften
- Kartellgesetze
- Bauvorschriften.

Für die Auswahl der qualitativen Bewertungskriterien gelten folgende **Grundsätze**:

▶ Die qualitativen Bewertungskriterien sind **operational** und damit **genau zu formulieren**, um Mehrdeutigkeit oder Allgemeinplätze zu vermeiden. Außerdem müssen ihnen Nutzwerte zugeordnet werden können, um die **Messbarkeit** herzustellen. Hierfür ist eine **Maßskala** zu schaffen.

Beispielsweise kann das Kriterium „Erfolg" mehrdeutig (wirtschaftlicher oder technischer Erfolg) verwandt werden und ist dementsprechend genauer zu fassen (wirtschaftlicher Erfolg, gemessen an den Größen Umsatz, Gewinn, Marktanteil).

▶ Qualitative Bewertungskriterien sind **hierarchisch** anzuordnen, wenn mehrere Bewertungskriterien zur Beurteilung einer Investitionsalternative notwendig sind. Dies kann durch die Zuordnung zu qualitativen Oberkriterien geschehen. Im obigen Beispiel wurden den technischen Bewertungskriterien spezifizierte Aspekte (betriebsmittelbezogene, arbeitsphysiologische und infrastrukturelle Kriterien) untergeordnet und durch verschiedene Beispiele weiter aufgeteilt.

▶ Die Bewertungskriterien sollten **unterschiedliche Objekteigenschaften** abfragen, um Einseitigkeit in der Beurteilung der Investitionsobjekte zu vermeiden. Hierbei ist auf **Abhängigkeiten** und die damit gegebene **gegenseitige Beeinflussung** der einzelnen Bewertungskriterien zu achten. So sollten nicht nur reine Leistungsgrößen eines Investitionsobjektes abgeprüft werden, sondern auch z. B. Aspekte der Umweltfreundlichkeit, der Sicherheit, der Ästhetik.

Unterschiedliche **Bewertungsmaßstäbe** in Form von Skalierungen messen Nutzwerte und legen damit die Zielerfüllung der qualitativen Bewertungskriterien fest. Folgende **Messniveaus** sind zu unterscheiden:

▶ **Nominale Skalierungen** sind die einfachste Form der Nutzenmessung. Die Klassifizierung eines Objektes erfolgt lediglich darüber, ob einem Bewertungskriterium entsprochen wird oder nicht. **Beispiel**: „ja/nein", „gut/schlecht", „+/–". Das Maß oder die Richtung der Nutzenunterschiede werden nicht deutlich.

▶ **Ordinale Skalierungen** differenzieren stärker die Richtung der Nutzenunterschiede. **Beispiel**: „größer", „kleiner", „gleich". Dies garantiert die Erstellung einer Rangordnung, ohne dass aber der Abstand zwischen den einzelnen Rangplätzen deutlich wird.

▶ **Intervallskalen** weisen den Abständen der Rangordnung feste Intervalle zu, sodass Messungen der einzelnen Nutzenausprägungen, wie z. B. Differenzen, möglich werden. **Beispiel**: „sehr starke Leistung" = 5 Punkte; „sehr schwache Leistung" = 1 Punkt.

► **Verhältnisskalen** als genaueste, aber in der Praxis am wenigsten angewandte Art der Nutzenmessung fordern neben den festen Intervallen auch die exakte Bestimmung eines absoluten Nullpunkts, um damit die Anwendung aller Rechnungsarten zu ermöglichen. **Beispiel**: Gewichtsskala.

Die Aussagekraft einer Nutzwertmessung verstärkt sich darüber hinaus mittels einer **Gewichtung der einzelnen Kriterien**, falls nicht alle Bewertungskriterien gleich hohe Bedeutung für eine Investitionsentscheidung aufweisen.

## 1.2.2 Festlegung der Begrenzungskriterien

Begrenzungskriterien sind unbedingt zu erfüllende Nebenbedingungen, die über die allgemeine Zulässigkeit einzelner Investitionsalternativen entscheiden. Solche Kriterien können Grenzen setzen in:

► wirtschaftlicher Hinsicht
► technischer Hinsicht
► sozialer Hinsicht
► rechtlicher Hinsicht.

Die Begrenzungskriterien bilden einen Rahmen, der die Anzahl der zu untersuchenden Investitionsalternativen einengt. So grenzt z. B. ein vorgegebener Einsatzzeitpunkt für ein Investitionsobjekt verschiedene Investitionsalternativen mit zu langen Lieferzeiten aus.

## 1.2.3 Ermittlung von Investitionsalternativen

Die Suchphase schließt mit der Ermittlung der Investitionsalternativen ab. Sie kann auf zweifache Weise erfolgen, nämlich indem **Investitionsalternativen** lediglich **gesammelt** oder **systematisch geschaffen** werden:

► Die **Sammlung von Investitionsalternativen** ist dort möglich, wo zur Lösung des Investitionsproblems bereits standardisierte Investitionsobjekte bestehen. Der Sammelvorgang dient dann dem Erlangen eines möglichst breiten und tiefen Marktüberblicks. Als **Quellen der Markttransparenz** werden verwandt:

  - Kataloge, Prospekte, Preislisten der Hersteller der Investitionsalternativen
  - Fachzeitschriften und Zeitungen sowie Internet
  - Branchenhandbücher, Bezugsquellenverzeichnisse, Lieferantenkarteien
  - Messen und Ausstellungen.

► Die **Schaffung von Investitionsalternativen** wird dort nötig, wo standardisierte Lösungen für das Investitionsproblem nicht ausreichen oder nicht vorliegen. Die oben angeführte Sammlung von Investitionsalternativen genügt dann nicht, um komplexe, möglicherweise technologisch neuartige Investitionsobjekte zu schaffen.

Wie im Marketing setzt man auch bei der Schaffung von Investitionsalternativen **Techniken** ein, die zum einen **systematisch-logisch**, zum anderen **intuitiv-kreativ** sein können. Mit ihrer Hilfe wird das Potenzial mehrerer Personen ausgeschöpft:

▶ Zu den **systematisch-logischen Verfahren** zählt die **Morphologische Methode**, bei der mittels eines morphologischen Kastens ein Problemkreis erfasst, in seine Komponenten zerlegt und durch die Kombination der Elemente zu funktionalen Lösungsalternativen gebracht wird. Dabei wird schrittweise vorgegangen:

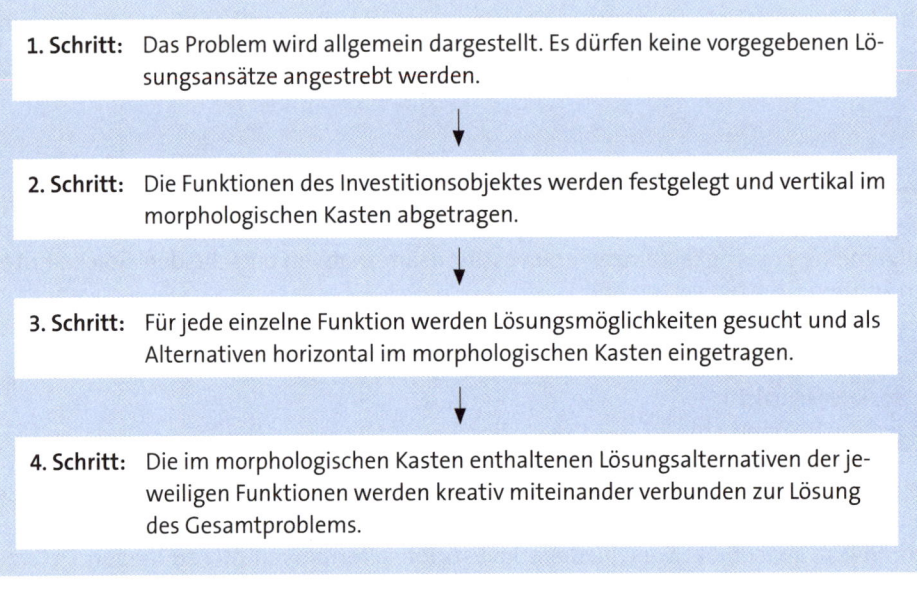

**1. Schritt:** Das Problem wird allgemein dargestellt. Es dürfen keine vorgegebenen Lösungsansätze angestrebt werden.

**2. Schritt:** Die Funktionen des Investitionsobjektes werden festgelegt und vertikal im morphologischen Kasten abgetragen.

**3. Schritt:** Für jede einzelne Funktion werden Lösungsmöglichkeiten gesucht und als Alternativen horizontal im morphologischen Kasten eingetragen.

**4. Schritt:** Die im morphologischen Kasten enthaltenen Lösungsalternativen der jeweiligen Funktionen werden kreativ miteinander verbunden zur Lösung des Gesamtproblems.

▶ Als **intuitiv-kreative Verfahren**, die das Investitionsproblem durch einen gruppendynamischen Prozess lösen, lassen sich nennen:

| **Brainstorming** | Im Brainstorming erarbeitet eine Gruppe spontan Ideen, greift diese auf, spinnt sie zu Assoziationsketten weiter. Regelungen bestehen insofern, als dass der kreative Prozess z. B. durch Kritik an Ideen nicht behindert werden darf. |
|---|---|
| | Die Gruppengröße kann um die zehn Personen betragen, die Gruppensitzung sollte eine viertel oder halbe Stunde dauern. Die Quantität der Ideen zählt mehr als deren Qualität. Ein Protokollieren, z. B. mittels eines Tonbandes, empfiehlt sich. |
| **Methode 6-3-5** | Als Variante des Brainstorming werden in der 6-3-5-Methode **sechs Mitglieder** einer Gruppe aufgefordert, für eine festgelegte Problemstellung auf einem Formular **drei Lösungsvorschläge** innerhalb von **fünf Minuten** niederzuschreiben. |
| | Daraufhin entstehen durch die Weitergabe jedes Formulars an alle anderen Teilnehmer des Kreises, welche diese Ideen ebenfalls in fünf Minuten weiterentwickeln oder verwerfen, innerhalb einer halben Stunde zahlreiche mögliche Lösungsansätze bzw. einzelne Lösungsschritte für ein Investitionsproblem. |

**Aufgabe 15 > Seite 197**

## 1.3 Entscheidungsphase

Um die Entscheidung über die vorteilhafteste Investitionsalternative treffen zu können, bietet sich zunächst eine **Vorauswahl** oder **Grobauswahl** an. Mit ihr lassen sich Investitionsalternativen eliminieren, die den Begrenzungskriterien nicht gerecht werden.

Danach kann ein **Punktbewertungsschema** aufgebaut werden, mit dem die verbleibenden Investitionsalternativen anhand quantitativer und qualitativer Kriterien bewertet werden, die im Übrigen noch unterschiedlich gewichtbar sind. Es kann z. B. grundsätzlich wie folgt aussehen:

**Beispiel**

| Bewertungskriterium | Gewichtung | Alternative I | Alternative II | Alternative III | Alternative IV |
|---|---|---|---|---|---|
| Interner Zinsfuß | 30 % | | | | |
| Amortisationszeit | 30 % | | | | |
| Garantie<br>Kundendienst<br>Kulanz | 5 %<br>5 %<br>5 % | | | | |
| Genauigkeit<br>Kapazität<br>Störunanfälligkeit | 5 %<br>5 %<br>5 % | | | | |
| Ästhetik<br>Umweltfreundlichkeit | 5 %<br>5 % | | | | |

Die **Bewertung** erfolgt in drei **Schritten**:

▶ Zunächst geschieht die **quantitative Bewertung**, die sich hier auf den internen Zinsfuß und die Amortisationszeit bezieht. Dabei werden Investitionsrechnungen genutzt, deren Ergebnisse in die Tabelle einzutragen sind:

**Beispiel**

| Bewertungskriterium | Gewichtung | Alternative I | Alternative II | Alternative III | Alternative IV |
|---|---|---|---|---|---|
| Interner Zinsfuß | 30% | 12 % | 11,8 % | 11,5 % | 12,5 % |
| Amortisationszeit | 30% | 4,2 Jahre | 4,6 Jahre | 4,4 Jahre | 3,8 Jahre |
| Garantie<br>Kundendienst<br>Kulanz | 5 %<br>5 %<br>5 % | | | | |

| Genauigkeit | 5 % | | | | |
| Kapazität | 5 % | | | | |
| Störunanfälligkeit | 5 % | | | | |
| Ästhetik | 5 % | | | | |
| Umweltfreundlichkeit | 5 % | | | | |

▶ Daraufhin schließt sich die **qualitative Bewertung** unmittelbar über die Vergabe von Punkten an:

| 5 Punkte | sehr gut (erfüllt) |
| 4 Punkte | gut (erfüllt) |
| 3 Punkte | befriedigend (erfüllt) |
| 2 Punkte | ausreichend (erfüllt) |
| 1 Punkt | mangelhaft (erfüllt) |
| 0 Punkte | ungenügend (erfüllt) |

Aus der Tabelle werden je nach Grad der Erfüllung Punkte auf die Investitionsalternativen verteilt. Diese Einschätzung geschieht nach einer möglichst objektiven Bewertung der unterschiedlichen qualitativen Kriterien. Denkbar ist eine Errechnung eines **Durchschnittswertes** pro Kategorie oder die Gewichtung der einzelnen Kriterien und das Aufsummieren der gewichteten Ergebnisse.

**Beispiel**

| Bewertungskriterium | Gewich-tung | Alterna-tive I | Alterna-tive II | Alterna-tive III | Alterna-tive IV |
|---|---|---|---|---|---|
| Interner Zinsfuß | 30 % | 12 % | 11,8 % | 11,5 % | 12,5 % |
| Amortisationszeit | 30 % | 4,2 Jahre | 4,6 Jahre | 4,4 Jahre | 3,8 Jahre |
| Garantie | 5 % | 3 | 3 | 5 | 5 |
| Kundendienst | 5 % | 5 | 4 | 4 | 4 |
| Kulanz | 5 % | 4 | 4 | 3 | 4 |
| Genauigkeit | 5 % | 4 | 3 | 3 | 4 |
| Kapazität | 5 % | 3 | 5 | 4 | 5 |
| Störunanfälligkeit | 5 % | 5 | 4 | 5 | 4 |
| Ästhetik | 5 % | 3 | 3 | 3 | 3 |
| Umweltfreundlichkeit | 5 % | 5 | 2 | 3 | 4 |

► Schließlich ergibt sich als **Ergebnis** der quantitativen und der qualitativen Bewertung folgende **Tabelle**:

| Bewertungskriterium | Gewich-tung | Alterna-tive I | Alterna-tive II | Alterna-tive III | Alterna-tive IV |
|---|---|---|---|---|---|
| Interner Zinsfuß | 30 % | (4) = 1,2 | (3) = 0,9 | (2) = 0,6 | (5) = 1,5 |
| Amortisationszeit | 30 % | (4) = 1,2 | (2) = 0,6 | (3) = 0,9 | (5) = 1,5 |
| Garantie | 5 % | 0,15 | 0,15 | 0,25 | 0,25 |
| Kundendienst | 5 % | 0,25 | 0,20 | 0,20 | 0,20 |
| Kulanz | 5 % | 0,20 | 0,20 | 0,15 | 0,20 |
| Genauigkeit | 5 % | 0,20 | 0,15 | 0,15 | 0,20 |
| Kapazität | 5 % | 0,15 | 0,25 | 0,20 | 0,25 |
| Störunanfälligkeit | 5 % | 0,25 | 0,20 | 0,25 | 0,20 |
| Ästhetik | 5 % | 0,15 | 0,15 | 0,15 | 0,15 |
| Umweltfreundlichkeit | 5 % | 0,25 | 0,10 | 0,15 | 0,20 |
| Summe | | 4,00 | 2,90 | 3,00 | 4,65 |

- Die Ergebnisse der **quantitativen Kriterien** werden in eine Rangordnung gebracht. Für die Erreichung des ersten Ranges erhält die jeweilige Investitionsalternative die höchste Punktzahl, die dann gewichtet ins Endergebnis eingeht, z. B. Alternative IV mit der ersten Rangstelle und damit mit fünf Punkten. Diese Punktzahl geht gewichtet mit 30 % in das Endergebnis ein.
- Die bei den qualitativen Kriterien vergebenen Punkte werden einfach mit den vorgegebenen Gewichtungen multipliziert.

Das **Endergebnis** ergibt sich durch die Aufsummierung der gewichteten Punkte, wodurch eine Rangfolge der Investitionsalternativen entsteht, z. B. Investitionsalternative IV mit 4,65 Punkten vor der Investitionsalternative I mit 4,0 Punkten.

## 1.4 Durchführungsphase

Die Durchführung der Investition erfolgt aufgrund eines Beschlusses, die Investition vorzunehmen. Er kann gefasst werden durch:

► Unternehmensleitung
► Investitionsabteilung
► Investitionsausschuss
► Abteilungsleitung.

Der Beschluss ist dem Antragsteller und den mit seinem Vollzug befassten Stellen im Unternehmen mitzuteilen.

## 1.5 Kontrollphase

Nach der Realisierung der Investition setzt die Kontrolle der Investition ein. Sie erfolgt aus folgenden Gründen. Das sind:

► Feststellung der **Abweichungen** zwischen den geplanten Soll-Werten und den tatsächlich erreichten Ist-Werten

► Reaktion auf Abweichungen durch **Anpassungsmaßnahmen** zur Erreichung der Soll-Werte

► Gewinnung von **Erfahrungswerten** für die Planung von zukünftigen Investitionsvorhaben.

Die Kontrolle der Investitionen kann erfolgen:

► **individuell**, d. h. es wird nur eine bestimmte Investition kontrolliert, wobei die in der Planung verwandten Bewertungskriterien Anwendung finden

► **summarisch**, wobei die Veränderungen von Teilbereichen oder des Gesamtunternehmens kontrolliert werden, z. B. mithilfe von Bewegungsbilanzen

► zu verschiedenen Zeitpunkten, was **einmalig** oder **mehrfach** geschehen kann. Als unterschiedliche Zeitpunkte sind möglich:
  - Ende der geplanten Anlaufperiode
  - Verfügbarkeit einer verbesserten, funktionsgleichen Investitionsalternative
  - Anfall größerer Reparaturen
  - Umstellung des Produktionsprogramms
  - Ende der Amortisationszeit
  - Ende der Gewährleistungsfrist
  - Neuanschaffung
  - Ende der geplanten wirtschaftlichen Nutzungsdauer.

# 2. Informationsbedarf

Die Investitionsentscheidung beruht wie beschrieben auf einem Planungsprozess. Es bedarf vielfältiger Informationen, um eine sachgerechte Entscheidung treffen zu können. Diese liegen aber lediglich mehr oder weniger vor. Dementsprechend sind zu unterscheiden:

► **Entscheidungen unter Sicherheit**, bei denen alle Umweltvariablen bekannt sind, was allerdings in einem marktwirtschaftlichen System i. d. R. nicht vorzufinden ist

► **Entscheidungen unter Risiko**, bei denen sich für den Eintritt eines Ereignisses objektive oder subjektive Wahrscheinlichkeiten angeben lassen

► **Entscheidungen unter Unsicherheit**, bei denen es keine Anhaltspunkte über Wahrscheinlichkeiten bezüglich des Eintritts von Umweltkonstellationen gibt.

Der Informationsbedarf, der finanzwirtschaftliche Entscheidungen ermöglichen soll, bezieht sich insbesondere auf:

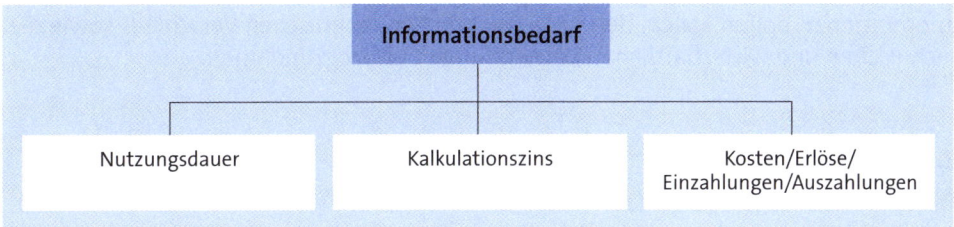

## 2.1 Nutzungsdauer

Die Nutzungsdauer eines Investitionsobjektes ist der Zeitraum, in dem das Investitionsobjekt zweckentsprechend verwendet werden kann. Es gibt:

► Die **technische Nutzungsdauer** als Zeitraum, in dem das Investitionsobjekt **maximal** verwendet werden kann. Theoretisch könnte ein Unternehmen das Investitionsobjekt bei ständiger Reparatur unendlich nutzen. Praktisch ist dieser Zeitraum schwer bestimmbar und hängt davon ab, inwieweit die Bereitschaft der Inkaufnahme von Reparaturkosten gegeben ist.

  Als ältere **Praktikerregel** für die Unwirtschaftlichkeit einer Instandsetzung gelten 50 % oder mehr der Kosten einer Neuanschaffung oder des Ersatzteiles.

► Die **wirtschaftliche Nutzungsdauer** als Zeitraum, in dem die Nutzung des Investitionsobjekts unter ökonomischen Gesichtspunkten gegeben ist. Sie ist **grundsätzlich kürzer** als die technische Nutzungsdauer. Dies beeinflussen:

  - der **technische Verschleiß**, der auch außerhalb der Nutzung erfolgen kann, z. B. in Form von Rosten

  - die **technische Entwicklung** hin zu kostengünstigeren, qualitativ besseren und vielseitigeren Maschinen

  - die **wirtschaftliche Entwicklung**, die vom Investitionsobjekt produzierte Güter nicht mehr oder nur noch bedingt absetzbar sein lässt.

► Die **betriebsgewöhnliche Nutzungsdauer** als Zeitraum, der von der Finanzverwaltung als grundsätzliche Nutzungsdauer für das Investitionsobjekt typisch festgelegt ist (AfA-Tabellen).

► Die **rechtliche Nutzungsdauer** als Zeitraum, der durch rechtliche Vereinbarungen für die Nutzung des Investitionsobjektes vorgeschrieben ist, z. B. Lizenz- oder Leasingverträge.

Die Beurteilung der Vorteilhaftigkeit eines Investitionsobjektes erfolgt zumeist anhand der **wirtschaftlichen Nutzungsdauer**. Für deren Ermittlung besteht aber kein gesichertes Verfahren [1], sodass Erfahrungen aus der Vergangenheit und aktuelle Sachinformationen helfen sollen, den voraussichtlichen technischen Verschleiß sowie die technischen und wirtschaftlichen Entwicklungen vorwegzunehmen.

## 2.2 Kalkulationszins

Der Kalkulationszins spiegelt zum einen die Finanzierungskosten eines Investitionsobjektes wider, zum anderen rechnet er als Renditemaßstab innerhalb der dynamischen Investitionsrechnungsmethoden die in der Zukunft liegenden Vorgänge auf einen aktuellen Betrachtungszeitpunkt zurück. Die **Orientierungsgrößen** zur Höhe des anzusetzenden Kalkulationszinses sind:

► Der **Kapitalmarktzins**, der sich z. B. von langfristigen, am Rentenmarkt gehandelten Obligationen ableitet. Ähnliches repräsentiert auch der **landesübliche Zinsfuß**, der die durchschnittliche Effektivverzinsung einer risikofreien vier- bis fünfjährigen Staatsanleihe darstellt.

Der **Kapitalmarktzins** gibt aber immer nur eine **Untergrenze** der Verzinsung für eine Investition vor, weil die Bindung des Kapitals in einem Investitionsobjekt Risiko mit sich bringt. Dieses **Risiko** muss dem Kapitalmarktzins noch **zugeschlagen werden**.

► Der **Branchenzins**, der die durchschnittlich erreichte Rendite einer Branche vorgibt, wobei unternehmensspezifische oder investitionsspezifische Tatbestände ihn mitunter als weniger geeignet erscheinen lassen.

► Der **Unternehmenszins**, der sich aus der Verzinsung des langfristig im Unternehmen gebundenen Kapitals ergibt. Er errechnet sich, angelehnt an den WACC-Ansatz („Weighted Average Cost of Capital"), als **gewichteter Kapitalzins** z. B.:

**Beispiel**

|  | Anteil am Gesamtkapital | Verzinsung |
|---|---|---|
| Langfristiges Fremdkapital: | 70 % | 5 % |
| Vorhandenes Eigenkapital: | 30 % | 15 % |

Die Verzinsung des Fremdkapitals kann durch die mit den Banken abgeschlossenen Kreditverträge ermittelt werden. Die Verzinsung des Eigenkapitals ergibt sich durch die Vorgaben der Kapitalgeber. Die aus der Bilanz erhaltene Verteilung der Kapitalarten gewichtet nun die unterschiedlichen Zinssätze für Fremdkapital und Eigenkapital.

$$\text{Gewichteter Kapitalzins:} \quad \frac{70 \cdot 5\,\%}{100} + \frac{30 \cdot 15\,\%}{100} = 3{,}5\,\% + 4{,}5\,\% = \mathbf{8\,\%}$$

---

[1] Anhaltspunkte kann der nutzungsdauerbezogene Kapitalwert geben (S. 135).

In der Praxis wird der Kalkulationszinssatz oftmals rein subjektiv durch den Investor festgelegt, wobei die Zinshöhe einer Befragung von Unternehmen zufolge zwischen 8 und 15 % liegt.

## Aufgabe 16 > Seite 197

## 2.3 Kosten/Erlöse/Einzahlungen/Auszahlungen

Als Kosten, über die für Investitionsobjekte entsprechende Informationen vorliegen sollten, sind zu unterscheiden:

► Die **Anschaffungskosten**, die relativ unproblematisch festzustellen sind. Sie können umfassen:

| Angebotspreis | Er ist der Ausgangspunkt, von dem Rabatte und Boni abzuziehen und dem eventuell Mindermengenzuschläge hinzuzuaddieren sind. Der sich hieraus ergebende **Zielpreis** ist um das eingeräumte Skonto zu vermindern. |
|---|---|
| | Dem **Barpreis** sind nun noch Kosten der Verpackung, der Fracht, der Versicherung und des Zolls sowie Rollgeld hinzuzufügen. Hieraus ergibt sich der **Nettopreis**. |
| Zusätzliche Kosten | Berücksichtigung müssen auch noch Kosten finden, die das Investitionsobjekt erst tatsächlich nutzbar machen, z. B.:<br><br>- **Umbaukosten** für die Änderung und Verlegung vorhandener Wirtschaftsgüter<br><br>- **Installationskosten** für das Aufstellen, den Einbau u. ä. Maßnahmen<br><br>- **Anlaufkosten** für die Inbetriebnahme, Probeläufe, die Einarbeitung usw.<br><br>- **Projektierungskosten** für entstandene, investitionsobjektbezogene Entwürfe, Untersuchungen, Gutachten usw. |

► Die **Herstellungskosten**, die bei der **Eigenerstellung** des Investitionsobjektes anzusetzen sind.

Geeignete Informationen müssen auch über die **Erlöse** verfügbar sein. Es lassen sich ihrem Grund nach nennen:

► **Laufende Erlöse**, die durch die Produktivität des Investitionsobjektes entstehen, indem die mit seiner Hilfe gefertigten Produkte verkauft werden.

► **Erlöse**, die **beim Ausscheiden** des Investitionsobjektes anfallen. Innerhalb der statischen Investitionsrechnungen z. B. setzt man einen **Resterlöswert** an, wobei die Schätzung dieses Betrages sich aufgrund des oftmalig großen Zeitraumes sehr schwierig gestaltet. So kann auch ein Verzicht des Betragansatzes in Erwägung gezogen werden. Allerdings entstehen bei notwendiger Entsorgung des Investitionsobjektes zum Teil auch **Kosten**, denen keinerlei Erlösgrößen gegenüberstehen.

Die Differenz aus **Erlösen** und **Kosten** ergibt in der statischen Investitionsrechnung den **Gewinn**:

> Gewinn = Erlöse - Kosten

Während Kosten und Erlöse bei den statischen Investitionsrechnungen bedeutsam sind, arbeiten **dynamische Investitionsrechnungen** mit Einzahlungen und Auszahlungen:

► **Einzahlungen** entstehen innerhalb der Nutzungszeit und am Ende der Nutzungszeit, wobei die Einzahlungen in den Nutzungsjahren eines Investitionsobjektes möglichst einzeln zu erfassen sind. Die Einzahlungen am Ende der Nutzungszeit beim Ausscheiden des Investitionsobjektes werden **Liquidationserlöse** genannt.

► **Auszahlungen** als Abgänge von Geldmitteln, die ebenso erfasst bzw. prognostiziert werden.

Die Differenz aus Einzahlungen und Auszahlungen wird in den dynamischen Investitionsrechnungen als **Überschuss** bezeichnet:

> Überschuss = Einzahlungen - Auszahlungen

Generelle Probleme bei der Informationserhebung der zuvor dargestellten Größen sind:

► **Gewinne** und **Überschüsse** müssen je nach der Nutzungszeit des Investitionsobjektes teilweise für einzelne, weit in der Zukunft liegende Nutzungsjahre prognostiziert werden.

► **Erlöse** oder **Einzahlungen** sind aufgrund komplexer, mehrstufiger Produktionsprozesse und der sich hieraus ergebenden Abhängigkeit nicht immer eindeutig einem einzigen Investitionsobjekt zurechenbar.

► Dieses Problem der produktionsbedingten Abhängigkeit trifft auf **Kosten** und **Auszahlungen** nur teilweise zu.

# 3. Kapitalbedarf

Die Durchführbarkeit einer Investition wird anhand ihrer Finanzierbarkeit bestimmt. Jede Investition beeinflusst den Kapitalbedarf eines Unternehmens, der wiederum die Finanzierung erfordert. Grundsätzlich hängt die **Größe des Kapitalbedarfes** innerhalb des Unternehmens ab von:

► Der **Höhe** der Einzahlungen und der Auszahlungen, die in Verbindung mit den Investitionen anfallen.

► Dem **zeitlichen Auseinanderfallen** von Einzahlungen und Auszahlungen bzw. Einnahmen und Ausgaben. Je weiter die Zahlungsströme zeitlich auseinanderfallen, desto höher wird der Kapitalbedarf bei konstant bleibender Höhe der Einzahlungen und Auszahlungen.

Der Kapitalbedarf ergibt sich durch die Subtraktion der kumulierten Einzahlungen und Auszahlungen. Sind die kumulierten Einzahlungen höher als die Auszahlungen, entsteht kein negativer Kapitalbedarf, sondern eine Situation, in der das Unternehmen überschüssige Liquidität anhäuft, die anzulegen oder zur Tilgung von Krediten zu verwenden ist.

Kumulierte Einzahlungen und Auszahlungen zeigen den **Verlauf** des Kapitalbedarfes, der z. B. sein kann:

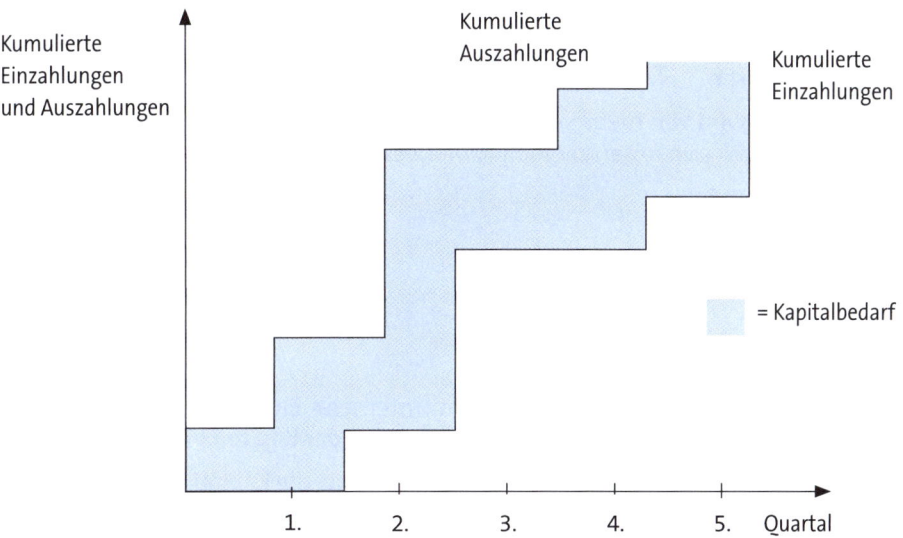

Der Kapitalbedarf der Unternehmen entsteht insbesondere:

▶ bei der **Beschaffung von Produktionsfaktoren** für das Anlagevermögen oder das Umlaufvermögen

▶ zur ständigen **Bedienung des Fremd- und Eigenkapitals** in Form von Gewinnausschüttungen oder Dividendenzahlungen an die Eigenkapitalgeber oder in Form von Zinszahlungen an die Fremdkapitalgeber

▶ bei der **Rückzahlung des Fremdkapitals** durch Kredittilgung bzw. bei der Rückzahlung des **Eigenkapitals** in Form der Auszahlung von Gesellschaftern

▶ bei der **Bezahlung von Steuern.**

Im Folgenden sollen bezüglich des Kapitalbedarfs behandelt werden:

## 3.1 Einflussfaktoren

Der Kapitalbedarf wird von mehreren Einflussfaktoren in seiner Höhe beeinflusst. Als Komponenten lassen sich unterscheiden (*Gutenberg, Hahn*):

► **Mengenkomponente**
► **Zeitkomponente**
► **Wertkomponente**.

## 3.1.1 Mengenkomponente

Betriebliche Grundprozesse binden Kapital im Unternehmen und erzeugen hierdurch einen Kapitalbedarf. Dies zeigt sich in folgenden **Arten der Kapitalbindung** (*Hahn*):

► Der **Einsatz des Anlagevermögens** als Anlagennutzung, die Kapital bindet. Eine Freisetzung des Kapitals erfolgt dann durch die Abschreibungen infolge der Abnutzung der Anlagen. Alternativ zur bilanziellen Kapitalbindung wäre Miete oder Leasing anzuführen, wobei der Kapitalbedarf in Höhe der Mietzahlungen bzw. der Leasingraten entstünde.

► Das **Halten von Werkstoff- und Fertigerzeugnislagern** als Umlaufvermögen beeinflusst den Kapitalbedarf zur Aufrechterhaltung der notwendigen Liefer- und Produktionssicherheit. Neue Systeme der **Just-in-time-Produktion** versuchen insbesondere in diesem Zusammenhang entstehenden Kapitalbedarf auf vorgelagerte Produktionsstufen zu verdrängen.

► Das Gewähren von Anzahlungen bzw. Einräumen von Zielen ist ein **Kreditierungsprozess**, der kapitalbindend durch das **Auseinanderfallen** von Ein- und Auszahlungen wirkt.

**Determinanten** des **Kapitalbedarfs**, die sich auf die Mengenkomponente beziehen, sind:

▶ Die **Prozessanordnung**, mit welcher der Ablauf der betrieblichen Leistungserstellung zeitlich organisiert wird. Der betriebliche Prozess bezieht sich auf die einzelnen Fertigungsschritte zur Erstellung eines Gutes. Es lassen sich z. B. nennen:

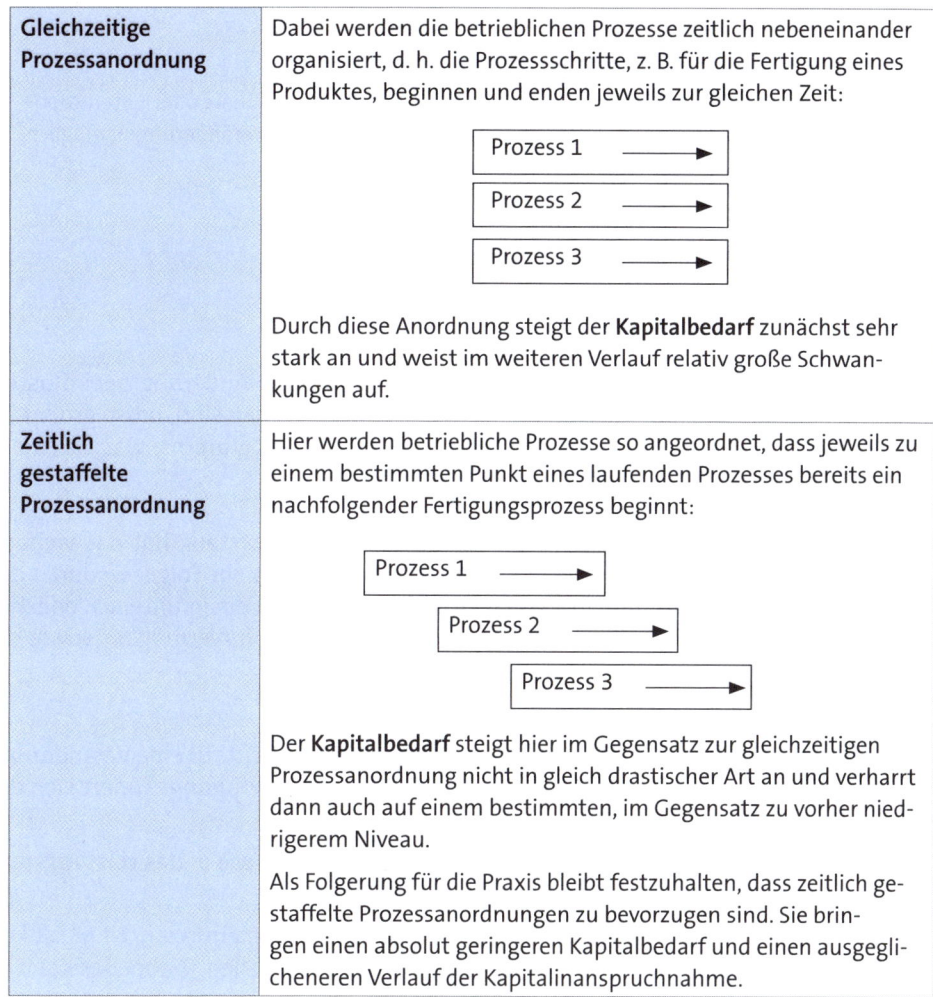

| Gleichzeitige Prozessanordnung | Dabei werden die betrieblichen Prozesse zeitlich nebeneinander organisiert, d. h. die Prozessschritte, z. B. für die Fertigung eines Produktes, beginnen und enden jeweils zur gleichen Zeit:<br><br>Durch diese Anordnung steigt der **Kapitalbedarf** zunächst sehr stark an und weist im weiteren Verlauf relativ große Schwankungen auf. |
|---|---|
| Zeitlich gestaffelte Prozessanordnung | Hier werden betriebliche Prozesse so angeordnet, dass jeweils zu einem bestimmten Punkt eines laufenden Prozesses bereits ein nachfolgender Fertigungsprozess beginnt:<br><br>Der **Kapitalbedarf** steigt hier im Gegensatz zur gleichzeitigen Prozessanordnung nicht in gleich drastischer Art an und verharrt dann auch auf einem bestimmten, im Gegensatz zu vorher niedrigerem Niveau.<br><br>Als Folgerung für die Praxis bleibt festzuhalten, dass zeitlich gestaffelte Prozessanordnungen zu bevorzugen sind. Sie bringen einen absolut geringeren Kapitalbedarf und einen ausgeglicheneren Verlauf der Kapitalinanspruchnahme. |

## Aufgabe 17 > Seite 197

▶ Die **Unternehmensgröße** hat ebenfalls Einfluss auf den Kapitalbedarf. Aufgrund der beispielsweise fehlenden Teilbarkeit von Betriebsmitteln oder aufgrund eines Kapazitätsabbaus interessieren vor allem unter- oder überproportionale Zu- oder Abnahmen des Kapitalbedarfs bei steigenden oder fallenden Unternehmensgrößen.

|  | Zunehmende Unternehmensgröße | Abnehmende Unternehmensgröße |
|---|---|---|
| Anlagevermögen | Möglicher unterproportionaler Anstieg bei noch vorhandenen Kapazitätsreserven. Zumeist überproportionaler Anstieg aufgrund von Umstellungen in Produktion und Absatz. | Zumeist unterproportionale Abnahme des Kapitalbedarfes. |
| Umlaufvermögen | Proportionaler Anstieg möglich. Bei der Ausnutzung von Größenvorteilen oder Rationalisierungsmöglichkeiten unterproportionaler Anstieg realisierbar. | Proportionale oder unterproportionale Veränderungen möglich. |

## Aufgabe 18 > Seite 198

▶ Das **Leistungsprogramm** eines Unternehmens und dessen Änderung beeinflussen ebenso den Kapitalbedarf. Je zahlreicher die gefertigten **Typen** sind, umso größer ist die Unterschiedlichkeit bei der Erstellung des Leistungsprogramms, was zu einem Anstieg des Kapitalbedarfs führt.

▶ Unterscheiden sich die Elemente des Leistungsprogramms stark, hat das vielfach eine Produktion in **selbstständigen Organisationseinheiten** zur Folge, wodurch der Kapitalbedarf entsprechend anwächst. Gründe hierfür sind die in unterschiedlicher Weise erforderlichen Güter des Anlagevermögens und Umlaufvermögens sowie die Mindest-Lagerhaltung für verschiedene Werkstoffe.

Grundsätzlich sind vier **Fälle** zu unterscheiden:

- Steht die Kapazität in qualitativer wie quantitativer Hinsicht für eine Veränderung des Leistungsprogramms in ausreichendem Maße zur Verfügung, ändert sich der Kapitalbedarf kaum merklich.

- Ist dies nicht der Fall, führt die Aufnahme neuer Erzeugnisse in das Leistungsprogramm zu erheblich höherem Kapitalbedarf.

- Wird das Leistungsprogramm bereinigt, indem Teile davon entfallen, ist meist keine deutliche Verminderung des Kapitalbedarfes festzustellen, wobei der Kapitalbedarf für Umlaufvermögen eher abfallen kann.

- Bei einer Veränderung des Leistungsprogramms besteht ein Substitutionsverhältnis zwischen den bisherigen und den zukünftig neu zu fertigenden Erzeugnissen. Der Kapitalbedarf bleibt relativ unberührt durch die noch zufließenden Einzahlungen des alten, nun auslaufenden Erzeugnisses, welche für die Auszahlungen des neu zu erschaffenden Erzeugnisses verwandt werden.

Das **Outsourcing** als Auslagerung betrieblicher Teileinheiten aus dem Unternehmen oder die **Lean Production** als „schlanke", kapitaleinsatzschonende Produktionsform können zu einer Senkung des Kapitalbedarfes führen.

▶ Der **Nutzungsgrad** beeinflusst ebenfalls den Kapitalbedarf. Er gibt die tatsächliche Nutzung des Leistungsvermögens eines Unternehmens wieder und wird auch **Beschäftigungsgrad** genannt. Der Nutzungsgrad kann auf dreifache Weise angepasst werden. Das sind:

| Quantitative Anpassung | Sie verändert die Anzahl der betrieblichen Arbeitsplätze. Für den Kapitalbedarf gilt: <br><br> - Ein **Zuwachs an Arbeitsplätzen** kann zu einer proportionalen Erhöhung führen. Es ist aber auch möglich, dass er zu einer überproportionalen Erhöhung des Kapitalbedarfes führt, wenn die zusätzlichen Arbeitsplätze neue, dann aber noch nicht vollständig ausgenutzte Betriebsmittel notwendig machen (sprungfixe Kosten). <br><br> - Beim **Abbau von Arbeitsplätzen** kommt es zumeist zu einer unterproportionalen Verminderung des Kapitalbedarfs, da mit der Verminderung der Arbeitsplätze eine entsprechende proportionale Verminderung der eingesetzten Betriebsmittel und Werkstoffe meist nicht gelingt. |
|---|---|
| Zeitliche Anpassung | Mit ihr wird die **Arbeitszeit** bei konstant gehaltener Arbeitsplatzzahl und konstanter Prozessgeschwindigkeit verändert. Längere Arbeitszeiten erhöhen im Bereich des Umlaufvermögens proportional den Kapitalbedarf, lassen ihn aufgrund von Überstundenzuschlägen aber auch überproportional steigen. Der Kapitalbedarf des Anlagevermögens verbleibt auf gleichem Niveau. |
| Intensitätsmäßige Anpassung | Durch sie wird bei konstanter Arbeitsplatzanzahl und konstantem Arbeitszeitumfang der **Nutzungsgrad** und damit der Kapitalbedarf durch die Variation der Prozessgeschwindigkeit verändert. Die Auswirkungen auf den Kapitalbedarf entsprechen den Veränderungen, die mittels der Zeitkomponente bewirkt werden. |

## 3.1.2 Zeitkomponente

Im Gegensatz zu den mengenmäßigen Determinanten interessiert bei der Zeitkomponente der zeitliche Bedarf, den ein einzelner betrieblicher Prozess benötigt. Dies nennt man auch **Prozessgeschwindigkeit**. Untersucht werden die Auswirkungen unterschiedlicher Höhen der Prozessgeschwindigkeit auf den Kapitalbedarf.

Je größer die Prozessgeschwindigkeit ist, desto weniger weit auseinander fallen die Einzahlungen und Auszahlungen an, weshalb der Kapitalbedarf sich vermindert. Es gilt:

▶ Im **güterwirtschaftlichen Bereich** bringt eine Beschleunigung der Prozessgeschwindigkeit z. B. kürzere Verweilzeiten in Fertigung und Lager und damit einen niedrigeren Kapitalbedarf.

▶ Im **finanzwirtschaftlichen Bereich** beeinflusst vor allem die Änderung der Zahlungs- bedingungen der Kunden und der Lieferanten die Prozessgeschwindigkeit (schnellere Zahlungsweise der Debitoren, längere Zielinanspruchnahme des eigenen Unterneh- mens) und damit den Kapitalbedarf.

Generell bringt die Steigerung der Prozessgeschwindigkeit bei konstantem Geschäfts- volumen eine Senkung des Kapitalbedarfs bzw. bei konstantem Kapitalbedarf eine Er- höhung des Geschäftsvolumens mit sich.

Eine Kennzahl für die Prozessgeschwindigkeit ist der **Kapitalumschlag**:

$$\text{Kapitalumschlag} = \frac{\text{Jahresumsatz}}{\varnothing \text{ investiertes Kapital}}$$

Ein Kapitalumschlag von 2 bedeutet, dass mit 100,00 € eingesetztem Kapital 200,00 € Umsatz erreicht werden. Multipliziert mit der Umsatzrendite ergibt sich der RoI (Re- turn on Investment, S. 31 f.).

### 3.1.3 Wertkomponente

Die Wertkomponente, oder einfacher der **Preis**, hat hinsichtlich des Kapitalbedarfs eine mehrfache Bedeutung (*Hahn*):

▶ Einfluss des **Preises bei gegebenen Mengen**

Das allgemeine Preisniveau verändert bei einem Ansteigen oder Absinken das pro- duktionsbezogene Mengengerüst des Unternehmens bei unveränderten Finanzie- rungsspielräumen. Ein Ausgleich kann über die Änderungen der eingeräumten Kre- ditlinien gefunden werden.

▶ Beeinflussung der **Mengen durch den Preis**

Nach der klassischen Preistheorie verändert der Preis die Nachfrage. Höhere Prei- se haben eine kleinere Nachfrage und umgekehrt zur Folge, soweit man entspre- chende Preiselastizitäten, also die Reaktionsmöglichkeit der Nachfrage auf Preisän- derungen, unterstellt.

Typische Beispiele sind saisonal unterschiedliche Preise, welche die zeitliche und mengenmäßige Lagerhaltung verschieben und damit den Kapitalbedarf beeinflus- sen (Besonderheit: spekulative Lagerbestände).

▶ **Preisnachlässe** als Mittel zur Verringerung des Kapitalbedarfs

Preisnachlässe sind der Ausgleich für Opfer des Käufers hinsichtlich der Zeit (Saison- rabatte, Skonto), der Menge (Mengenrabatte) und der Qualität.

**Aufgabe 19 > Seite 198**

## 3.2 Ermittlung

Die Ermittlung des Kapitalbedarfes sollte hinreichend genau geschehen. Dies ist notwendig, damit entsprechende Finanzierungsmittel frühzeitig zur Kapitaldeckung disponiert werden. Ziel ist die Aufrechterhaltung des finanziellen Gleichgewichtes des Unternehmens, was eine ständige Zahlungsbereitschaft voraussetzt.

**Arten** der Ermittlung des Kapitalbedarfs sind:

► **Kapitalbedarfsrechnung**
► **Finanzplan**.

## 3.2.1 Kapitalbedarfsrechnung

Die Kapitalbedarfsrechnung kommt bei ein- oder erstmaligem Entstehen eines Kapitalbedarfes (Unternehmensgründung) oder bei besonderen Anlässen im Unternehmenslebenszyklus (Unternehmenserweiterung) zur Anwendung.

Dabei wird mithilfe einfacher **Faustregeln** versucht, für das Anlage- und Umlaufvermögen näherungsweise Werte zu bestimmen, die umso genauer zutreffen, je branchenspezifischer bzw. unternehmensspezifischer dies geschieht.

Der Kapitalbedarf setzt sich aus zwei **Teilen** zusammen. Das sind:

► Der **Anlagekapitalbedarf**, der Grundlage für die Sicherung der Betriebsbereitschaft des Unternehmens ist. Im Bereich des **Anlagevermögens** geht man für die Ermittlung des Kapitalbedarfes in herkömmlicher Weise von den **Anschaffungswerten** aus. Für ein Betriebsmittel sind das z. B.:

> Anschaffungspreis + Transportkosten +
> Montagekosten + Versicherung + Provisionen
> ———————————————————————
> **= Anschaffungskosten**

Die Addition der Werte der benötigten Anlagegüter ergibt dann den **Anlagekapitalbedarf**.

**Beispiel**

|   | | |
|---|---|---|
|   | Grundstücke | 300.000,00 € |
| + | Gebäude | 400.000,00 € |
| + | Maschinen | 250.000,00 € |
| + | Betriebs- und Geschäftsausstattung | 150.000,00 € |
| = | Anlagekapitalbedarf | **1.100.000,00 €** |

Wird die Kapitalbedarfsrechnung aus Anlass der Gründung des Unternehmens erstellt, sind noch **Auszahlungen** für die **Gründung** und **Ingangsetzung des Geschäftsbetriebes** anzusetzen.

**Beispiel**

**Erstmalige Kosten einer Unternehmensgründung oder das Ingangsetzen des Geschäftsbetriebes**

| Auszahlungen für die **Gründung** | Auszahlungen für die **Ingangsetzung** des Geschäftsbetriebes: |
|---|---|
| Verwaltungs- u. Gerichtskosten (z. B. Gewerbeanmeldung, Eintrag Handelsregister), Notariatskosten, Maklergebühren, Provisionen, Grundbuchgebühren. | Personal(beschaffungs-)kosten, Ausgaben für Marktstudien, (Einführungs-)Werbung, Organisationsgutachten. |

► Der **Umlaufkapitalbedarf** dient der Sicherung des Prozesses der Leistungserstellung. Seine Ermittlung stellt im Vergleich zum Anlagevermögen größere Anforderungen, weil Wertgrößen der täglichen Auszahlungen und die Dauer der Bindung des Vermögens nicht ohne Weiteres festgelegt werden können.

Die Ermittlung des Umlaufkapitalbedarfes geschieht in **drei Schritten**:

| **Feststellung der Kapitalbindungsdauer** | Zunächst erfolgt die Feststellung der Kapitalbindungsdauer, die sich durch die zeitlichen Vorgaben der verschiedenen Leistungsprozesse ergibt. |
|---|---|
| | **Beispiel:** |
| | Zeitdauer der Rohstofflagerung      20 Tage |
| | Zeitdauer der Produktion      15 Tage |
| | Zeitdauer der Lagerung von Fertigerzeugnissen      10 Tage |
| | Zeitdauer des Kundenziels      30 Tage |
| | Zeitdauer des Lieferantenziels      10 Tage |
| | Die Zeitdauer eines eingeräumten Lieferantenziels muss von der Kapitalbindung abgesetzt werden. |
| **Feststellung der durchschnittlichen täglichen Werteinsätze** | Danach wird die Feststellung der durchschnittlichen täglichen Werteinsätze vorgenommen. |
| | **Beispiel:** |
| | Durchschnittlicher täglicher Werkstoffeinsatz      7.000,00 € |
| | Durchschnittlicher täglicher Lohneinsatz      10.000,00 € |
| | Durchschnittlicher täglicher Gemeinkosteneinsatz      2.000,00 € |

| Ermittlung des umlaufbezogenen Kapitalbedarfes | Schließlich erfolgt die Ermittlung des umlaufbezogenen Kapitalbedarfs nach folgender Faustformel: |
|---|---|

$$\text{Kapitalbedarf des Umlaufvermögens} = \frac{\text{Täglicher}}{\text{Werteinsatz}} \cdot \text{Bindungsdauer}$$

Die **Berechnung** kann auf zwei **Arten** geschehen:

▶ Die **kumulative Methode** vereinfacht die Berechnung, indem die Summe der Werteinsätze gesamthaft mit der Bindungsdauer multipliziert wird.

**Beispiel:**

| Werteinsatz | | Bindungsdauer | |
|---|---|---|---|
| Werkstoffeinsatz | 7.000,00 € | Rohstofflagerung | + 20 Tage |
| Lohneinsatz | 10.000,00 € | Produktion | + 15 Tage |
| Gemeinkosten-einsatz | 2.000,00 € | Lagerung Fertigerzeug | + 10 Tage |
| Summe | = 19.000,00 € | Kundenziel | + 30 Tage |
| | | Lieferantenziel | - 10 Tage |
| | | Summe | = 65 Tage |

| Umlauf-kapitalbedarf | = 19.000,00 € · 65 | = **1.235.000,00 €** |
|---|---|---|

▶ Die **elektive Methode** hingegen differenziert stärker die unterschiedlichen Zeitdauern für jeden einzelnen Werteinsatz.

**Beispiel:**

| Werteinsatz | | Bindungsdauer in Tagen | |
|---|---|---|---|
| Werkstoffeinsatz | 7.000,00 € | (20 + 15 + 10 + 30 - 10) | = 455.000,00 € |
| Lohneinsatz | 10.000,00 € | (15 + 10 + 30) | = 550.000,00 € |
| Gemeinkosten-einsatz | 2.000,00 € | (20 + 15 + 10 + 30) | = 150.000,00 € |

| Umlauf-kapitalbedarf = | | = **1.555.000,00 €** |
|---|---|---|

Trotz der anscheinend größeren Genauigkeit der elektiven Methode bestehen auch dort Unwägbarkeiten bzw. Ungenauigkeiten.

▶ Der **Gesamtkapitalbedarf** ergibt sich aus der Addition des Anlagekapitalbedarfs und des Umlaufkapitalbedarfs:

$$\text{Gesamtkapital-bedarf} = \text{Anlagekapital-bedarf} + \text{Umlaufkapital-bedarf}$$

**Beispiel**

| Kumulative Methode | | Elektive Methode | |
|---|---|---|---|
| Anlagekapitalbedarf | 1.100.000,00 € | Anlagekapitalbedarf | 1.100.000,00 € |
| Umlaufkapitalbedarf | 1.235.000,00 € | Umlaufkapitalbedarf | 1.155.000,00 € |
| Summe | **2.335.000,00 €** | Summe | **2.255.000,00 €** |

## Aufgabe 20 >Seite 198

### 3.2.2 Finanzplan

Mit ihm wird der Kapitalbedarf für einen laufenden Geschäftsbetrieb errechnet. Durch die Prognose aller laufenden Ein- und Auszahlungen über einen bestimmten Zeitraum hinweg weist er in einer kumulativen Gegenüberstellung dieser Werte Liquiditätsüberschüsse und Liquiditätsunterdeckungen aus.

Die **dynamisch-liquiditätsbezogene Ermittlung** des Finanzplanes findet in der Praxis vorrangig Anwendung. Der Inhalt eines Finanzplanes kann sein:

| I. Ermittlung der Auszahlungen | II. Ermittlung der Einzahlungen |
|---|---|
| Auszahlungen für laufende Geschäfte:<br>Gehälter<br>Frachten<br>Löhne<br>Steuern und Abgaben<br>Rohstoffe<br>Hilfsstoffe<br><br>Auszahlungen für Investitionszwecke:<br>Sachinvestitionen<br>Finanzinvestitionen<br><br>Auszahlungen im Rahmen des Finanzgeschäfts:<br>Kredittilgung<br>Akzepteinlösung<br>Privatentnahmen | Einzahlungen aus ordentlichen Umsätzen:<br>Barverkäufe<br>Eingehende Zahlungen<br>(Forderungen aus Lieferung und Leistung)<br><br>Einzahlungen aus außerordentlichem Umsatz:<br>Verkäufe aus dem Anlagevermögen<br>Verkäufe des Finanzanlagevermögens<br>Vermietung<br>Gewährung von Krediten |
| **III. Ermittlung der Über- oder Unterdeckung**<br>**= II - I + Zahlungsmittelbestand der Vorperiode** | |
| **IV. Ausgleichsmaßnahmen**<br>Bei Unterdeckung (Kreditaufnahme, Eigenkapitalerhöhung, Desinvestitionen)<br>Bei Überdeckung (Anlageentscheidung, Kreditrückführung) | |
| **V. Zahlungsmittelbestand am Periodenende** | |

Die **Prognose** der Einzahlungen und Auszahlungen kann für verschiedene Zeiträume geschehen. Hieraus ergibt sich durch die Kumulation ein Saldo für die Liquiditätsvorschau mit den Angaben, wann welcher Kapitalbedarf entsteht.

**Beispiel**

| Zeitraum | Einzahlungen (+) | Auszahlungen (-) | Saldo = Überschuss bzw. Defizit |
|---|---|---|---|
| 1. Tag | 50,00 | 24,00 | 26,00 |
| 2. Tag | 76,00 | 56,00 | 20,00 |
| 3. Tag | 305,00 | 280,00 | 25,00 |
| 4. Tag | 22,00 | 100,00 | - 78,00 |
| 5. Tag | 155,00 | 84,00 | 71,00 |
| 1. Woche | 608,00 | 544,00 | 64,00 |
| 2. Woche | 280,00 | 450,00 | - 170,00 |
| 3. Woche | 250,00 | 485,00 | - 235,00 |
| 4. Woche | 270,00 | 109,00 | 161,00 |
| 1. Monat | 1.408,00 | 1.588,00 | - 180,00 |
| 2. Monat | 1.785,00 | 1.560,00 | 225,00 |
| 3. Monat | 1.669,00 | 2.200,00 | - 531,00 |
| 1. Quartal | 4.862,00 | 5.348,00 | - 486,00 |
| 2. Quartal | 2.600,00 | 3.800,00 | - 1.200,00 |
| 3. Quartal | 2.700,00 | 4.300,00 | - 1.600,00 |
| 4. Quartal | 8.700,00 | 4.356,00 | 4.344,00 |

Grundsätzlich kann der Finanzplan **langfristig** (über fünf Jahre), **mittelfristig** (über ein bis fünf Jahre) und **kurzfristig** (bis zu einem Jahr) ausgerichtet sein.

**Aufgabe 21 > Seite 199**

**Aufgabe 22 > Seite 199**

# C. Investitionsrechnung zur Beurteilung von Sachinvestitionen

Um Investitionsentscheidungen im Unternehmen treffen zu können, bedarf es geeigneter Informationen über die Vorteilhaftigkeit möglicher Handlungsalternativen. Zentrale Bedeutung haben dabei die Investitionsrechnungen.

Im Hinblick auf die **Bewertungsobjekte** sind zu unterscheiden:

► Investitionsrechnungen zur Beurteilung von **Sachinvestitionen**, die sich z. B. auf Maschinen, technische Anlagen, Betriebs- und Geschäftsausstattung sowie Gebäude beziehen. Sie können sein:

| Statische Investitionsrechnungen | Sie berücksichtigen **Kosten** und **Erlöse**, die in einer bestimmten Wirtschaftsperiode anfallen. Die Nichtberücksichtigung möglicher Kosten- und Erlösänderungen während der gesamten Investitionsdauer kann zu Ungenauigkeiten in den Ergebnissen führen. Ihr **Vorteil** liegt in der einfachen Handhabung der Berechnungen. |
|---|---|
| Dynamische Investitionsrechnungen | Bei ihnen steht der Zins und damit auch die Entwicklung der Investition über die gesamte Investitionsdauer im Mittelpunkt der Betrachtung. |
| | Es wird mit den für die Zukunft zu erwartenden **Ein-** und **Auszahlungsströmen** gerechnet. Zur Vereinfachung stellt man die täglich anfallenden kapitalbindenden Einzahlungen und Auszahlungen in Form von Zahlungsreihen dar, die Werte einer bestimmten, in der Zukunft liegenden Periode aufsummieren. |
| | Die in der Zukunft liegenden Zahlungsreihen werden unter Berücksichtigung des Zinses auf den Zeitpunkt zurückgerechnet, zu dem die Investition beginnt. Diese Abzinsung wird **Diskontierung** genannt, sie ergibt den Barwert einer Investition. |
| | Die Diskontierung erfolgt einerseits aufgrund der höheren Einschätzung von gegenwärtigen Gütern gegenüber Gütern, deren Wertbestimmung erst in der Zukunft vollzogen werden kann. |
| | Andererseits wird damit eine Berücksichtigung des Zinses und des Zinseszins ermöglicht und eine Einwirkung inflationärer Entwicklungen berücksichtigt. |

**Statische und dynamische** Investitionsrechnungen lassen sich in folgender Weise systematisieren:

| Kriterium | Statische Verfahren | Dynamische Verfahren |
|---|---|---|
| Verfahren | Kostenvergleichsrechnung Gewinnvergleichsrechnung Rentabilitäts- vergleichsrechnung Amortisations- vergleichsrechnung[1] | Kapitalwertmethode Interne Zinsfuß-Methode Annuitätenmethode |
| Ausrichtung | traditionell | modern |
| Verbreitung | weniger stark verbreitet | weitverbreitet |
| Schwierigkeit der Berechnung | einfache Berechnungen | kompliziertere, finanz- mathematische Methoden |
| Zeitbezug | einperiodisch | mehrperiodisch bzw. gesamte In- vestitionsdauer |
| Berechnungs- größen | Kosten und Erlöse | Ein- und Auszahlungsströme |
| Berücksichtigung des Zinses | Zins nur als Kostengröße | Diskontierung zukünftiger Wer- te, Zins im Mittelpunkt der Be- trachtung |

[1] Die Amortisationsvergleichsrechnung kann auch dynamisiert werden.

► Investitionsrechnungen zur Beurteilung von **Finanzinvestitionen**, die z. B. beim Kauf einer Aktie, eines festverzinslichen Wertpapiers oder eines Unternehmens verwendet werden. Die verschiedenen Bewertungsobjekte werden mithilfe unterschiedlicher Verfahren im Hinblick auf ihre Vorteilhaftigkeit beurteilt, die den statischen und dynamischen Investitionsrechnungen verwandt sind.

Beurteilungen von Finanzinvestitionen werden im Kapitel D näher dargelegt.

# 1. Statische Investitionsrechnungen

Bevor auf die einzelnen Verfahren der statischen Investitionsrechnung eingegangen wird, sollen grundlegende Anmerkungen zu den statischen Verfahren stehen, die ihre **Besonderheiten** herausstellen:

► Die statischen Investitionsrechnungen beurteilen eine Investition anhand **einer Periode**. Dieses in der Kritik stehende Vorgehen der Periodenbegrenzung stellt aber noch eine weitere Frage:

- Welche Periode ist zur Berechnung der Investition heranzuziehen?

Grundsätzlich gibt es drei **Möglichkeiten**:

| | |
|---|---|
| **Anfangsperiode** | Sie umfasst das erste Nutzungsjahr eines Investitionsobjektes und kann üblicherweise als **nicht repräsentativ** für die Folgeperioden oder die Gesamtheit der Nutzungsperioden eingestuft werden. Gründe hierfür liegen z. B. in erhöhten Personal- und Materialkosten, die durch die notwendigen Anlern- und Umstellzeiten verursacht werden. |
| | Eine Anwendung der Anfangsperiode als Datenbasis erscheint nur dann zulässig, wenn Gründe vorliegen, die den zeitlichen Horizont der Datenerhebung stark einschränken und keine weitreichenden Daten zulassen. |
| **Repräsentativperiode** | Sie ist hinsichtlich ihrer Aussagekraft im Vergleich zur Anfangsperiode höher einzuschätzen. Dies ergibt sich, weil atypisch hohe Anlaufkosten die Datenerhebung nicht verfälschen. |
| | Die verwendeten Daten könnten z. B. aus einem „**Normaljahr**" stammen, in dem oben genannte Anfangsschwierigkeiten nicht mehr existieren und Lerneffekte Produktionskosten sparen. |
| | **Probleme** ergeben sich bei der Bestimmung der Periode, die typisch für ein bestimmtes Investitionsobjekt ist. Dies muss im Einzelfall abhängig vom Objekt und seiner spezifischen Nutzung entschieden werden. |
| **Durchschnittsperiode** | Sie bietet eine weitere Verbesserung des Datenmaterials. Dies gelingt umso besser, je mehr möglichst repräsentative Perioden zur Bildung des Durchschnitts herangezogen werden. |
| | **Probleme** ergeben sich bei stark schwankenden Periodendaten, da hier das arithmetische Mittel seine Aussagekraft verliert. |
| | **Beispiel:** |

| | Periode 1 € | Periode 2 € | Periode 3 € | Periode 4 € | Periode 5 € | Arithm. Mittel € |
|---|---|---|---|---|---|---|
| **Gewinn Investition I** | 46.000,00 | 38.000,00 | 30.000,00 | 22.000,00 | 14.000,00 | **30.000,00** |
| **Gewinn Investition II** | 14.000,00 | 22.000,00 | 30.000,00 | 38.000,00 | 46.000,00 | **30.000,00** |

Die Gewinne beider Investitionsobjekte zeigen sehr unterschiedliche Entwicklungen, die entsprechend unterschiedlich zu beurteilen sind. Das arithmetische Mittel stellt dagegen keinen Unterschied hinsichtlich der Vorteilhaftigkeit der Investitionsobjekte heraus.

▶ Die **Einsetzbarkeit** der statischen Investitionsrechnungen hängt weiterhin davon ab, inwieweit **betriebliche Interdependenzen** gegeben sind. Da sie mithilfe dieser Verfahren nicht berücksichtigt werden können, lassen sich statische Investitionsrechnungen nur dann nutzen, wenn die in die Investitionsrechnung eingehenden Daten durch Änderungen in anderen betrieblichen Funktionsbereichen nicht wesentlich beeinflusst werden. Anderenfalls würde ein falsches Bild entstehen.

▶ Da sich die statischen Investitionsrechnungen aus dem Rechnungswesen heraus entwickelt haben, liegen ihnen **Kosten** und **Erlöse** zu Grunde und nicht, wie wünschenswert, die sich für die gesamte Zeitdauer einer Investition ergebenden genaueren Einzahlungs- und Auszahlungsströme.

Unter Berücksichtigung der Besonderheiten, die statische Investitionsrechnungen aufweisen, kann festgestellt werden, dass sich statische Investitionsrechnungen für die **Abschätzung der Vorteilhaftigkeit** eignen, wenn:

▶ Investitionsobjekte **abgrenzbar** sind.

▶ Investitionsobjekte **gleichartig** sind.

▶ **Repräsentative** oder **durchschnittliche Werte** für die Investitionsobjekte vorliegen.

Mithilfe der statischen Investitionsrechnungen ist es möglich, verschiedene **Problemstellungen** zu bearbeiten:

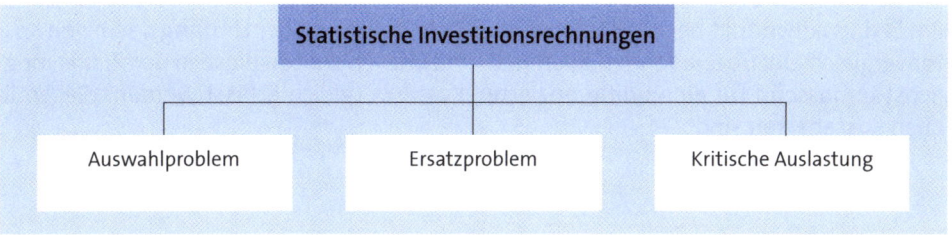

## 1.1 Auswahlproblem

Das Auswahlproblem stellt sich, wenn mehrere alternative Investitionsobjekte vorhanden sind, von denen das **vorteilhafteste** zu bestimmen ist. Es kann aber auch die Frage auftreten, inwieweit ein Investitionsobjekt vorteilhaft ist, für das keine Alternativen gegeben sind. Der Lösung des Auswahlproblems dienen:

▶ **Kostenvergleichsrechnung**
▶ **Gewinnvergleichsrechnung**
▶ **Rentabilitätsvergleichsrechnung**
▶ **Amortisationsvergleichsrechnung**.

### 1.1.1 Kostenvergleichsrechnung

Als einfachstes Verfahren der statischen Investitionsrechnungen bestimmt die Kostenvergleichsrechnung das Investitionsobjekt als das vorteilhaftere oder als das vorteilhafteste, das die geringeren oder die geringsten Kosten verursacht:

$$K_I \leq K_{II}$$

Die Erlöse eines Investitionsobjektes bleiben unberücksichtigt. Hierdurch beschränkt sich die Kostenvergleichsrechnung auf Investitionsobjekte, die als **Merkmale** aufweisen:

▶ Sie erzielen gleich hohe Erlöse und die Preise der Fertigerzeugnisse ergeben sich unabhängig von der Absatzmenge.

▶ Die Erzeugnisqualität gleicht sich oder ist ähnlich.

▶ Sie dienen zumeist als Rationalisierungsinvestitionen.

▶ Es gibt verschiedene Investitionsalternativen.

**Einzelinvestitionen** scheiden wegen der fehlenden Vergleichsgrößen als Beurteilungsobjekte aus.

Ein Diskussionspunkt bei der Kostenvergleichsrechnung ist der Umfang der in den Kostenvergleich einzubeziehenden Kosten. Grundsätzlich sollten diese in der Praxis möglichst umfassend für einen differenzierten Kostenvergleich erfasst werden. Wesentlichen **Kostenarten** sind:

▶ **Kapitalkosten**, die bestehen aus:

| Kalkulatorische Abschreibungen | Sie spiegeln die Wertminderungen materieller und immaterieller Vermögensgegenstände innerhalb einer Rechnungsperiode wider. **Vereinfachend** wird im Kostenansatz der Vergleichsrechnung von einer linearen Abschreibung des Anlagevermögens ausgegangen, wodurch sich eine gleichmäßige Kostenbelastung pro Periode ergibt: <br><br> $$b = \frac{A - RW}{n}$$ <br> b = Kalkulatorische Abschreibungen (€/Periode) <br> A = Anschaffungskosten (€) <br> RW = Restwert (€) <br> n = Nutzungsdauer (Jahre) |
|---|---|
| Kalkulatorische Zinsen | Sie finden ihren Niederschlag in der Vergleichsrechnung als Kosten, weil sie das durch das Investitionsobjekt gebundene Kapital repräsentieren. Auch hier wird **vereinfacht**, indem mit den durchschnittlich gebundenen Kapitalgrößen gerechnet wird: <br><br> $$Z = \frac{A + RW}{2} \cdot i$$ <br> Z = Kalkulatorische Zinsen (€/Periode) <br> A = Anschaffungskosten (€) <br> RW = Restwert (€) <br> i = Kalkulationszinssatz <br><br> Die Höhe des **Kalkulationszinssatzes** kann sich am Kapitalmarktzins, am Branchenzins oder am Unternehmenszins orientieren, siehe ausführlich S. 68. |

► **Betriebskosten**, zu denen vor allem zählen:

| Personalkosten | - **Löhne** als vertragsmäßiges Entgelt für Arbeiter |
| --- | --- |
| | - **Gehälter** als vertragsmäßiges Entgelt für Angestellte |
| | - **Sozialleistungen** aufgrund gesetzlicher, tarifvertraglicher Vorschriften oder freiwilliger Vereinbarungen. |
| Materialkosten | - **Fertigungsstoffe**, z. B. Roh- oder Werkstoffe als Hauptbestandteile des Gutes |
| | - **Hilfsstoffe**, z. B. Nägel, Schrauben, die nicht als Hauptbestandteile in das Erzeugnis eingehen |
| | - **Betriebsstoffe**, z. B. Schmierstoffe, die nicht in das Erzeugnis eingehen, sondern die Produktion aufrechterhalten. |
| Instandhaltungs-kosten | - **Instandsetzungskosten** zur Herstellung der Funktionsfähigkeit |
| | - **Inspektionskosten** zur Feststellung des gegenwärtigen Zustandes |
| | - **Wartungskosten** zur Bewahrung der Funktionsfähigkeit. |
| Raumkosten | Sie setzen sich anteilig z. B. aus den Abschreibungen, Zinsen, Personalkosten zusammen und werden auf die jeweiligen Quadratmeter der Räume umgelegt. |
| Energiekosten | Sie entstehen durch den Verbrauch von Strom, Gas, Dampf, Druckluft, Wasser, Öl, Benzin usw. |
| Werkzeugkosten | Sie werden durch die Anschaffung von Handwerkzeugen, Messwerkzeugen und Maschinenwerkzeugen verursacht. |

► Kapitalkosten und Betriebskosten ergeben zusammen die **Gesamtkosten**:

$$K = \frac{A - RW}{n} + \frac{A + RW}{2} \cdot i + B$$

K  = Kosten gesamt (€/Periode)

B  = Betriebskosten (€/Periode)

A  = Anschaffungskosten (€)

RW = Restwert (€)

i  = Kalkulationszinssatz

Das **Auswahlproblem** innerhalb der Kostenvergleichsrechnung ist lösbar als:

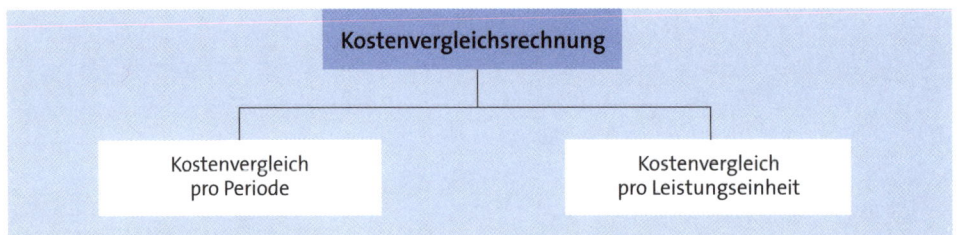

## 1.1.1.1 Kostenvergleich pro Periode

Beim Kostenvergleich pro Periode müssen die **mengenmäßigen Leistungen** der zur Beurteilung anstehenden alternativen Investitionsobjekte **gleich hoch** sein. Der Kostenvergleich erfolgt durch die tabellarische Gegenüberstellung der Schätzgrößen.

**Beispiel**

| Kostenvergleich pro Periode | | Investitionsobjekt I | Investitionsobjekt II |
|---|---|---|---|
| Anschaffungskosten | € | 300.000,00 | 150.000,00 |
| Restwert | € | 0 | 0 |
| Nutzungsdauer | Jahre | 5 | 5 |
| Auslastung | Stück/Jahr | 25.000,00 | 25.000,00 |
| Zinssatz | % | 5 | 5 |
| Abschreibungen | €/Jahr | 60.000,00 | 30.000,00 |
| Zinsen | €/Jahr | 7.500,00 | 3.750,00 |
| Raumkosten | €/Jahr | 2.000,00 | 2.000,00 |
| Instandhaltungskosten | €/Jahr | 4.000,00 | 2.000,00 |
| Gehälter | €/Jahr | 12.000,00 | 12.000,00 |
| Sonstige fixe Kosten | €/Jahr | 5.000,00 | 3.000,00 |
| **Fixe Kosten gesamt** | **€/Jahr** | **90.500,00** | **52.750,00** |
| Löhne | €/Jahr | 80.000,00 | 100.000,00 |
| Materialkosten | €/Jahr | 130.000,00 | 150.000,00 |
| Energiekosten | €/Jahr | 3.000,00 | 7.000,00 |
| Werkzeugkosten | €/Jahr | 4.000,00 | 8.000,00 |
| Sonstige variable Kosten | €/Jahr | 3.000,00 | 3.000,00 |
| **Variable Kosten gesamt** | **€/Jahr** | **220.000,00** | **268.000,00** |
| **Gesamte Kosten** | **€/Jahr** | **310.500,00** | **320.750,00** |
| Kostendifferenz I - II | €/Jahr | - 10.250 | |

Wie zu sehen ist, verursacht das Investitionsobjekt I 10.250,00 € geringere Kosten pro Jahr als das Investitionsobjekt II.

**Aufgabe 23 > Seite 199**

## 1.1.1.2 Kostenvergleich pro Leistungseinheit

Der Periodenvergleich ist nicht mehr zulässig, wenn die **Leistungen** der alternativen Investitionsobjekte **unterschiedlich hoch** sind. Aussagekräftig ist in diesem Falle ausschließlich eine Vergleichsrechnung im Hinblick auf die einzelne Leistungseinheit.

## Beispiel

| Kostenvergleich pro Leistungseinheit | | Investitionsobjekt I | | Investitionsobjekt II | |
|---|---|---|---|---|---|
| Anschaffungskosten | € | 200.000,00 | | 220.000,00 | |
| Restwert | € | 0 | | 0 | |
| Nutzungsdauer | Jahre | 5 | | 8 | |
| **Auslastung** | **Stück/Jahr** | **25.000** | | **28.000** | |
| Zinssatz | % | 5 | | 5 | |
| Abschreibungen | €/Jahr | 25.000,00 | | 27.500,00 | |
| Zinsen | €/Jahr | 5.000,00 | | 5.500,00 | |
| Raumkosten | €/Jahr | 1.000,00 | | 1.000,00 | |
| Instandhaltungskosten | €/Jahr | 3.000,00 | | 3.500,00 | |
| Gehälter | €/Jahr | 5.000,00 | | 7.000,00 | |
| Sonstige fixe Kosten | €/Jahr | 3.000,00 | | 3.000,00 | |
| Fixe Kosten gesamt | €/Jahr | 42.000,00 | | 47.500,00 | |
| **Fixe Kosten pro Stück** | €/Stück | | **1,68** | | **1,70** |
| Löhne | €/Jahr | 50.000,00 | | 35.000,00 | |
| Materialkosten | €/Stück | | 2,00 | | 1,25 |
| Energiekosten | €/Jahr | 120.000,00 | | 140.000,00 | |
| Werkzeugkosten | €/Stück | | 4,80 | | 5,00 |
| Sonstige variable Kosten | €/Jahr | 6.500,00 | | 9.500,00 | |
| | €/Stück | | 0,26 | | 0,34 |
| | €/Jahr | 5.000,00 | | 6.000,00 | |
| | €/Stück | | 0,20 | | 0,21 |
| | €/Jahr | 2.000,00 | | 3.000,00 | |
| | €/Stück | | 0,08 | | 0,11 |
| Variable Kosten gesamt | €/Jahr | 183.500,00 | | 193.500,00 | |
| **Variable Kosten pro Stück** | €/Stück | | **7,34** | | **6,91** |
| Gesamte Kosten | €/Jahr | 225.500,00 | | 241.000,00 | |
| **Gesamte Kosten pro Stück** | €/Stück | | **9,02** | | **8,61** |
| **Kostendifferenz I - II** | €/Stück | + 0,41 | | | |

Das Investitionsobjekt II ist vorteilhafter als das Investitionsobjekt I, da es pro Leistungseinheit um 0,41 € geringere Kosten verursacht.

## Aufgabe 24 > Seite 199

## 1.1.1.3 Kritik

Die **Vorteile** der Kostenvergleichsrechnung liegen in ihrer schnellen und leichten Anwendbarkeit. In der Praxis erfolgen solche Investitionsrechnungen vor allem für das Erreichen eines ersten, groben Überblicks, soweit vergleichbare Investitionsalternativen vorliegen. Zudem ist die Qualität der Dateneinschätzung sehr hoch, weil konkrete Informationen (z. B. Bezugspreis) oder nützliche Erfahrungen aus der Vergangenheit vorliegen.

Die Nachteile der Kostenvergleichsrechnung sind andererseits vielfältig:

► Der **Kostenvergleich** erfolgt auf einer **zu kurzfristigen Basis**. Die einperiodische Betrachtungsweise mit ihren geschilderten Problemen der richtigen Auswahl einer entsprechenden Periode (Anfangsperiode, Durchschnittsperiode, Repräsentativperiode) verliert im Vergleich zu einer gesamthaften Betrachtung an Qualität und Richtigkeit und damit an Aussagekraft.

► Die **Aufteilung** der Kosten in **fixe** und **variable Kosten** ist in der Praxis oftmals nicht einfach. Die schwierige Unterscheidung der Kostenarten behindert zum Teil die Vergleichsbetrachtung pro Mengeneinheit. Sie ist spätestens für die Betrachtung der kritischen Auslastung zur Erstellung der Kostenfunktion unerlässlich, siehe S. 113.

► Die **Erlöse** bleiben in der Kostenvergleichsrechnung völlig unberücksichtigt. Unterstellt wird somit, dass sie für die untersuchten Investitionsobjekte gleich hoch sind und sich über den Zeitverlauf der Investition auch nicht verändern. Deshalb ist die Kostenvergleichsrechnung zur Beurteilung von Investitionsobjekten, die unterschiedliche Qualitäten produzieren und deren Absatzchancen deshalb in den Märkten unterschiedlich hoch sind, ungeeignet.

► Außer Acht bleibt auch der **Kapitaleinsatz**. Erst in Verbindung mit ihm und den Erlösen werden betriebswirtschaftlich richtige und wichtige Aussagen zur Rentabilität eines Investitionsobjektes möglich. Die kostenminimierende Betrachtung kann allenfalls für Rationalisierungsinvestitionen als statthaft angesehen werden.

Wegen der Nachteile der Kostenvergleichsrechnung sollte auf eine ausschließliche Anwendung dieser Investitionsrechnung verzichtet und weitere Investitionsrechnungen zur Beurteilung herangezogen werden.

## 1.1.2 Gewinnvergleichsrechnung

Die Einbeziehung der Erlöse erweitert die Kostenvergleichsrechnung zur Gewinnvergleichsrechnung. Mit ihr wird die Aussagekraft der Investitionsrechnung erhöht, denn sie **berücksichtigt**:

► **Quantitative Unterschiede**, welche die unterschiedlich hohe Leistungsfähigkeit in der Produktionsmenge von verschiedenen Investitionsobjekten widerspiegeln. Als Voraussetzung gilt allerdings die **Absetzbarkeit** einer produzierbaren (größeren) Menge an Erzeugnissen auf dem Absatzmarkt zu unveränderten Preisen.

► **Qualitative Unterschiede**, die sich in unterschiedlich hohen Preisen äußern, sofern die unterschiedlichen qualitativen Leistungen mit entsprechenden Preisdifferenzen am Absatzmarkt verkauft werden können.

Die **Aussagekraft** nimmt in der Gegenüberstellung zur Kostenvergleichsrechnung zu, da unterschiedlich hohe Gewinne die erforderliche Berücksichtigung finden. Bei ausschließlicher Betrachtung der Kosten würde das kostengünstigste Objekt vorgezogen, unabhängig davon, ob es auch einen Gewinn erwirtschaftet oder nicht.

Der **Gewinn** (G) ergibt sich aus der Differenz von Erlösen (E) und Kosten (K):

$$G = E - K$$

Für die Gewinnvergleichsrechnung gilt:

▶ Mithilfe der Gewinnvergleichsrechnung kann, im Gegensatz zur Kostenvergleichsrechnung, ein **einzelnes Investitionsobjekt** beurteilt werden. Investitionsalternativen sind nicht unbedingt notwendig, da als Beurteilungskriterium Gewinnerzielung ausreicht:

$$G \geq 0$$

Die **Vorteilhaftigkeit** eines Investitionsobjektes ist gegeben, wenn die Gewinnzone erreicht bzw. ein Verlust vermieden wird.

▶ Die Vorteilhaftigkeit **alternativer Investitionsobjekte** misst sich an der Höhe des erzielten Gewinnes, wobei gilt, dass das Investitionsobjekt vorteilhafter oder das vorteilhafteste ist, das den größeren oder den größten Gewinn aufweist:

$$G_I \geq G_{II}$$

Das **Auswahlproblem** kann mithilfe der Gewinnvergleichsrechnung gelöst werden:

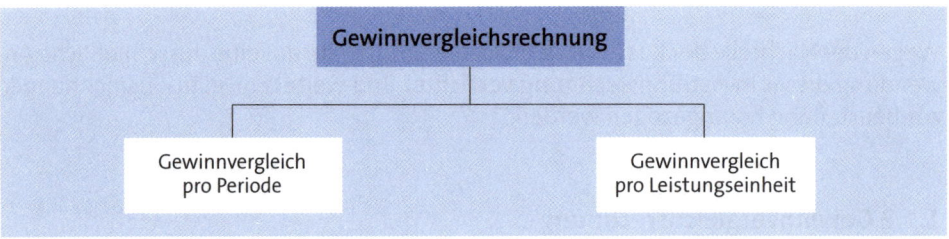

Die bei der Kostenvergleichsrechnung dargestellte Struktur der Berechnung wird im Folgenden übernommen und durch Erlösgrößen ergänzt.

## 1.1.2.1 Gewinnvergleich pro Periode

Der Gewinnvergleich pro Periode kann genutzt werden, wenn die betrachteten Investitionsobjekte gleich hohe Leistungen erbringen. Es ist aber auch möglich, in diesem Falle einen Gewinnvergleich pro Leistungseinheit vorzunehmen, wie unten beschrieben.

**Beispiel**

| Gewinnvergleich pro Periode bei gleich großen Leistungsmengen | | Investitionsobjekt I | Investitionsobjekt II |
|---|---|---|---|
| Anschaffungskosten | € | 200.000,00 | 185.000,00 |
| Restwert | € | 0 | 0 |
| Nutzungsdauer | Jahre | 8 | 8 |
| Auslastung | Stück/Jahr | 30.000 | 30.000 |
| Zinssatz | % | 5 | 5 |
| Erlöse | €/Jahr | 520.000,00 | 520.000,00 |
| Fixe Kosten | €/Jahr | 60.000,00 | 60.000,00 |
| Variable Kosten | €/Jahr | 390.000,00 | 420.000,00 |
| Kosten gesamt | €/Jahr | 450.000,00 | 480.000,00 |
| Gewinn | €/Jahr | **70.000,00** | **40.000,00** |
| Gewinndifferenz I - II | €/Jahr | **+ 30.000,00** | |

Das Investitionsobjekt I ist aufgrund eines um 30.000,00 € höheren Gewinns pro Jahr vorteilhafter.

Ausschließlich anwendbar ist der Gewinnvergleich pro Periode, wenn die alternativen Investitionsobjekte **unterschiedliche Leistungsmengen** aufweisen. Ein Gewinnvergleich pro Leistungseinheit würde zu falschen Ergebnissen führen.

**Beispiel**

| Gewinnvergleich pro Periode bei unterschiedlichen Leistungsmengen | | Investitionsobjekt I | Investitionsobjekt II |
|---|---|---|---|
| Auslastung | Stück/Jahr | 20.000 | 18.000 |
| Erlöse | €/Jahr | 440.000,00 | 390.000,00 |
| Kosten gesamt | €/Jahr | 365.000,00 | 317.000,00 |
| Gewinn | €/Jahr | **75.000,00** | **73.000,00** |
| Gewinndifferenz I - II | €/Jahr | **+ 2.000,00** | |

Das Investitionsobjekt I ist vorteilhafter als das Investitionsobjekt II, da es einen um 2.000,00 € höheren Gewinn pro Jahr aufweist.

## 1.1.2.2 Gewinnvergleich pro Leistungseinheit

Der Gewinnvergleich pro Leistungseinheit ist möglich, wenn die mengenmäßig genutzte Leistung der alternativen Investitionsobjekte gleich hoch ist. Er kann aber auch, wie gezeigt, pro Periode erfolgen.

**Beispiel** [1]

| Gewinn pro Mengeneinheit bei gleich großen Leistungen | | Investitionsobjekt I | Investitionsobjekt II |
|---|---|---|---|
| Anschaffungskosten | € | 200.000,00 | 185.000,00 |
| Restwert | € | 0 | 0 |
| Nutzungsdauer | Jahre | 8 | 8 |
| Auslastung | Stück/Jahr | 30.000 | 30.000 |
| Zinssatz | % | 5 | 5 |
| Erlöse | €/Stück | 17,33 | 17,33 |
| Fixe Kosten | €/Stück | 2,00 | 2,00 |
| Variable Kosten | €/Stück | 13,00 | 14,00 |
| Kosten gesamt | €/Stück | 15,00 | 16,00 |
| **Gewinn** | €/Stück | **2,33** | **1,33** |
| **Gewinndifferenz I - II** | €/Jahr | + 1,00 | |

Das Investitionsobjekt I ist aufgrund eines um 1,00 € höheren Gewinns pro Stück vorteilhafter.

## Aufgabe 25 > Seite 200

## 1.1.2.3 Kritik

Als Vorteil ist die Berücksichtigung der Erlöse anzusehen, da die Aussagekraft der Gewinnvergleichsrechnung damit erheblich verbessert wird.

Allerdings ist festzustellen, dass die Gewinnvergleichsrechnung in der Praxis im Vergleich zur Kostenvergleichsrechnung kaum Anwendung findet. Der stärker genutzte Kostenvergleich sorgt, wie bereits erwähnt, oftmals für einen schnellen, groben Überblick in Bezug auf vergleichbare Investitionsalternativen.

Die Nachteile der Gewinnvergleichsrechnung entsprechen zunächst bereits bei der Kostenvergleichsrechnung genannten Mängeln:

▶ die zu **kurzfristige Basis** des Vergleiches
▶ die Problematik der **Aufteilung** von **fixen** und **variablen Kosten**
▶ die **unterlassene Einbeziehung des Kapitaleinsatzes**.

[1] Die Kosten- und Erlösgrößen entsprechen dem Beispiel, mit dem der Gewinnvergleich pro Periode erfolgte.

Bei der Gewinnvergleichsrechnung gibt es zusätzlich aber noch die Schwierigkeit, die **Erlöse** den Investitionsobjekten zuzurechnen, sofern ein Erzeugnis auf mehreren Maschinen gefertigt wird. Welcher Wert durch die einzelnen Investitionsobjekte geschaffen wurde, ist im Rahmen eines komplexen Produktionsablaufes nur schwer herauszufinden.

## 1.1.3 Rentabilitätsvergleichsrechnung

Die Rentabilitätsvergleichsrechnung ist eine Weiterentwicklung der Kostenvergleichs- und der Gewinnvergleichsrechnung. Im Gegensatz zu den bisher dargestellten Verfahren berücksichtigt sie das **ökonomische Prinzip**, in dem der Mitteleinsatz den erzielten Leistungen gegenübergestellt wird. Das heißt, bei ihr wird der zur Beurteilung der finanzwirtschaftlichen Rationalität notwendige **Kapitaleinsatz** in Ansatz gebracht.

Mit der Rentabilitätsvergleichsrechnung erhöht sich die **Aussagekraft**, weil:

► **Absolute Vorteilhaftigkeiten** errechnet und damit festgestellt werden können. Im Gegensatz hierzu hatten die vorgenannten Vergleichsrechnungen nur eine einfache, auf einen Gesichtspunkt relativierte Investitionsvorteilhaftigkeit ermittelt.

► **Völlig unterschiedliche Investitionsobjekte** verglichen werden können, z. B. ein Vergleich von Sachinvestitionen mit Finanzinvestitionen. Für die Kapitalgeber entsteht eine Entscheidungsplattform für alternative Anlageobjekte bzw. eine Entscheidungsmöglichkeit, ob Kapital ins Unternehmen eingebracht werden sollte.

► Das **Erreichen einer Mindestverzinsung** festgestellt werden kann. Somit lässt sich z. B. auch ein einzelnes Investitionsobjekt nach einer vom Unternehmen vorgegebenen Mindestverzinsung auf seine Vorteilhaftigkeit hin beurteilen.

Mithilfe der Rentabilitätsvergleichsrechnung wird die **jährlich durchschnittliche Verzinsung** des für die Investitionen eingesetzten Kapitals ermittelt. Sie kommt damit dem **Return on Investment** – siehe S. 31 f. – nahe bzw. wird ihm vielfach gleichgesetzt.

Die **Ermittlung** der Rentabilität als durchschnittliche Verzinsung erfolgt, indem der Gewinn zu dem durchschnittlich eingesetzten Kapital in Beziehung gebracht wird:

$$R = \frac{E - K}{D} \cdot 100 \qquad \text{bzw.} \qquad R = \frac{G}{D} \cdot 100$$

R = Rentabilität
E = Erlös in € pro Periode
K = Kosten in € pro Periode
D = Durchschnittlich eingesetztes Kapital in € pro Periode
G = E - K = Gewinn in € pro Periode

Dabei gilt:

► **Der durchschnittliche Kapitaleinsatz** ist als durch die Investition verursachter, zusätzlicher Kapitaleinsatz im Unternehmen zu verstehen. Vorhandene Liquidationserlöse kommen zum Abzug, mögliche investitionsbedingte Erweiterungen des Umlaufvermögens sind hinzuzurechnen.

Beim durchschnittlichen Kapitaleinsatz ist weiterhin zu beachten, dass:

- nicht **abnutzbare Anlagegüter** mit ihren Anschaffungswerten zum Ansatz kommen, z. B. Grundstücke.

- **spezielle**, für die Investition nötige **Umlaufvermögensteile** ebenso mit den Anschaffungskosten angesetzt werden.

- die **abnutzbaren** und damit abzuschreibenden **Anlagegüter** nur hälftig zum Ansatz kommen, um damit Durchschnittswerte zu erhalten.

► Der **durchschnittliche Gewinn** wird durch eine Investition erbracht und darf nach gängiger Meinung **nicht** durch kalkulatorische Zinsen gemindert werden. Ansonsten wäre zwischen zwei Renditen zu unterscheiden:

- der **Netto-Rendite**, bei der bereits die kalkulatorischen Zinsen von den Erlösen abgesetzt wurden

- der **Brutto-Rendite**, welche die kalkulatorischen Zinsen unberücksichtigt lässt.

Bei einer Netto-Rendite würde nur die über den kalkulatorischen Zins hinausgehende Verzinsung errechnet.

Die Rentabilitätsvergleichsrechnung ermöglicht also die Beurteilung der Vorteilhaftigkeit:

► **Einzelner Investitionsobjekte**, wobei als Bewertungskriterium eine vom Unternehmen vorgeschriebene Mindestverzinsung (= $R_{min}$) herangezogen werden kann:

$$R \geq R_{min}$$

Erreicht die Investition die Mindestverzinsung, ist sie vorteilhaft.

► **Alternativer Investitionsobjekte**, wobei die Formel gilt:

$$R_I \geq R_{II}$$

Das Investitionsobjekt ist dabei vorteilhafter oder das vorteilhafteste, das die höhere oder höchste Rentabilität aufzuweisen hat.

Es sollen unterschieden werden:

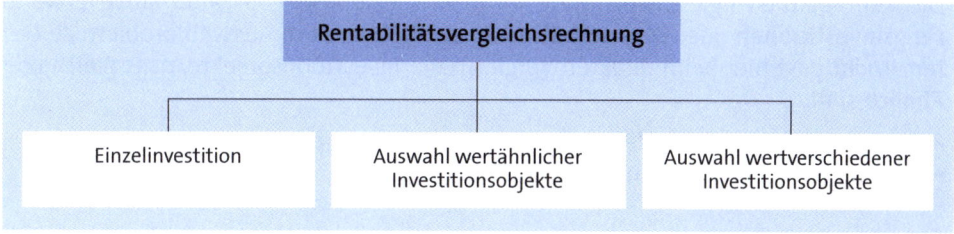

### 1.1.3.1 Einzelinvestition

Von der Eignung einer zu beurteilenden Einzelinvestition kann ausgegangen werden, wenn sie die vom Unternehmen festgelegte Mindestrentabilität erreicht oder übersteigt.

**Beispiel**

| | | Investitionsobjekt I |
|---|---|---|
| Anschaffungskosten | € | 200.000,00 |
| Restwert | € | 0 |
| Nutzungsdauer | Jahre | 10 |
| Auslastung | Stück/Jahr | 30.000,00 |
| Mindestrentabilität | % | 20 |
| **Erlöse** | | **90.000,00** |
| Abschreibungen | € | 20.000,00 |
| Zinsen | € | 0 |
| Sonstige fixe Kosten | € | 12.000,00 |
| Fixe Kosten gesamt | € | 32.000,00 |
| Variable Kosten gesamt | € | 35.000,00 |
| **Kosten gesamt** | **€** | **67.000,00** |

Durchschnittlich eingesetztes Kapital: $D = \dfrac{\text{Anschaffungskosten}}{2}$

**Berechnung der Rentabilität:**

$$R = \frac{E - K}{D} \cdot 100 \qquad R = \frac{90.000 - 67.000}{100.000} \cdot 100 = 23$$

Die Investition ist bei einer geforderten Mindestrentabilität von 20 % vorteilhaft, weil diese Mindestrentabilität um 3 % übersteigt.

## 1.1.3.2 Auswahl wertähnlicher Investitionsobjekte

Die Rentabilitätsvergleichsrechnung hilft, Entscheidungen für alternative **Erweiterungsinvestitionen** oder **Diversifikationsinvestitionen** beim Auswahlproblem zu treffen. Wichtig ist hier beim direkten Vergleich der Investitionsobjekte, dass **gleich** oder **ähnlich** sind:

► die Anschaffungskosten der zu vergleichenden Investitionen
► die Nutzungsdauern der Investitionsobjekte.

Sind diese Voraussetzungen nicht gegeben, kann kein direkter Vergleich der Investitionsobjekte vorgenommen werden, da anderenfalls das Ergebnis verfälscht würde. Es müssen zusätzlich **Differenzinvestitionen** in den Vergleich aufgenommen werden – siehe S. 99.

**Beispiel**

| Rentabilitätsvergleich für wertähnliche Investitionsobjekte | | Investitionsobjekt I | Investitionsobjekt II |
|---|---|---|---|
| Anschaffungskosten | € | 200.000,00 | 195.000,00 |
| Restwert | € | 0 | 0 |
| Nutzungsdauer | Jahre | 10 | 10 |
| Auslastung | Stück/Jahr | 30.000 | 28.000 |
| Erlöse | € | 90.000,00 | 80.000,00 |
| Abschreibungen | € | 20.000,00 | 19.500,00 |
| Zinsen | € | 0 | 0 |
| Sonstige fixe Kosten | € | 12.000,00 | 12.000,00 |
| Fixe Kosten gesamt | € | 32.000,00 | 31.500,00 |
| Variable Kosten gesamt | € | 35.000,00 | 30.500,00 |
| Kosten gesamt | € | 67.000,00 | 62.000,00 |

Durchschnittlich eingesetztes Kapital: $D = \dfrac{\text{Anschaffungskosten}}{2}$

**Berechnung der Rentabilität:**

$$R = \frac{E - K}{D} \cdot 100 \qquad R = \frac{90.000 - 67.000}{100.000} \cdot 100 = \mathbf{23\,\%} \qquad R = \frac{80.000 - 62.000}{97.500} \cdot 100 = \mathbf{18,5\,\%}$$

Das Investitionsobjekt I ist dem Investitionsobjekt II aufgrund einer um 4,5 % höheren Rendite vorzuziehen.

### 1.1.3.3 Auswahl wertverschiedener Investitionsobjekte

Sind die Anschaffungskosten bzw. Nutzungsdauern der Investitionsobjekte nicht gleich bzw. liegen sie nicht nahe beieinander, wird es notwendig, eine **Differenzinvestition** in den Vergleich einzubeziehen, um unterschiedliche Investitionsobjekte vergleichbar zu machen.

Mit der Differenzinvestition wird versucht, die **Unterschiede zweier Investitionsalternativen auszugleichen**, indem das Investitionsgut mit den „geringeren Werten" aufgefüllt wird.

**Beispiel**

Das Investitionsobjekt I ist in der Anschaffung um 45.000,00 € günstiger als das Investitionsobjekt II. Entsprechend füllt eine Differenzinvestition in Höhe von 45.000,00 € das Investitionsobjekt I auf. Von der Differenzinvestition ist lediglich bekannt, dass sie sich mit 6.000,00 € verzinst.

| | Investitionsobjekt I | Differenz-investiton | Investitionsobjekt II |
|---|---|---|---|
| Anschaffungskosten € | 150.000,00 | 45.000,00 | 195.000,00 |
| Restwert € | 0 | | 0 |
| Nutzungsdauer Jahre | 10 | | 10 |
| Auslastung Stück/Jahr | 22.500 | | 28.000 |
| Erlöse | 67.500,00 | | 80.000,00 |
| Abschreibungen € | 15.000,00 | | 19.500,00 |
| Zinsen € | — | | — |
| Sonstige fixe Kosten € | 12.000,00 | | 12.000,00 |
| Fixe Kosten gesamt € | 27.000,00 | | 31.500,00 |
| Variable Kosten gesamt € | 28.000,00 | | 30.500,00 |
| Kosten gesamt € | 55.000,00 | | 62.000,00 |
| Gewinn € | 12.500,00 | 6.000,00 | 18.000,00 |

**Berechnung der Rentabilität:**

$$R = \frac{12.500 + 6.000}{97.500} \cdot 100 = \textbf{19 \%} \qquad R = \frac{18.000}{97.500} \cdot 100 = \textbf{18,5 \%}$$

Das Investitionsobjekt I erscheint nach der Zurechnung der Differenzinvestition um 0,5 % vorteilhafter als das Investitionsobjekt II. Dies gilt solange, wie der durchschnittliche Kapitaleinsatz der Differenzinvestition sich mit mindestens 24,44 % verzinst. Dies ergibt sich aus der Differenz der Gewinne und dem hierfür notwendigen Kapital $( \dfrac{5{,}500}{22.500} \cdot 100 = 24{,}44\,\% )$.

**Ohne** Beachtung der **Differenzinvestition** wäre $R_I ( \dfrac{12.500}{75.000} \cdot 100 = 16{,}67\,\% )$ schlechter als $R_{II}$.

## Aufgabe 26 > Seite 200

### 1.1.3.4 Kritik

Die **Vorteile** der Rentabilitätsvergleichsrechnung sind darin zu sehen, dass sie:

▶ durch die Einbeziehung des eingesetzten **Kapitals** aussagekräftiger wird und sich **absolute Vorteilhaftigkeiten** darstellen lassen.

▶ auch nur bei einem Investitionsobjekt allein durch einen Vergleich mit dem **Mindestzinsfuß** zu Aussagen führt.

▶ bevorzugt dort zum Einsatz kommt, wo Investitionen auch mit **unterschiedlichen Aggregaten** und **unterschiedlichen Funktionen** zu vergleichen sind, also besonders bei Erweiterungs- und Diversifizierungsinvestitionen.

Die Rentabilitätsvergleichsrechnung weist zunächst auch **Nachteile** auf, die bereits bei der Kostenvergleichs- bzw. Gewinnvergleichsrechnung genannt wurden:

▶ die zu **kurzfristige Basis** des Vergleichs
▶ die Problematik der **Aufteilung** von **fixen** und **variablen Kosten**
▶ die mitunter schwierige **Zurechenbarkeit der Erlöse**.

Nachteilig kann außerdem die durch die Differenzinvestition geschaffene Vergleichbarkeit sein, die in der Praxis so nicht gegeben sein muss.

### 1.1.4 Amortisationsvergleichsrechnung

Die **Amortisation** ist die Deckung der für ein Investitionsobjekt aufgewandten Anschaffungskosten mit den aus dem Investitionsobjekt erwirtschafteten Erlösen.

Mithilfe der Amortisationsvergleichsrechnung werden die Zeiträume verglichen, innerhalb derer aus den Erlösen der jeweiligen Investitionsobjekte die durch sie verursachten Kosten abgedeckt werden. Diese Zeiträume werden als Amortisations- oder Wiedergewinnungszeiten ($t_w$) bezeichnet.

Die Amortisationsvergleichsrechnung wird auch als **Kapitalrückfluss-Methode**, **Pay-off-Methode** oder **Pay-back-Methode** bezeichnet.

Das **Auswahlproblem** kann sich bei der Amortisationsvergleichsrechnung auf einzelne oder alternative Investitionsobjekte beziehen:

▶ Bei einem **einzelnen Investitionsobjekt** kann die Vorteilhaftigkeit durch das Einhalten oder Überschreiten einer vorgegebenen zeitlichen Grenze beurteilt werden:

$$t_w \leq t_{wmax}$$

▶ Bei **mehreren Investitionsalternativen** ist die Investition die vorteilhaftere oder vorteilhafteste, die eine kürzere oder die kürzeste Zeitspanne aufweist:

$$t_{wI} \leq t_{wII}$$

Im Gegensatz zur Rentabilitätsvergleichsrechnung, die Rentabilitätsaspekte untersucht, ist die Amortisationsvergleichsrechnung auf **Liquiditäts-, Sicherheits- und Unabhängigkeitsaspekte** gerichtet:

▶ Je kürzer die Amortisationszeit ausfällt, desto weniger stark wird die Unternehmensliquidität belastet. Je rascher aus dem Investitionsobjekt **liquide Mittel** dem Unternehmen wieder zufließen, desto vorteilhafter ist dies zu beurteilen.

▶ Damit steigt auch die **Sicherheit** des Unternehmens, denn je schneller Erlöse eine Investition amortisieren, desto vorteilhafter wirkt sich dies auf die Lösung des gebundenen Kapitals aus, desto **unabhängiger** wird das Unternehmen von Kapitalgebern.

▶ Je kürzer die Amortisationszeit ausfällt, desto **zuverlässiger** können notwendige Daten vorhergesagt werden. Je näher Daten in der Zukunft liegen, desto höher ist deren Qualität, weil sie einfacher und sicherer zu prognostizieren sind.

Insbesondere die Aussagefähigkeit hinsichtlich der Sicherheit und der Liquidität begründet eine **häufige Anwendung** der Amortisationsvergleichsrechnung in der Praxis. Allerdings sollte sie niemals als einzige Bewertungsmethode angewandt werden, weil sie keine Aussagen zur Rentabilität zulässt.

Die Amortisationsvergleichsrechnung ist in ihrer **Grundform** zunächst statischer Natur, sie kann aber auch dynamisiert werden:

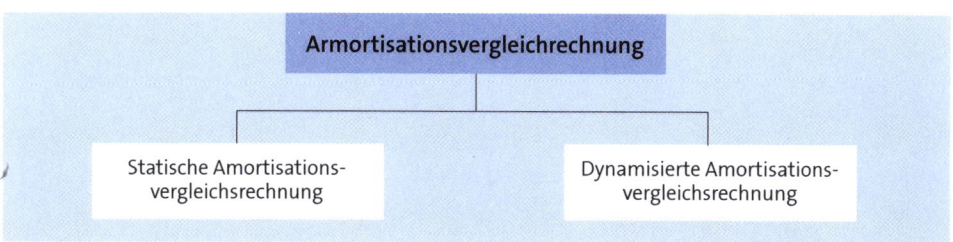

## 1.1.4.1 Statische Amortisationsvergleichsrechnung

Zur Beurteilung der Vorteilhaftigkeit von Investitionsobjekten stellt sich die Frage nach der **Anzahl der Jahresüberschüsse**, die aus einer Investition notwendig werden, um den Investitionsbetrag wieder zu erwirtschaften. Sie definieren die Amortisationsdauer oder die Wiedergewinnungszeit, da diese durch die Division des eingesetzten Kapitals mit der jährlichen Wiedergewinnung bzw. mit den Rückflüssen aus der Investition errechnet wird:

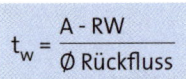

$$t_w = \frac{A - RW}{\varnothing\ \text{Rückfluss}}$$

$t_w$ = Amortisationszeit in Jahren
A  = Kapitaleinsatz
RW = Restwert

Dabei gilt:

▶ Der **durchschnittliche Rückfluss** ist grundsätzlich die Differenz zwischen den durchschnittlichen Jahreseinnahmen und den durchschnittlichen Jahresausgaben. Da die statischen Investitionsvergleichsrechnungen aber Kosten und Erlöse ansetzen, werden zur näherungsweisen Bestimmung des **durchschnittlichen Jahresrückflusses** folgende Erfolgsgrößen verwendet:

> ∅ jährlicher Gewinn + jährliche Abschreibungen

Im speziellen Falle der Beurteilung einer **Rationalisierungsinvestition** hinsichtlich ihrer Amortisation kommen folgende Größen zum Ansatz:

> ∅ jährliche Kostenersparnis + jährliche Abschreibungen

▶ Der **Kapitaleinsatz** entspricht den Anschaffungskosten des Investitionsobjektes. Liegt ein Restwert vor, ist dieser von den Anschaffungskosten abzuziehen. Falls das Investitionsobjekt noch zusätzlich Umlaufvermögen bindet, ist dieses ebenfalls zu den Anschaffungskosten zu addieren.

## Beispiel 1

Für eine Einzelinvestition, die sich innerhalb von vier Jahren amortisieren soll, liegen folgende Werte vor:

| | |
|---|---|
| Anschaffungskosten in € | 200.000,00 |
| Nutzungsdauer in Jahren | 10 |
| Restwert in € | 10.000,00 |
| Jährliche Abschreibungen in € | 20.000,00 |
| ø jährlicher Gewinn in € | 35.000,00 |
| **Rückfluss in €** | **55.000,00** |

$$t_w = \frac{200.000 - 10.000}{55.000}$$

$$t_w = \textbf{3,45 Jahre}$$

Die Investition ist vorteilhaft, weil die vorgegebenen vier Jahre eingehalten wurden.

## Beispiel 2

Es soll eine Erweiterungsinvestition vorgenommen werden. Die in Betracht kommenden Investitionsobjekte weisen folgende Werte auf:

| | Investitionsobjekt I | Investitionsobjekt II |
|---|---|---|
| Anschaffungskosten in € | 150.000,00 | 200.000,00 |
| Nutzungsdauer in Jahren | 10 | 10 |
| Restwert in € | 5.000,00 | 10.000,00 |
| Jährliche Abschreibungen in € | 15.000,00 | 20.000,00 |
| ø jährlicher Gewinn in € | 25.000,00 | 35.000,00 |
| **Rückfluss in €** | **40.000,00** | **55.000,00** |
| | $t_I = \dfrac{150.000 - 5.000}{40.000}$ <br><br> $t_I = \textbf{3,63 Jahre}$ | $t_{II} = \dfrac{200.000 - 10.000}{55.000}$ <br><br> $t_{II} = \textbf{3,45 Jahre}$ |

Das Investitionsobjekt II ist vorteilhafter als das Investitionsobjekt I, weil es sich um 0,18 Jahre schneller amortisiert.

**Aufgabe 27 > Seite 200**

## 1.1.4.2 Dynamisierte Amortisationsvergleichsrechnung

Die in ihrer Grundform statische Amortisationsvergleichsrechnung kann dynamisiert werden, indem nicht mehr mit einem durchschnittlichen Rückfluss gerechnet wird, sondern die in jedem Nutzungsjahr voraussichtlich anfallenden Rückflüsse einzeln erfasst und aufaddiert werden.

Deshalb wird von einer **Kumulationsrechnung** gesprochen. Sie zeigt nach einer bestimmten Zeitdauer, dass die kumulierten Rückflüsse die Investitionssumme erreichen und die Investition sich somit amortisiert hat, es sei denn, es handelt sich um eine absolute Fehlinvestition, die auch nach langer Zeit zu keiner Amortisation führt.

Mit der Kumulationsrechnung kann der unterschiedlichen Entwicklung der Daten Rechnung getragen werden, z. B. Anlaufschwierigkeiten im ersten Jahr und sich hieraus ergebende geringere Rückflüsse. Sie kann vorgenommen werden als:

▶ **Einfache Kumulationsrechnung**, wie sie bisher grundlegend beschrieben wurde.

**Beispiel**

| Anschaffungskosten | 150.000,00 € | |
|---|---|---|
| Nutzungsdauer | 10 Jahre | |
| Restwert | 0 € | |
| | Rückflüsse jährlich | Rückflüsse kumuliert |
| 1. Jahr in € | 32.000,00 | 32.000,00 |
| 2. Jahr in € | 34.000,00 | 66.000,00 |
| 3. Jahr in € | 38.000,00 | 104.000,00 |
| 4. Jahr in € | 39.000,00 | 143.000,00 |
| 5. Jahr in € | 34.000,00 | **177.000,00** |
| 6. Jahr in € | 38.000,00 | 215.000,00 |
| 7. Jahr in € | 40.000,00 | 255.000,00 |
| 8. Jahr in € | 38.000,00 | 293.000,00 |
| 9. Jahr in € | 45.000,00 | 338.000,00 |
| 10. Jahr in € | 45.000,00 | 383.000,00 |

Die im Vergleich zur statischen Durchschnittsmethode differenziertere Kumulationsrechnung zeigt, dass nach dem 5. Jahr, soweit die Rückflüsse sich gleichmäßig über das Jahr verteilen genauer im ersten Quartal des 5. Jahres, sich das Investitionsobjekt amortisiert hat.

▶ **Kumulationsrechnung mit der Abzinsung der jährlichen Rückflüsse**, die mit ihrem Barwert erfasst und dann kumuliert werden, bis der Kapitaleinsatz erreicht ist.

Die **Abzinsung** erfolgt mithilfe des Abzinsungsfaktors:

$$\frac{1}{(1 + i)^n} = \frac{1}{q^n}$$

i = Zinssatz
q = 1 + i
n = Jahr

**Beispiel**

| Anschaffungskosten | 150.000,00 € |
|---|---|
| Nutzungsdauer | 10 Jahre |
| Restwert | 0 € |
| Kalkulationswert | 10 |

| | Rückflüsse jährlich | Abzinsungs- faktor | Barwert | Rückflüsse kumuliert |
|---|---|---|---|---|
| 1. Jahr in € | 32.000,00 | 0,909091 | 29.091 | 29.091,00 |
| 2. Jahr in € | 34.000,00 | 0,826446 | 28.099 | 57.190,00 |
| 3. Jahr in € | 38.000,00 | 0,751315 | 28.550 | 85.740,00 |
| 4. Jahr in € | 39.000,00 | 0,683013 | 26.638 | 112.378,00 |
| 5. Jahr in € | 34.000,00 | 0,620921 | 21.111 | 133.489,00 |
| 6. Jahr in € | 38.000,00 | 0,564474 | 21.450 | **154.939,00** |
| 7. Jahr in € | 40.000,00 | 0,513158 | 20.526 | 175.465,00 |
| 8. Jahr in € | 38.000,00 | 0,466507 | 17.727 | 193.192,00 |
| 9. Jahr in € | 45.000,00 | 0,424098 | 19.084 | 212.276,00 |
| 10. Jahr in € | 45.000,00 | 0,385543 | 17.349 | 229.625,00 |

Die Amortisationszeit hat sich aufgrund der Einbeziehung des Zinses verlängert. Das Investitionsobjekt zahlt sich erst nach dem 6. Jahr zurück.

## Aufgabe 28 > Seite 200

### 1.1.4.3 Kritik

Umfragen zufolge ist die Amortisationsmethode die mit am häufigsten in der Praxis eingesetzte Methode der Investitionsrechnung. Es ist allerdings festzuhalten, dass bei ihrer Anwendung immer auch noch ein zweites Verfahren zur Beurteilung der Investition herangezogen wird, da sie keine Aussagen zur Rentabilität macht.

**Vorteile** der Amortisationsvergleichsrechnung sind:

► Die Amortisationsvergleichsrechnung ist ein **einfaches Verfahren**.

► Sie nimmt eine **Grobschätzung des Risikos** von Investitionen vor. So ermöglicht sie z. B. Aussagen über die notwendige Konstanz von Umwelt- und Unternehmensentwicklungen hinsichtlich der Rückzahlungsmöglichkeit der Investition für das Unternehmen.

Als Nachteile der Amortisationsvergleichsrechnung können genannt werden:

► Die **Zurechenbarkeit** der Erlöse und der Kosten, z. B. bei mehrstufigen Produktionsprozessen, ist wie bei den zuvor behandelten Investitionsrechnungen nur schwer möglich.

► Der **Kapitaleinsatz** wird nicht berücksichtigt, weshalb Aussagen zur Rentabilität der Investition nicht vorgenommen werden können.

► Die **Rückflüsse**, die dem Unternehmen **nach der Amortisationszeit** zufließen, werden außer Acht gelassen. Unterschiedliche Weiterentwicklungen der Investitionsobjekte nach dem Amortisationszeitpunkt unterliegen nicht der Beurteilung und können somit zu Fehlentscheidungen führen.

► Die Nutzungsdauern verschiedener Investitionsprojekte können unterschiedlich sein. Die Amortisationsmethode **zieht** immer **kurzfristigere Investitionen** den **längerfristigeren Investitionen vor**.

► Diese Benachteiligung ist rational nicht erklärbar und kann zu möglichen **strategischen Fehlurteilen** führen. Eine langfristig ausgelegte Planung wird stark zu Gunsten einer operativen Hektik behindert.


### 1.2 Ersatzproblem

Beim Ersatzproblem geht es um die Frage, ob und wann es vorteilhaft ist, ein in Nutzung befindliches, technisch weiter verwendbares Investitionsobjekt durch ein neues Investitionsobjekt zu ersetzen. Es lässt sich grundsätzlich mithilfe der statischen Investitionsrechnungen lösen:

► **Kostenvergleichsrechnung**
► **Gewinnvergleichsrechnung**
► **Rentabilitätsvergleichsrechnung**
► **Amortisationsvergleichsrechnung**.

## 1.2.1 Kostenvergleichsrechnung

Bezüglich der Berechnungen des Ersatzproblems gibt es unterschiedliche Auffassungen. Sie unterscheiden sich vor allem darin, inwieweit die **Kapitalkosten** des alten, bisher genutzten Investitionsobjektes einbezogen werden sollen.

Da eine Entscheidung über künftig anfallende Kosten zu treffen ist, erscheint es richtig, im Vergleich mit dem neuen Investitionsobjekt **ausschließlich** die **Betriebskosten des alten Investitionsobjektes** zu berücksichtigen, d. h. die Kapitalkosten des alten Investitionsobjektes nicht in den Vergleich einzubeziehen:

| Betriebskosten des alten Investitionsobjektes | > | Betriebskosten- und Kapitalkosten des neuen Investitionsobjektes |
|---|---|---|

**Vorteilhaft** erscheint der Ersatz dann, wenn die wegfallenden Betriebskosten des Altobjektes größer sind als die Kosten der Inbetriebnahme des Neuobjektes.

Die Vorgehensweise, die Kapitalkosten beim alten Investitionsobjekt nicht in den Vergleich einzubeziehen, kann damit begründet werden, dass die Entscheidung über den Weiterbetrieb des alten Investitionsobjektes oder über seinen Ersatz vor allem durch den Wegfall der Betriebskosten der Altinvestition beeinflusst wird. Die Kosten für den Kapitaldienst (Zins, Tilgung, Abschreibung) am Altobjekt laufen dagegen weiter.

Für die Lösung des Ersatzproblems sollen zwei **Möglichkeiten** betrachtet werden:

► Das **alte Investitionsobjekt** hat **keinen Restwert**. In diesem Falle kann unmittelbar vorgegangen werden, wie vorstehend beschrieben wurde.

**Beispiel**

| Lösung des Ersatzproblems durch Kostenvergleich pro Periode | | Altes Investitionsobjekt | Neues Investitionsobjekt |
|---|---|---|---|
| Anschaffungskosten | € | 180.000,00 | 300.000,00 |
| Restwert | € | 0 | 0 |
| Nutzungsdauer | Jahre | 10 | 10 |
| Zinssatz | % | 5 | 5 |
| Abschreibungen | €/Jahr | 250.000,00 | 30.000,00 |
| Zinsen | €/Jahr | | 7.500,00 |
| Betriebskosten | €/Jahr | | 220.000,00 |
| **Gesamtkosten** | **€/Jahr** | **250.000,00** | **257.500,00** |
| **Kostendifferenz Alt - Neu** | €/Jahr | - 7.500,00 | |

Als Ergebnis steht kein sofortiger Ersatz des alten Investitionsobjektes durch das neue Investitionsobjekt, da das alte Investitionsobjekt noch einen Kostenvorteil in den Gesamtkosten von 7.500,00 € in der Vergleichsperiode erreicht.

▶ Das **alte Investitionsobjekt** weist einen **Restwert** auf, der zu berücksichtigen ist. Er lässt sich am Markt für gebrauchte Güter ermitteln. Je höher dieser Restwert ist, desto leichter dürfte die Trennung von diesem Objekt sein, da der Restwert des alten Investitionsobjektes die Anschaffungskosten des neuen Investitionsobjektes reduziert. Allerdings verringert sich dieser Restwert insoweit, als die Veräußerung des alten Investitionsobjektes durch dessen weitere Nutzung in die Zukunft verschoben wird.

Die Entscheidung trifft hier eine **Grenzkostenbetrachtung**, welche die Kosten der Inbetriebhaltung des Altobjektes für ein weiteres Jahr ermittelt. Die Grenzkosten werden den periodischen Durchschnittskosten des neuen Investitionsobjektes gegenübergestellt.

Für das **alte Investitionsobjekt** gelten unter dem Gesichtspunkt der Grenzkosten:

| Verringerung des Resterlöswertes | Erwartete Resterlöse sind in den Kosten des Altobjektes zu berücksichtigen. Zum Kostenansatz beim Altobjekt kommt die **durchschnittliche Verringerung des Resterlöswertes** pro Jahr. Würde sich der Ersatz des Investitionsobjektes um ein Jahr verschieben, müsste mit der Verringerung des Resterlöswertes gerechnet und dementsprechend als Kostenfaktor in Form von Grenzkosten aufgenommen werden. In der Praxis verringert sich durch eine längere Nutzungsdauer der Preis auf dem Gebrauchtwarenmarkt. |
|---|---|
| | Die **Verringerung** errechnet sich aus der Differenz der Resterlöswerte zum Zeitpunkt des Ersatzes und zum Zeitpunkt des eigentlichen Ausscheidens des Investitionsobjektes aus dem Unternehmen, wobei diese Größe durch den verbleibenden Zeitraum dividiert wird, damit eine vergleichbare Jahresgröße entsteht: |
| | $$l = \frac{L_{AV} - L_{EV}}{v}$$ |
| | l = Durchschnittliche Verringerung des Resterlöswertes (€) <br> $L_{AV}$ = Resterlöswert am Anfang der Vergleichsperiode (€) <br> $L_{EV}$ = Resterlöswert am Ende der Vergleichsperiode (€) <br> v = Umfang der Vergleichsperiode (Jahre) |
| Kalkulatorische Zinsen auf die Verringerung des Resterlöswertes | Auf die Verringerung des Resterlöswertes sind ebenso Zinsen zu berechnen, da Kapital in der Vergleichsperiode gebunden bleibt und für diese weitere Periode Grenzkosten verursacht: |
| | $$Z = \frac{L_{AV} + L_{EV}}{2} \cdot i$$ |
| | Z = Kalkulatorische Zinsen pro Periode (€) <br> $L_{AV}$ = Resterlöswert am Anfang der Vergleichsperiode (€) <br> $L_{EV}$ = Resterlöswert am Ende der Vergleichsperiode (€) <br> i = Kalkulationszinssatz (%) |

**Beispiel**

Ein altes Investitionsobjekt wird seit sieben Jahren genutzt und könnte noch weitere drei Jahre entsprechend seiner gesamten Nutzungszeit im Betrieb verbleiben. Es soll geprüft werden, ob es zweckmäßig ist, einen sofortigen Ersatz vorzunehmen.

**Kostenvergleich pro Periode mit Resterlöswert:**

| | | Altes Investitionsobjekt | Neues Investitionsobjekt |
|---|---|---|---|
| Anschaffungskosten | € | 180.000,00 | 300.000 |
| Restwert | € | 10.000,00 | 0 |
| Nutzungsdauer | Jahre | 10 | 10 |
| Zinssatz | % | 5 | 5 |
| Restnutzungsdauer | Jahre | 3 | |
| Resterlöswert am Ende des 7. Jahres | € | 40.000,00 | |
| Resterlöswert am Ende des 10. Jahres | € | 10.000,00 | |
| Verringerung des Resterlöswertes (I) | €/Jahr | 10.000,00 | |
| Kalkulatorische Zinsen auf gebun- | | 1.250,00 | |
| denes Kapital (Z) | €/Jahr | 250.000,00 | 30.000,00 |
| Abschreibungen | €/Jahr | | 7.500,00 |
| Zinsen | €/Jahr | | 220.000,00 |
| Betriebskosten | €/Jahr | | |
| Gesamtkosten | €/Jahr | 261.250,00 | 257.500,00 |
| Kostendifferenz  Alt - Neu | €/Jahr | + 3.750,00 | |

Der Resterlöswert des Altobjektes lässt die Gesamtkostenbetrachtung zu Gunsten des neuen Investitionsobjektes ausfallen. Ein sofortiger Ersatz spart pro Jahr 3.750,00 €.

## Aufgabe 29 > Seite 201

### 1.2.2 Gewinnvergleichsrechnung

Für die Gewinnvergleichsrechnung gelten zunächst die oben erfolgten Ausführungen. Sie müssen jedoch um die Gewinnaspekte ergänzt, d h. die Gewinngrößen hinzugefügt werden.

Die **Bedingung** für den Ersatz eines Investitionsobjektes lautet bei der Gewinnvergleichsrechnung entsprechend:

$$G_{neu} \geq G_{alt}$$

Wenn diese Bedingung erfüllt wird, ist ein sofortiger Ersatz des alten Investitionsobjektes durch das neue Investitionsobjekt vorteilhaft.

**Beispiel**

**Gewinnvergleich pro Periode mit Resterlöswert:**

| Gewinnvergleich pro Periode mit Resterlöswert | | Altes Investitionsobjekt | Neues Investitionsobjekt |
|---|---|---|---|
| Anschaffungskosten | € | 180.000,00 | 300.000,00 |
| Restwert | € | 10.000,00 | 0 |
| Nutzungsdauer | Jahre | 10 | 10 |
| Zinssatz | % | 5 | 5 |
| Restnutzungsdauer | Jahre | 3 | |
| Resterlöswert am Ende des 7. Jahres | € | 40.000,00 | |
| Resterlöswert am Ende des 10. Jahres | € | 10.000,00 | |
| Verringerung des Resterlöswertes (I) | €/Jahr | 10.000,00 | |
| Kalkulatorische Zinsen auf gebundenes Kapital (Z) | €/Jahr | 1.250,00 | |
| Abschreibungen | €/Jahr | 250.000,00 | 30.000,00 |
| Zinsen | €/Jahr | | 7.500,00 |
| Betriebskosten | €/Jahr | | 220.000,00 |
| Gesamtkosten | €/Jahr | 261.250,00 | 257.500,00 |
| Erlöse | €/Jahr | 300.000,00 | 320.000,00 |
| **Gewinn** | €/Jahr | 38.750,00 | 62.500,00 |
| **Gewinndifferenz Alt - Neu** | €/Jahr | - 23.750,00 | |

Ein sofortiger Ersatz des Altobjektes erbringt einen zusätzlichen Gewinn von 23.750,00 € pro Jahr.

## 1.2.3 Rentabilitätsvergleichsrechnung

Da es beim Ersatzproblem vor allem um Ersatzinvestitionen oder Rationalisierungsinvestitionen geht, steht die zusätzliche Kostenersparnis im Mittelpunkt der Betrachtung. Zu diesem Zweck muss die für das Auswahlproblem verwendete Formel zum Rentabilitätsvergleich entsprechend abgewandelt werden.

Unter der Voraussetzung **konstanter Erlöse** gilt:

$$R = \frac{K_A - K_N}{D_N} \cdot 100$$

R = Rentabilität
$K_A$ = Kosten (€/Periode) des alten Investitionsobjektes
$K_N$ = Kosten (€/Periode) des neuen Investitionsobjektes
$D_N$ = Durchschnittlicher Kapitaleinsatz bezogen auf die Neuanschaffung, wobei für das durchschnittlich eingesetzte Kapital gilt:

$$D_N = \frac{\text{Anschaffungskosten}}{2}$$

**Beispiel**

Ein neues Investitionsobjekt hat einen Anschaffungswert von 80.000,00 € und keinen Resterlöswert. Es würde 25.000,00 € an Kosten verursachen. Die Kosten des bestehenden alten Investitionsobjektes belaufen sich auf 30.000,00 €. Beide Objekte haben gleich hohe Erlöse.

$$R = \frac{30.000 - 25.000}{40.000} \cdot 100 = \textbf{12,5 \%}$$

Die durchschnittliche Rentabilität eines Ersatzvorgangs beträgt 12,5 %.

Fällt ein **Resterlöswert** für das alte Investitionsobjekt an, ist dieser von $D_N$, dem auf die Neuanschaffung bezogenen durchschnittlichen Kapitaleinsatz, abzuziehen.

## 1.2.4 Amortisationsvergleichsrechnung

Bei der Amortisationsvergleichsrechnung wird anstelle des durchschnittlichen jährlichen Gewinns, der beim Auswahlproblem angesetzt wurde, beim Ersatzproblem die durchschnittliche jährliche **Kostenersparnis** zu Grunde gelegt.

$$t_w = \frac{\text{Zusätzlicher Kapitaleinsatz}}{\text{Ersparte Kosten + Zusätzliche Abschreibungen}}$$

$t_w$ = Amortisationszeit in Jahren

**Beispiel**

Ein neues Investitionsobjekt hat einen Anschaffungswert von 80.000,00 € und kann zehn Jahre genutzt werden. Sein Restwert wird mit 5.000,00 € angegeben. Es soll jährlich 10.000,00 € an Kosten einsparen.

$$t_w = \frac{80.000 - 5.000}{10.000 + 8.000} = 4,2 \text{ Jahre}$$

Der Restwert des neuen Investitionsobjektes ist vom zusätzlichen Kapitaleinsatz abzuziehen. Dann ergibt sich eine Amortisationsdauer von 4,2 Jahren.

## 1.3 Kritische Auslastung

Neben dem Ersatzproblem taucht in der betrieblichen Praxis auch oftmals die Fragestellung nach der kritischen Auslastung auf. Sie ist insbesondere dort von Bedeutung, wo die Auslastung der Investitionsalternativen nicht mehr als eine völlig gesicherte Annahme gilt, also Unsicherheit über die am Markt unterzubringenden Kapazitäten herrscht.

In diesem Falle ist die periodenbezogene oder stückbezogene Betrachtung zweier Investitionsobjekte im Rahmen der Kostenvergleichs- oder der Gewinnvergleichsrechnung nicht mehr ausreichend.

Die **Fragestellungen** können in einer solchen Situation sein:

► Welche Investitionsalternative ist bei welcher Auslastung vorzuziehen?

► Wo liegt die kritische Auslastung zweier, miteinander zu vergleichender Investitionsobjekte?

Die kritische Auslastung lässt sich mithilfe der kosten- bzw. gewinnbezogenen Investitionsrechnung ermitteln:

► **Kostenvergleichsrechnung**
► **Gewinnvergleichsrechnung**.

## 1.3.1 Kostenvergleichsrechnung

Die Frage nach der kritischen Auslastung hat vor allem dann besondere Bedeutung, wenn sich die Kostensituation zweier Investitionsalternativen hinsichtlich ihrer Zusammensetzung von variablen und fixen Kosten unterschiedlich entwickelt.

**Beispiel**

Eine halbautomatische Maschine verursacht vielfach wesentlich geringere fixe Kosten und höhere variable Kosten als eine vollautomatische Maschine, die eher höhere fixe Kosten, aber deutlich geringere variable Kosten aufweist.

Die kritische Auslastung liegt bei jener Ausbringungsmenge, bei der die Kosten der alternativen Investitionsobjekte gleich hoch sind. Die Berechnung dieser Ausbringungsmenge erfolgt über die **Gleichsetzung der Kostenfunktionen** der alternativen Investitionsobjekte, wobei mengenunabhängige Kosten pro Periode und die mengenabhängigen Kosten pro Stück zu erfassen und mit der Stückzahl x zu multiplizieren sind.

Zunächst werden die **Kostenfunktionen** bei der Investitionsobjekte erstellt:

$$K_I = K_{fixI} + K_{varI} \cdot x_{krit}$$
$$K_{II} = K_{fixII} + K_{varII} \cdot x_{krit}$$

Sodann erfolgt die **Gleichsetzung** der Kostenfunktionen:

$$K_{fixI} + K_{varI} \cdot x_{krit} = K_{fixII} + K_{varII} \cdot x_{krit}$$

x      = Produzierte Stück
$K_{fix}$  = Fixe Kosten (€/Periode)
I, II   = Investitionsobjekt I oder II
$K_{var}$ = Variable Kosten (€/Stück)
$x_{krit}$ = Kritische Auslastung (Stück/Periode)

**Beispiel**

Das Investitionsobjekt I ist eine nicht automatisierte Maschine, das Investitionsobjekt II ist eine halbautomatische Maschine. Beide haben die gleiche Kapazität.

|  |  | Investitionsobjekt I | Investitionsobjekt II |
|---|---|---|---|
| Auslastung | (Stück/Jahr) | 10.000 | 10.000 |
| Fixe Kosten | (€/Periode) | 15.000,00 | 20.000,00 |
| Variable Kosten | (€/Periode) | 30.000,00 | 23.000,00 |
| Gesamtkosten | (€/Periode) | 45.000,00 | 43.000,00 |
| **Kostendifferenz I - II** | | **+ 2.000,00** | |

Die Gesamtkosten, die sich aus fixen und variablen Kosten zusammensetzen, zeigen einen Kostenvorteil für das Investitionsobjekt II.

Um die Frage nach der kritischen Auslastung zu lösen, sind zur Erstellung der Kostengleichungen die variablen Kosten der Investitionsalternativen noch auf Stückkosten umzurechnen. Es ergeben sich folgende Gleichungen:

$K_I = 15.000 + 3x$

$K_{II} = 20.000 + 2{,}3x$

$15.000 + 3x_{krit} = 20.000 + 2{,}3x_{krit}$

$x_{krit} = \textbf{7.143}$

Die nicht automatisierte Maschine (Investitionsobjekt I) hat bis zu einer Ausbringungsmenge von 7.143 Stück Kostenvorteile. Ist eine höhere Auslastung möglich, sollte die halbautomatische Maschine (Investitionsobjekt II) verwendet werden.

## Aufgabe 30 > Seite 201

### 1.3.2 Gewinnvergleichsrechnung

Wenn die Absatzmöglichkeiten am Markt und nicht die technische Leistungsfähigkeit der alternativen Investitionsobjekte den Umfang determinieren, in dem die Investitionsobjekte genutzt werden, ist die kritische Menge mithilfe der Gewinnvergleichsrechnung zu ermitteln.

Die kritische Menge ergibt sich, indem die **Gewinnfunktionen** der alternativen Investitionsobjekte **gleichgesetzt** werden. Sie ist dort zu finden, wo die erwirtschafteten Gewinne der Investitionsobjekte gleich hoch sind.

Als Gleichungen für die **Gewinnfunktionen** ergeben sich nach der Einbeziehung der Preise:

$$G_I = p_I \cdot x_{krit} - K_{varI} \cdot x_{krit} - K_{fixI}$$
$$G_{II} = p_{II} \cdot x_{krit} - K_{varII} \cdot x_{krit} - K_{fixII}$$

Aus der Gleichsetzung folgt:

$$p_I \cdot x_{krit} - K_{varI} \cdot x_{krit} - K_{fixI} = p_{II} \cdot x_{krit} - K_{varII} \cdot x_{krit} - K_{fix\,II}$$

x      = Produzierte Stück
$K_{fix}$ = Fixe Kosten (€/Periode)
I, II   = Investitionsobjekt I oder II
$K_{var}$ = Variable Kosten (€/Stück)
p      = Preis (€/Stück)
$x_{krit}$ = Kritische Auslastung (Stück/Periode)

Aufgabe 31 > Seite 201

Aufgabe 32 > Seite 201

## 2. Dynamische Investitionsrechnungen

Dynamische Investitionsrechnungen sind aussagekräftiger als statische Investitionsvergleichsrechnungen, aber auch komplizierter zu handhaben. Sie haben in den vergangenen Jahren fortschreitende Verbreitung gefunden.

In wichtigen Teilen ihrer **Merkmale** unterscheiden sich – wie bereits dargelegt – die dynamischen Investitionsrechnungen von den statischen Verfahren:

► Sie beziehen sich auf alle **Nutzungsperioden** einer Investition.

► Sie basieren auf **Einzahlungs-** und **Auszahlungsströmen**.

► Der **Zins** steht im Mittelpunkt der Betrachtungen, der sich zur Ermittlung der Vorteilhaftigkeit von Investitionen am **Kapitalmarktzins**, **Branchenzins**, **Unternehmenszins**
orientieren kann.

Im Folgenden sollen behandelt werden:

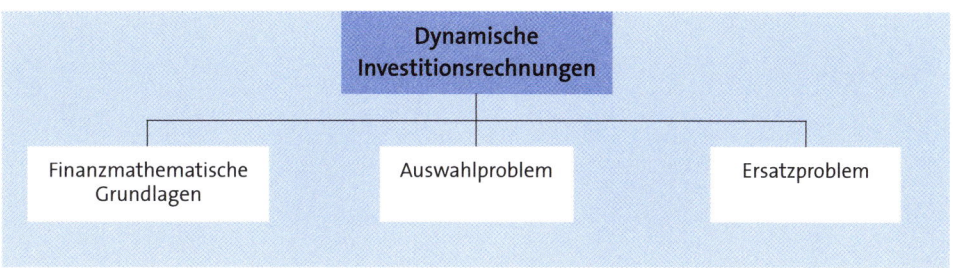

## 2.1 Finanzmathematische Grundlagen

Ohne grundlegende finanzmathematische Kenntnisse ist es nicht möglich, die dynamischen Investitionsrechnungen anzuwenden. Insbesondere sollten folgende finanzmathematische Begriffe bekannt sein. Dazu zählen:

- ► **Endwert**
- ► **Barwert**
- ► **Annuität**.

### 2.1.1 Endwert

Der Endwert ist der Wert, der sich durch Aufzinsung von Einzahlungsströmen und Auszahlungsströmen in der Zukunft ergibt. Dabei können unterschieden werden:

- ► Der Endwert **einer einmaligen Zahlung**:

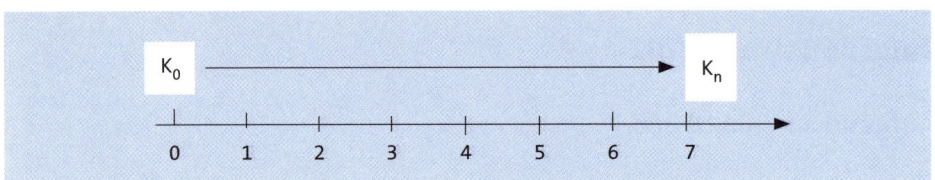

Dabei vergrößert sich das im Zeitpunkt 0 betrachtete Kapital $K_0$ durch Zins und Zinseszins über den Betrachtungszeitraum hinweg zum Kapital $K_n$.

Unter Zugrundelegung eines bestimmten Zinssatzes i ergibt sich folgende Entwicklung:

| $K_0$ = Kapital im Zeitpunkt Null | |
|---|---|
| $K_1$ = Kapital nach 1. Jahr<br>$K_2$ = Kapital nach 2. Jahr<br>$K_3$ = Kapital nach 3. Jahr<br><br>.<br>.<br>. | $K_1 = K_0 + K_0 \cdot i = K_0 \cdot (1 + i)$<br>$K_2 = K_1 + K_1 \cdot i = K_1 \cdot (1 + i) = K_0 \cdot (1 + i)^2$<br>$K_3 = K_2 + K_2 \cdot i = K_2 \cdot (1 + i) = K_0 \cdot (1 + i)^3$ |
| $K_n$ = Kapital nach n Jahren | $K_n = K_0 \cdot (1 + i)^n$ |

Da $(1 + i)$ dem Faktor q gleichgesetzt werden kann, gilt zur Ermittlung des Endwertes einer einmaligen Zahlung mittels des Aufzinsungsfaktors $q^n$:

$$K_n = K_0 \cdot q^n$$

Ein Unternehmen vergibt einen Kredit über 40.000,00 €, der in einer Summe nach vier Jahren zurückgezahlt werden soll. Als Zinssatz wurden 8 % vereinbart. Die Rückzahlungssumme wird errechnet:

$K_n = K_0 \cdot q^n = 40.000 \cdot 1,08^4 = 40.000\ € \cdot 1,36049 \mathbf{= 54.419,60\ €}$

▶ Der Endwert **mehrerer gleich hoher Zahlungen**:

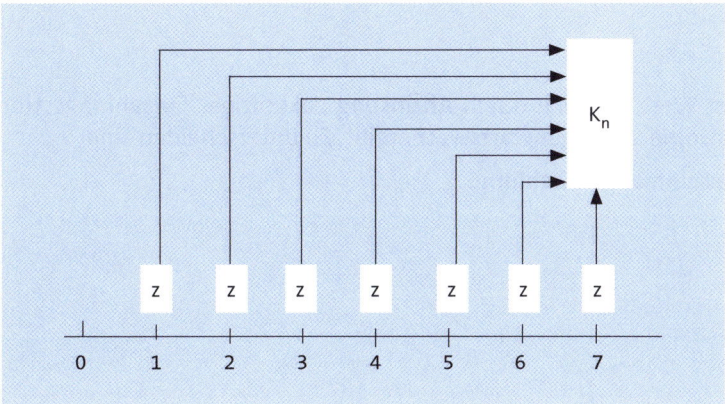

Die mehrmaligen Zahlungen (z) führen zum Kapital $K_n$, das größer ist als die Summe aller Zahlungen, da Zinsen und Zinseszinsen zusätzlich anfallen. Es wird mithilfe des **Endwertfaktors** ermittelt, der lautet:

$$\frac{q^n - 1}{q - 1}$$

Die jährlich gleich hohe Zahlung (z) wird mit diesem Endwertfaktor multipliziert:

$$K_n = z \cdot \frac{q^n - 1}{q - 1}$$

**Beispiel**

Das Unternehmen zahlt zum Ende eines jeden Jahres 3.000,00 € auf ein Konto, das sich mit 3 % verzinst. Dies geschieht acht Jahre lang. Welcher Betrag steht dann zur Verfügung?

$$K_n = z \cdot \frac{q^n - 1}{q - 1} = 3.000 \, € \cdot \frac{1{,}03^8 - 1}{1{,}03 - 1} = 3.000 \, € \cdot 8{,}89234 = \mathbf{26.677{,}02 \, €}$$

## 2.1.2 Barwert

Der Barwert ist der Wert, der sich durch **Abzinsung** zukünftiger Einzahlungsströme oder Auszahlungsströme als **Gegenwartswert** ergibt. Zu unterscheiden sind:

▶ Der Barwert **einer einmaligen Zahlung**:

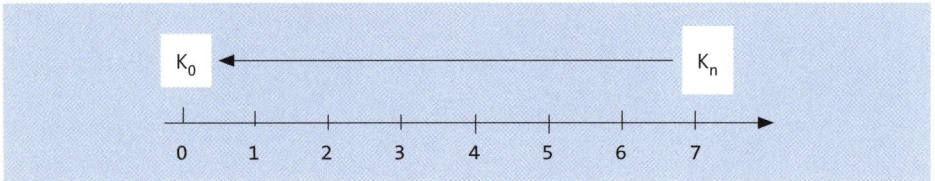

Um das Kapital im Zeitpunkt 0 als $K_0$ ermitteln zu können, wird die bei der Aufzinsung zum Endwert verwendete Formel nach $K_0$ aufgelöst:

$$K_n = K_0 \cdot q^n$$

$$\downarrow$$

$$K_0 = \frac{K_n}{q^n}$$

**Beispiel**

Ein Versicherungsnehmer wird in 30 Jahren eine Lebensversicherungssumme in Höhe von 300.000,00 € ausgezahlt bekommen. Welchen Wert stellt diese Summe auf den heutigen Zeitpunkt bezogen dar, wenn eine durchschnittliche Inflationsrate von 2 % vorliegt.

$$K_0 = \frac{K_n}{q^n} = \frac{300.000}{1{,}02^{30}} = \frac{300.000}{1{,}81136} = \mathbf{165.621{,}41 \, €}$$

▶ Der Barwert **mehrerer gleich hoher zukünftiger Zahlungen**:

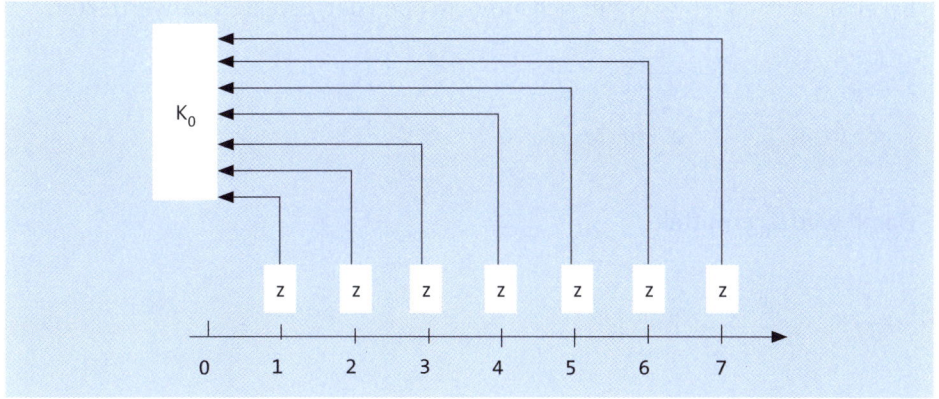

Die Ermittlung des Kapitals im Zeitpunkt 0 erfolgt mithilfe des **Barwertfaktors**, der auch **Rentenbarwertfaktor** genannt wird. Er lautet:

$$\frac{q^n - 1}{q^n \cdot (q - 1)}$$

Um zu $K_0$ zu gelangen, werden die zukünftigen gleich hohen Zahlungen (z) mit dem Barwertfaktor multipliziert. Als (Renten-) Barwert ergibt sich:

$$K_0 = z \cdot \frac{q^n - 1}{q^n \cdot (q - 1)}$$

**Beispiel**

Ein Hausbesitzer bekommt aus einem Mietvertrag jedes Jahr 20.000,00 € ausgezahlt. Der Mietvertrag läuft über zehn Jahre. Als Zins werden 5 % angenommen. Welche Summe würde er erhalten, wenn der gesamte Betrag der Vermietung gleich zu Beginn des Mietvertrages ausgezahlt wird?

$$K_0 = z \cdot \frac{q^n - 1}{q^n \cdot (q - 1)} = 20.000\,€ \cdot \frac{1,05^{10} - 1}{1,05^{10} \cdot (1,05 - 1)} = 20.000\,€ \cdot \frac{0,62889}{0,08144}$$

**$K_0 = 154.442,53\,€$**

► Der Barwert **unbegrenzt häufiger gleich hoher zukünftiger Zahlungen**:

Bei einer Laufzeit $n = \infty$ ergibt sich aus dem oben dargestellten Barwertfaktor:

$$\frac{q^n - 1}{q^n \cdot (q - 1)} \longrightarrow \frac{q^\infty - 1}{q^\infty \cdot (q - 1)}$$

Damit wird $K_0$ ermittelt:

$$K_0 = z \cdot \frac{q^n - 1}{q^n \cdot (q - 1)}$$

$$K_0 = z \cdot \frac{(q^\infty - 1)}{q^\infty \cdot (q - 1)}$$

Da $q\infty$ und $(q\infty - 1)$ unendliche Größen sind, lassen sie sich aus der Gleichung kürzen [1], womit sich eine **kaufmännische Kapitalisierungsformel** ergibt, die einer **„ewigen Rente"** gleicht und eine grenzwertige Größe darstellt:

$$K_0 = \frac{z}{(q - 1)}$$

## Beispiel

Bei einem Unternehmenskauf soll der durchschnittliche, zukünftige Gewinnüberschuss jährlich 10.000,00 € betragen. Die Zeitdauer der Unternehmensübernahme ist nicht bekannt, daher wird eine unendliche Laufzeit angenommen. Welcher Betrag ist zum heutigen Zeitpunkt für den Firmenkauf aufzuwenden, wenn ein Zinssatz von 10 % gilt?

$$K_0 = \frac{z}{(q - 1)} = \frac{10.000\ \text{€}}{0,1} = \mathbf{100.000,00\ \text{€}}$$

[1] Der Term $\dfrac{q^\infty - 1}{q^\infty \cdot (q - 1)}$ wird mit $\dfrac{1}{q^\infty}$ multipliziert, wodurch sich $\dfrac{1 - \dfrac{1}{q^\infty}}{1 \cdot (q - 1)}$ ergibt. $\dfrac{1}{q^\infty}$ geht als Grenzwert gegen Null, sodass $\dfrac{1}{q - 1}$ verbleibt.

### 2.1.3 Annuität

Mit der Annuität werden für einen bestimmten Betrag die jährlich in gleicher Höhe anfallenden Werte ermittelt. Sie wird auch **Jahreswert** genannt. Zu unterscheiden sind:

▶ Die Verteilung eines **heute zur Verfügung stehenden Betrages**:

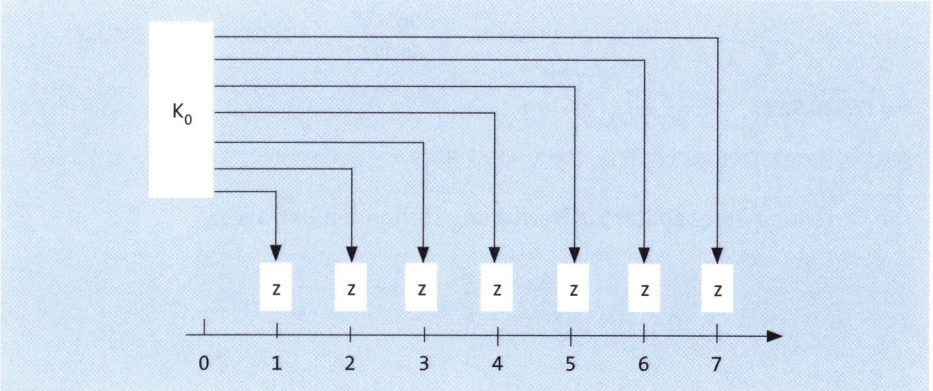

Die verschiedenen Zahlungen (z) entsprechen in ihrer Summe nicht dem Kapital $K_0$, da Zinsen und Zinseszinsen anfallen.

Die gleichmäßige Verteilung des Betrages ist mithilfe des **Annuitätenfaktors** möglich, der auch **Wiedergewinnungsfaktor** genannt wird. Er lautet:

$$q^n \cdot \frac{q-1}{q^n-1}$$

Dabei wird unterstellt, dass die in gleicher Höhe anfallenden Zahlungen zum Ende einer jeden Periode erfolgen.

Die **Annuität** (z) ergibt sich, indem der zur Verfügung stehende Betrag mit dem **Wiedergewinnungsfaktor** multipliziert wird:

$$z = K_0 \cdot q^n \cdot \frac{q-1}{q^n-1}$$

**Beispiel**

Ein Versicherungsnehmer erhält 200.000,00 € aus einer Erlebensversicherung an seinem 60. Geburtstag. Diese Summe möchte er zehn Jahre lang als jährliche Rente ausgezahlt bekommen. Die Verzinsung soll 6,5 % betragen.

$$z = K_0 \cdot q^n \cdot \frac{q - 1}{q^n - 1} = 200.000\ € \cdot 1{,}065^{10} \cdot \frac{1{,}065 - 1}{1{,}065^{10} - 1} = 200.000\ € \cdot 0{,}1391046$$

**z = 27.820,92 €**

► Die Verteilung eines **später zur Verfügung stehenden Betrages**:

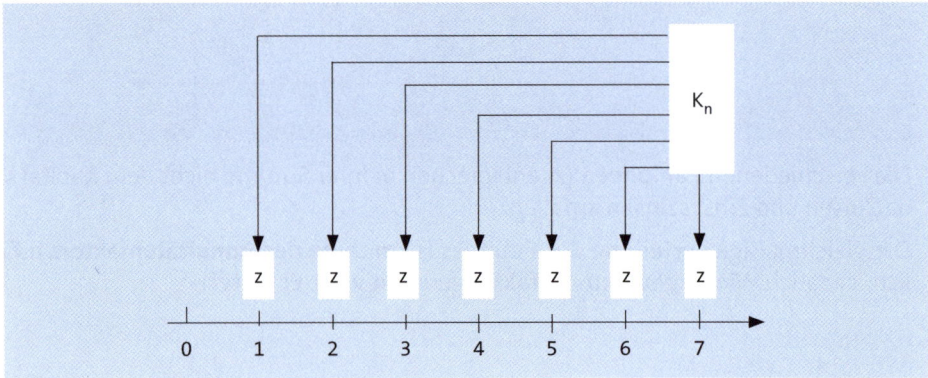

Die verschiedenen Zahlungen (z) entsprechen in ihrer Summe nicht dem Kapital $K_n$, da Zinsen und Zinseszinsen anfallen.

Die gleichmäßige Verteilung des Betrages ist mithilfe des **Restwertverteilungsfaktors** möglich der lautet:

$$\frac{q - 1}{q^n - 1}$$

Auch hier wird unterstellt, dass die in gleicher Höhe anfallenden Zahlungen zum Ende einer jeden Periode geleistet werden.

Die Annuität (z) kann ermittelt werden, indem der zur Verfügung stehende Betrag mit dem Restwertverteilungsfaktor multipliziert wird:

$$z = K_n \cdot \frac{q - 1}{q^n - 1}$$

Ein Erbonkel will seinem Neffen in zehn Jahren 50.000,00 € schenken. Da dieser in finanziellen Nöten steckt, bittet er seinen Erbonkel zu einer jährlichen Vorauszahlung dieses Betrages. Als Zins wird 3,5 % vereinbart.

$$z = K_n \cdot \frac{q - 1}{q^n - 1} = 50.000 \, € \cdot \frac{1,035 - 1}{1,035^{10} - 1} = 50.000 \, € \cdot 0,0852414 = \mathbf{4.262,07 \, €}$$

## Aufgabe 33 > Seite 201

## 2.2 Auswahlproblem

Das Auswahlproblem stellt sich, wenn die Vorteilhaftigkeit eines einzelnen Investitionsobjektes festzustellen ist oder mehrere alternative Investitionsobjekte vorhanden sind, von denen das vorteilhaftere zu bestimmen ist. Der Lösung des Auswahlproblems dienen:

► **Kapitalwertmethode**
► **Interne Zinsfuß-Methode**
► **Annuitätenmethode**.

## 2.2.1 Kapitalwertmethode

Die Kapitalwertmethode **zinst** eine **Zahlungsreihe** mit einem **vorgegebenen Zinsfuß** ab und überprüft damit durch den sich ergebenden Kapitalwert bereits zu Beginn der Nutzung des Investitionsobjektes dessen Vorteilhaftigkeit anhand des vorgegebenen Zinsfußes.

Der **Kapitalwert** errechnet sich aus den **Barwerten** einer Zahlungsreihe bei einem bestimmten Zinssatz. Die Formel zur Ermittlung des Kapitalwertes ($K_0$) lautet:

$$K_0 = -A_0 + \frac{G_1}{q^1} + \frac{G_2}{q^2} + \frac{G_3}{q^3} + \ldots + \frac{G_n}{q^n} \pm \frac{L_n}{q^n}$$

$K_0$ = Kapitalwert
$A_0$ = Anfangsinvestition
$G_n$ = Differenz aus Einzahlungen und Auszahlungen des Jahres n
$L_n$ = Liquidationserlös/Liquidationsaufwand im n-ten Jahr
$q$ = 1 + i, wobei i = Zinssatz
$n$ = Jahre

Dabei gilt:

► Die **Zahlungsreihe** ergibt sich aus der Differenz der zukünftigen Einzahlungen und der zukünftigen Auszahlungen. Entsteht am Ende der Nutzungsdauer ein Liquidationserlös oder ein Liquidationsaufwand, so ist dieser entsprechend zu verrechnen.

► Der **vorgegebene Zinssatz** diskontiert die zukünftigen Werte der Zahlungsreihe auf den heutigen Gegenwartswert. Zu der Vorgabe des Zinssatzes gelten die auf S. 68 ausgeführten Darlegungen zur Ermittlung eines anzuwendenden Kalkulationszinsfußes.

Erreicht eine Investition einen **positiven Kapitalwert**, ist sie vorteilhaft. Hieraus folgt, dass ein **negativer Kapitalwert** die Unwirtschaftlichkeit einer Investition anzeigt.

**Beispiel**

| | |
|---|---|
| **Kapitalwert = 250 €** | Der **positive Kapitalwert** besagt, dass sich die Investition mit einem über dem vorgegebenen Kalkulationszins liegenden Wert verzinst hat. Der Investor gewinnt sein eingesetztes Kapital zurück, er erhält in Höhe des angesetzten Kalkulationszinsfußes eine Verzinsung der jeweils investierten Beträge. Darüber hinaus realisiert er einen barwertigen Überschuss von 250 €. |
| **Kapitalwert = 0 €** | Der **Kapitalwert von Null** zeigt, dass sich die Investition mit genau dem vorgegebenen Kalkulationszins verzinst hat. Der Investor gewinnt sein eingesetztes Kapital zurück, er erhält auch in Höhe des angesetzten Zinsfußes eine Verzinsung der jeweils investierten Beträge. Ein barwertiger Überschuss wird nicht realisiert. |
| **Kapitalwert = -250 €** | Der **negative Kapitalwert** legt offen, dass die Investition den vorgegebenen Kalkulationszins nicht erreicht hat. Der Investor gewinnt sein eingesetztes Kapital nicht oder nur teilweise zurück. Die vorgegebene Mindestverzinsung auf die jeweils investierten Beträge wird nicht realisiert. Die Investition ist daher nicht vorteilhaft. |

Das Auswahlproblem kann sich beziehen auf:

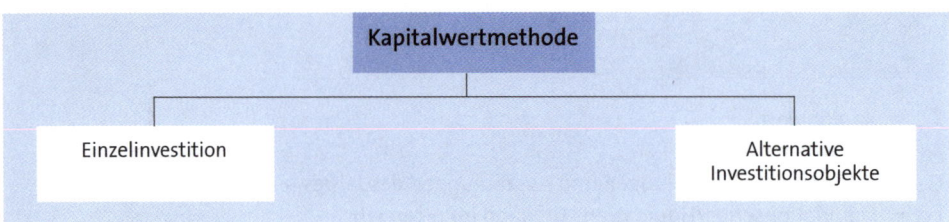

## 2.2.1.1 Einzelinvestition

Die **Vorteilhaftigkeit** eines einzelnen Investitionsobjektes ist gegeben, wenn der Kapitalwert größer oder gleich Null ist:

$K_0 \geq 0$

**Beispiel 1:**
Es wurde ein Investitionsobjekt für 38.000,00 € (= $A_0$) angeschafft. Der vorgegebene Kalkulationszinsfuß beträgt 8 % (q = 1,08). Die vorgesehene Laufzeit (n) ist sieben Jahre. Die sich aus der Differenz der Einzahlungs- und Auszahlungsströme ergebenden Überschüsse ($G_n$) sind für die jeweiligen Perioden in der Spalte „Zahlungsstrom" angegeben.

| Jahr n | Zahlungs- strom | Zahlungs- strom in € | Faktor der $\frac{1}{q^n}$ Abzinsung | Barwerte in € | Kumulation der Barwerte in € |
|---|---|---|---|---|---|
| 0 | - $A_0$ | -38.000,00 | 1 | -38.000,00 | |
| 1 | $G_1$ | 6.500,00 | 0,925925926 | 6.018,52 | - 31.981,48 |
| 2 | $G_2$ | 7.000,00 | 0,85733882 | 6.001,37 | - 25.980,11 |
| 3 | $G_3$ | 7.200,00 | 0,793832241 | 5.715,59 | - 20.264,52 |
| 4 | $G_4$ | 7.300,00 | 0,735029853 | 5.365,72 | - 14.898,80 |
| 5 | $G_5$ | 7.800,00 | 0,680583197 | 5.308,55 | - 9.590,25 |
| 6 | $G_6$ | 8.000,00 | 0,630169627 | 5.041,36 | - 4.548,89 |
| 7 | $G_7$ | 7.600,00 | 0,583490395 | 4.434,53 | -114,36 |
| 7 | $L_7$ | 1.000,00 | 0,58349039 | 583,49 | 469,13 |
| | | | Kapitalwert der Investition ($K_0$) | | **469,13** |

Die Investition ist vorteilhaft, da der Kapitalwert der Investition mit 469,13 € einen positiven Wert erreicht. Der vorgegebene Zinsfuß von 8 % wurde übertroffen.

**Beispiel 2:**
Für das gleiche Investitionsobjekt gelten alle Daten weiterhin. Allerdings setzt man nun einen **neuen Kalkulationszinsfuß** von 9 % (q = 1,09) an.

| Jahr n | Zahlungs- strom | Zahlungs- strom in € | Faktor der Abzinsung $\frac{1}{q^n}$ | Barwerte in € | Kumulation der Barwerte in € |
|---|---|---|---|---|---|
| 0 | $-A_0$ | -38.000,00 | 1 | -38.000,00 | |
| 1 | G1 | 6.500,00 | 0,9174312 | 5.963,30 | -32.036,70 |
| 2 | G2 | 7.000,00 | 0,8416800 | 5.891,76 | -26.144,94 |
| 3 | G3 | 7.200,00 | 0,7721835 | 5.559,72 | -20.585,22 |
| 4 | G4 | 7.300,00 | 0,7084252 | 5.171,50 | -15.413,72 |
| 5 | G5 | 7.800,00 | 0,6499314 | 5.069,46 | -10.344,26 |
| 6 | G6 | 8.000,00 | 0,5962673 | 4.770,14 | -5.574,12 |
| 7 | G7 | 7.600,00 | 0,5470342 | 4.157,46 | -1.416,66 |
| 7 | L7 | 1.000,00 | 0,5470342 | 547,03 | -869,63 |
| | | | Kapitalwert der Investition ($K_0$) | | **-869,63** |

Die Investition ist nicht vorteilhaft, da der Kapitalwert einen negativen Betrag aus-
weist. Der vorgegebene Kalkulationszinsfuß von 9 % wurde nicht erreicht.

### 2.2.1.2 Auswahl alternativer Investitionsobjekte

Im Auswahlproblem bei alternativen Investitionsobjekten steht als Entscheidungsgrö-
ße entsprechend:

$K_{0I} \geq$ oder $\leq K_{0II}$

Die Anwendung der Kapitalwertmethode vollzieht sich ohne Probleme bei Investiti-
onsgütern, die sowohl gleiche als auch unterschiedlich hohe Anschaffungswerte und
gleiche sowie unterschiedlich lange Nutzungsdauern haben. Sie weist immer die vorteilhaftere Investitionsalternative aus.

Dies geschieht aufgrund der Prämisse, dass die rückfließenden Zahlungsströme zum
verwendeten Kalkulationszins wieder angelegt werden. Hierdurch erübrigen sich bei
der Kapitalwertmethode **Differenzinvestitionen** bei unterschiedlichen Investitionsalternativen.

## 2.2.1.3 Kritik

Als **Vorteil** der Kapitalwertmethode kann gesehen werden, dass – im Gegensatz zu den statischen Investitionsrechnungsverfahren – die jeweiligen Zahlungsreihen zeitlich differenzierter erfasst werden. Auch ist die Vergleichbarkeit von Investitionen mit Unterschieden im Anschaffungswert und in der Nutzungszeit gegeben, wenn die Rückflüsse der Investition zum verwendeten Kalkulationszins wieder angelegt werden.

**Nachteile** der Kapitalwertmethode sind:

▶ Die **Zurechenbarkeit** der Zahlungsreihen zu den einzelnen Investitionsobjekten ist schwierig, sofern keine isolierten Fertigungsprozesse vorliegen.

▶ Je weiter die Zahlungsreihen eines Investitionsobjektes in die Zukunft reichen, desto **schwieriger** wird die **Prognose der Daten**.

▶ Als gravierendster Nachteil der Kapitalwertmethode ist anzuführen, dass sie **keine genauen Aussagen über die Rentabilität** eines Investitionsobjektes macht. Es wird lediglich bekannt, ob ein vorgegebener Zinssatz erreicht wurde oder ob dies nicht der Fall war.

## Aufgabe 34 > Seite 202

## 2.2.2 Interne Zinsfuß-Methode

Bei der Internen Zinsfuß-Methode dient der interne Zinsfuß als Maßstab für die Vorteilhaftigkeit von Investitionen. Mithilfe des internen Zinsfußes wird versucht, das Problem der Kapitalwertmethode zu beseitigen, keine genauen Aussagen über die Renditehöhe einer Investition zu treffen.

Die Interne Zinsfuß-Methode kann sowohl für die Renditeberechnung von **Einzelinvestitionen** als auch zur **Auswahl alternativer Investitionsobjekte** verwendet werden.

Der interne Zinsfuß ergibt sich dort, wo die Abzinsung einer Zahlungsreihe einen **Kapitalwert von Null** annimmt. Dementsprechend wird die Formel zur Ermittlung des Kapitalwertes gleich Null gesetzt:

$$0 = -A_0 + \frac{G_1}{q^1} + \frac{G_2}{q^2} + \frac{G_3}{q^3} + \dots + \frac{G_n}{q^n} \pm \frac{L_n}{q^n}$$

Die Auflösung dieser Formel bereitet **Schwierigkeiten**, da sie eine Gleichung des n-ten Grades mit n-Lösungen darstellt. Eine Hilfestellung zur Lösung des Problems gibt die **zweifache Verwendung** der obigen **Kapitalwertformel** mit jeweils **unterschiedlichen Versuchszinssätzen**:

Zuerst wird mit einem relativ **niedrigen Versuchszinssatz** der voraussichtlich positive Kapitalwert einer Investition errechnet. Ziel ist es, dass sich die Investition mit mindestens diesem Zinssatz verzinst hat.

Danach setzt man einen relativ **hohen Versuchszinssatz** an, der voraussichtlich einen negativen Kapitalwert ergibt und das Nichterreichen dieses Zinssatzes durch das Investitionsobjekt zur Aussage hat.

Die **tatsächliche Rendite** der Investition muss dann zwischen den beiden Versuchszinssätzen liegen.[1]

[1] Ergeben sich zwei positive bzw. negative Ergebnisse, ist zu extrapolieren.

Der interne Zinsfuß kann nun durch **lineare Interpolation** genau bestimmt werden, was sowohl für die grafische als auch für die rechnerische Lösung gilt:

► Die **rechnerische Lösung** des internen Zinsfußes erfolgt mithilfe folgender Formel:

$$r = i_1 - K_{01} \cdot \frac{i_2 - i_1}{K_{02} - K_{01}}$$

$r$ = Interner Zinsfuß          $K_{01}$ = Kapitalwert bei $i_1$
$i_1$ = Versuchszinssatz 1      $K_{02}$ = Kapitalwert bei $i_2$
$i_2$ = Versuchszinssatz 2

### Beispiel

Die Werte der beiden Berechnungen aus der Kapitalwertmethode können übernommen werden, da die zu Grunde liegenden Daten unverändert einmal mit einem niedrigen (8 %) und hohen (9 %) Kalkulationszinssatz errechnet wurden. Es ergibt sich dementsprechend:

$i_1 = 8\,\%$          $i_2 = 9\,\%$          $K_{01} = 469,13$          $K_{02} = -869,63$

Diese Werte werden in die Formel zur Ermittlung des internen Zinsfußes eingesetzt:

$$r = 8 - 469{,}13 \cdot \frac{9 - 8}{-869{,}63 - 469{,}13} = 8 + 0{,}35042$$

**r = 8,35 %**

Der interne Zinsfuß der Investition beträgt demnach 8,35 %.

Um eine Genauigkeit der Rentabilitätsaussage bis in die zweite Kommastelle zu erhalten, dürfen die Versuchszinsfüße nicht weiter als einen Prozentpunkt von der tatsächlichen Rendite entfernt liegen.

Weiter auseinander liegende Versuchszinsfüße können zu ungenauen Ergebnissen führen – siehe *Olfert*.

▶ Die Ermittlung des internen Zinsfußes kann auch **grafisch** erfolgen. Unter Verwendung der Werte des obigen Beispieles werden auf der Abszisse in beiden Richtungen die positiven und die negativen Kapitalwerte abgetragen und auf der Ordinate der Zins.

Der niedrige und der hohe Versuchszins ergeben zwei Punkte, die mit einer Geraden verbunden werden. Diese **Gerade** schneidet die Ordinate in Höhe des internen Zinsfußes.

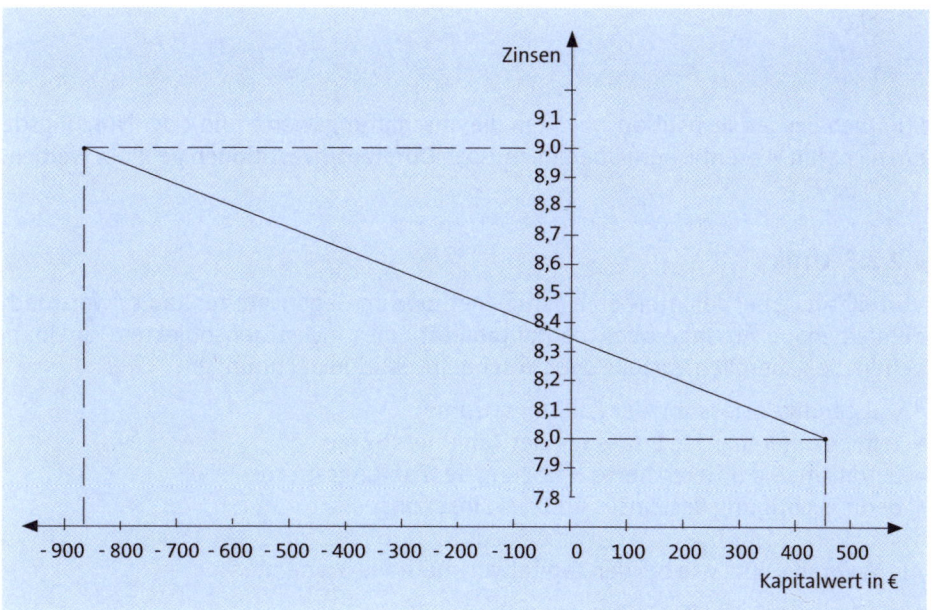

**Aufgabe 35 > Seite 202**

## 2.2.2.1 Einzelinvestition

Die Vorteilhaftigkeit eines einzelnen Investitionsobjektes kann durch das Erreichen oder Überschreiten einer im Unternehmen vorgegebenen Mindestverzinsung bewertet werden. Es gilt:

$$r \geq i_{min}$$

Wenn die Mindestverzinsung mit 10 % festgelegt ist und das Investitionsobjekt 9 % als internen Zinsfuß erreicht, hat die Investition zu unterbleiben.

## 2.2.2.2 Auswahl alternativer Investitionsobjekte

Die Berechnung der Vorteilhaftigkeit alternativer Investitionsobjekte erfolgt durch die Anwendung der Internen Zinsfuß-Methode für das jeweilige Investitionsobjekt. Hier gilt, dass jenes Investitionsobjekt das vorteilhaftere bzw. vorteilhafteste ist, welches den größeren bzw. den größten internen Zinsfuß aufweist:

$$r_1 \gtreqless r_2$$

Stimmen bei den Investitionsobjekten die Anschaffungswerte und/oder Nutzungsdauern nicht (im Wesentlichen) überein, müssen **Differenzinvestitionen** gebildet werden.

## 2.2.2.3 Kritik

**Vorteilhaft** ist bei der Internen Zinsfuß-Methode im Gegensatz zur Kapitalwertmethode die genaue Aussage über die **Rentabilität** eines Investitionsobjektes. Im Übrigen gelten die generellen Vorteile dynamischer Investitionsrechnungen:

► vollständige Erfassung der Zahlungsströme
► zeitlich differenzierte Erfassung der Zahlungsströme
► betragsmäßig differenzierte Erfassung der Zahlungsströme
► berücksichtigung des Zinses und des Zinseszins.

Als **Nachteile** sind, wie bei der Kapitalwertmethode, zu nennen:

► die **Zurechenbarkeit** der Zahlungsreihen
► die **Ungewissheit** der Zahlungsreihen
► Probleme durch notwendig werdende **Differenzinvestitionen**.

Hinzu kommt, dass eine **Eindeutigkeit** der Ergebnisse innerhalb der linearen Interpolation nur dann gegeben ist, wenn über die gesamte Nutzungsdauer nur ein Vorzeichenwechsel (von - zu +) vorkommt, also nach den Auszahlungsüberschüssen (-) zu Beginn einer Investition später ausschließlich Einzahlungsüberschüsse (+) anfallen (*Däumler*, S. 114).

Ein Wechsel der Vorzeichen in der Zahlungsreihe (z. B.: -, +, +, -, -, +, +, -), der z. B. durch Reparaturkosten während und Verschrottungskosten am Ende der Nutzungsdauer verursacht wird, kann zu mehrdeutigen Ergebnissen führen. Die Verwendbarkeit der Internen Zinsfuß-Methode ist in solchen Fällen fraglich.

### 2.2.3 Annuitätenmethode

Die Annuitätenmethode wird in der Praxis von den dynamischen Investitionsrechnungen am seltensten verwandt. Dies kann daran liegen, dass ihre Aussage sich auf den betriebswirtschaftlich uninteressanteren **Periodenerfolg** bezieht, während die Kapitalwertmethode und die Interne Zinsfuß-Methode den interessanteren **Totalerfolg** einer Investition darstellen.

Zur Beurteilung der Vorteilhaftigkeit einer Investition dient eine **Annuität**, der in der Finanzwirtschaft zweifache Bedeutung zukommt:

▶ In der **Kreditfinanzierung** wird unter der Annuität ein nach einer Kreditausreichung jährlich gleichbleibender Betrag zur Zinszahlung und Tilgung des Kredites verstanden.

▶ Bei den **dynamischen Investitionsmethoden** wird der finanzierungsbezogene Begriff der Annuität umgekehrt und beschreibt den jährlich gleich bleibenden Erfolg einer Investition.

Im Unterschied zur Finanzierung ist die Annuität jener Betrag, der dem Investor **neben der Zinszahlung und Tilgung** zusätzlich als **jährlich gleich bleibende Erfolgsgröße** aus einer Investition zur Verfügung steht. Es sollen unterschieden werden:

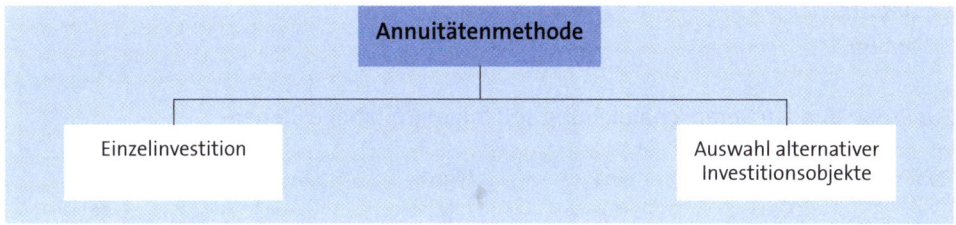

### 2.2.3.1 Einzelinvestition

Die investitionsbezogene Annuität wird berechnet, indem die Einzahlungs- und die Auszahlungsströme einer Investition zunächst entsprechend der Kapitalwertmethode auf ihre **Barwerte** diskontiert werden. Die **Multiplikation** des errechneten Kapitalwertes mit dem **Wiedergewinnungsfaktor** ergibt daraufhin die Annuität:

$$z = K_0 \cdot q^n \cdot \frac{q-1}{q^n-1}$$

| | |
|---|---|
| $z$ | = Annuität (€/Jahr) |
| $q^n \cdot \dfrac{q-1}{q^n-1}$ | = Wiedergewinnungsfaktor |
| $K_0$ | = Kapitalwert (€) |

### Beispiel

Ein Unternehmen investiert in eine Maschine 2.000,00 € und erwartet für das erste Jahr 600,00 €, für das zweite Jahr 800,00 € und das dritte Jahr 1.200,00 € Überschuss. Der Kalkulationszins beträgt 10 %.

Zuerst ist nach der Kapitalwertmethode vorzugehen:

| Jahr n | Zahlungs- strom | Zahlungsstrom in € | Faktor der Abzinsung $\frac{1}{q^n}$ | Barwerte in € | Kumulation der Barwerte in € |
|---|---|---|---|---|---|
| 0 | -A0 | -2.000,00 | 1 | -2.000,00 | |
| 1 | G1 | 600,00 | 0,909091 | 545,45 | -1.454,55 |
| 2 | G2 | 800,00 | 0,826446 | 661,16 | -793,39 |
| 3 | G3 | 1.200,00 | 0,751315 | 901,58 | 108,19 |
| | | | Kapitalwert der Investition ($K_0$) | | **108,19** |

Der Kapitalwert wird daraufhin in die Annuitätenformel eingesetzt:

$$z = 108,19 \text{ €} \cdot 1,1^3 \cdot \frac{1,1-1}{1,1^3-1} = \textbf{43,50 €}$$

Zur Probe und zur Veranschaulichung soll folgende Tabelle dienen:

| Jahr | Kapital (€) | Zins (€) | Tilgung (€) | Annuität (€) | Erlös (€) |
|---|---|---|---|---|---|
| 1 | 2.000,00 | 200,00 | 356,50 | 43,50 | 600,00 |
| 2 | 1.643,50 | 164,35 | 592,15 | 43,50 | 800,00 |
| 3 | 1.051,36 | 105,14 | 1.051,36 | 43,50 | 1.200,00 |

Im ersten Jahr sind aus dem investierten Kapital 200,00 € Zinsen (10 % von 2.000,00 €) zu zahlen. Zählt man nun noch die Annuität hinzu, die im ersten Jahr entnommen werden kann, verbleiben von den geplanten Erlösen noch 356,50 €, die zur Tilgung (600,00 € - 43,50 € - 200,00 € = 356,50 €) verwendet werden. So ergibt die Summe aus Zins, Tilgung und Annuität pro Jahr den geplanten Erlös des jeweiligen Jahres. Da in dieser Berechnung alle der Investition zurechenbaren Zahlungsströme erfasst sind, bezeichnet man dies als **vollständigen Finanzplan**.

Dieses Vorgehen erfolgt in gleicher Weise bis in das dritte Jahr, in dem die Investition annuitätentypisch gesamthaft zurückgezahlt wird, da der Tilgungsbetrag des dritten Jahres dem noch zu tilgenden Kapitalstock des dritten Jahres entspricht.

## 2.2.3.2 Auswahl alternativer Investitionsobjekte

Die Annuitätenmethode kann beim Auswahlproblem im Vergleich zu den bisherigen Investitionsrechnungen auf eine **Differenzinvestition verzichten**, wenn alternative Investitionsobjekte unterschiedlich hohe Anschaffungskosten haben, da die jährlichen Überschüsse zur Beurteilung herangezogen werden. Allerdings sind unterschiedliche Nutzungsdauern zu berücksichtigen.

**Beispiel**

Ein Unternehmen vergleicht die im vorhergehenden Beispiel aufgezeigte Investition mit einer Annuität von 43,50 € mit einer alternativen Maschine. Diese soll 3.000,00 € kosten und vier Jahre lang nutzbar sein. Überschüsse werden erwartet: Erstes Jahr: 1.000,00 €; zweites Jahr: 850,00 €; drittes Jahr: 1.000,00 €; viertes Jahr: 1.100,0 €. Der Kalkulationszins beträgt wie zuvor 10 %.

| Jahr n | Zahlungs- strom | Zahlungs- strom in € | Faktor der Abzinsung $\frac{1}{q^n}$ | Barwerte in € | Kumulation der Barwerte in € |
|---|---|---|---|---|---|
| 0 | $-A_0$ | -3000,00 | 1 | -3.000,00 | |
| 1 | $G_1$ | 1.000,00 | 0,909091 | 909,09 | -2.090,91 |
| 2 | $G_2$ | 850,00 | 0,826446 | 702,48 | -1.388,43 |
| 3 | $G_3$ | 1.000,00 | 0,751315 | 751,32 | -637,11 |
| 4 | $G_4$ | 1.100,00 | 0,683013 | 751,31 | 114,20 |
| | | | Kapitalwert der Investition ($K_0$) | | **114,20** |

Als Annuität ergibt sich:

$$z = 114,20 \, € \cdot 1,1^4 \cdot \frac{1,1 - 1}{1,1^4 - 1} = 36,03 \, €$$

Vergleicht man diese Investition mit der aus dem auf S. 132 dargestellten Beispiel, muss die errechnete Annuität von 43,50 € der vierjährigen Laufzeit angepasst werden.

Für das dortige Beispiel ergibt sich:

$$z = 108{,}19 \text{ €} \cdot 1{,}1^4 \cdot \frac{1{,}1 - 1}{1{,}1^4 - 1} = \mathbf{34{,}13 \text{ €}}$$

Damit ist die Investition **aus dem hier gezeigten Beispiel** sowohl im Kapitalwert als auch bei der Annuität besser.

### 2.2.3.3 Kritik

**Vorteilhaft** bei der Annuitätenmethode ist, wie bei den übrigen dynamischen Investitionsrechnungen, die zeitlich und betragsmäßig differenzierte Erfassung von Zahlungsreihen. Weitere Vorteile sind:

► Die Annuitätenmethode vermittelt Aussagen über den **Periodenerfolg** einer Investition, der vor allem für die Praxis anschaulich sein mag, da der barwertige Gewinn der Kapitalwertmethode, der zu Beginn einer Investition zur Verfügung steht, periodengerecht über die Laufzeit verteilt wird.

► Schließlich kann die Annuitätenmethode trotz großer **Unterschiede** bei den Anschaffungswerten und durch die Anpassung der Nutzungsdauern alternativer Investitionsobjekte verwertbare Ergebnisse liefern.

Die bei den dynamischen Investitionsrechnungen bisher genannten **Nachteile**, die sich auf die Zurechenbarkeit und Ungewissheit der Zahlungsreihen beziehen, gelten auch für die Annuitätenmethode.

### Aufgabe 36 > Seite 202

### 2.3 Ersatzproblem

Das Ersatzproblem kann auch mithilfe der dynamischen Investitionsrechnungen gelöst werden. Als Fragestellung in Bezug auf Ersatzinvestitionen interessiert, wann eine Ersatzinvestition durchzuführen ist. Wie beim Auswahlproblem sind grundsätzlich verwendbar:

► **Kapitalwertmethode**
► **Interne Zinsfuß-Methode**
► **Annuitätenmethode**.

## 2.3.1 Kapitalwertmethode

Mithilfe der Kapitalwertmethode ist eine Festsetzung des Zeitraumes möglich, in dem es ökonomisch sinnvoll ist, ein Investitionsobjekt zu nutzen. Er ist innerhalb der Nutzungszeit eines Investitionsobjektes dann gegeben, wenn der Kapitalwert des Investitionsobjektes ein Maximum erreicht.

Um ein Maximum des **nutzungsdauerbezogenen Kapitalwertes** zu erreichen, müssen die Kapitalwerte für jede Periode berechnet werden. Der Kapitalwert $K_{0n}$ ergibt sich durch die barwertige Summe der Einzahlungsüberschüsse zuzüglich des barwertigen Liquidationserlöses der betrachteten Periode.

$$K_{0n} = -A_0 + \sum_{t=1}^{n} \frac{G_t}{q^t} + \frac{L_n}{q^n}$$

$K_{0n}$ = Nutzungsdauerbezogener Kapitalwert in der Periode n
$A_0$ = Anfangsinvestition
$G_t$ = Differenz aus Einzahlungen und Auszahlungen des Jahres t
$L_n$ = Liquidationserlös/Liquidationsaufwand im n-ten Jahr
$q$ = 1 + i, wobei i = Zinssatz
$n$ = Jahre

**Beispiel**

Ein Investitionsobjekt kostet 3.000,00 € und erbringt Überschüsse (G) und Liquidationserlöse (L) in den jeweiligen Perioden (n), wie unten stehend in der Tabelle ausgewiesen. Als Zinssatz wurden 8 % angesetzt:

| Jahr | $G_n$ | $\frac{1}{q^n}$ | $L_n$ | $K_{0n}$ |
|------|-------|-----------------|-------|----------|
| 0 | -3.000,00 | | | |
| 1 | 2.000,00 | 0,92593 | 1.500,00 | 240,75 |
| 2 | 1.700,00 | 0,85734 | 800,00 | 995,21 |
| 3 | 1.200,00 | 0,79383 | 600,00 | **1.738,23** |
| 4 | 500,00 | 0,7350 | 100,00 | 1.702,96 |

Die Frage nach der optimalen Nutzungsdauer wird in der Spalte mit dem nutzungsdauerbezogenen Kapitalwert ($K_{0n}$) beantwortet. Er erreicht in der dritten Periode sein Maximum und gibt damit den optimalen Zeitpunkt für den identischen Ersatz vor, also drei Jahre anstatt der geplanten vier Jahre.

Zur Verdeutlichung der Berechnung des Kapitalwertes pro Periode seien die einzelnen Jahresberechnungen nochmals ausführlich dargelegt:

$K_{01} =$ 240,75 = -3.000 + 0,92593 · (2.000 + 1.500)

$K_{02} =$ 995,21 = -3.000 + 0,92593 · 2.000 + 0,85734 · (1.700 + 800)

$K_{03} =$ **1.738,23** = -3.000 + 0,92593 · 2.000 + 0,85734 · 1.700 + 0,79383 · (1.200 + 600)

$K_{04} =$ 1.702,96 = -3.000 + 0,92593 · 2.000 + 0,85734 · 1.700 + 0,79383 · 1.200 + 0,73503
      · (500 + 100)

Wesentliche Bedeutung bei dieser Betrachtungsweise erhalten die sich über die Nutzungsdauer ändernden Liquidationserlöse. Deren Ermittlung kann Schwierigkeiten bereiten, da die Restbuchwerte der Investitionsobjekte von den dann tatsächlich zu realisierenden Markterlösen abweichen können. Zudem besteht in dieser Berechnung eine starke Reagibilität des Ergebnisses bei Änderunen in den Liquidationswerten.

### 2.3.2 Interne Zinsfuß-Methode

Die Lösung des Ersatzproblems mithilfe der Internen Zinsfuß-Methode ist grundsätzlich möglich, aber sehr schwierig, weil:

► der Ansatz von **Differenzinvestitionen** das Problem des Auseinanderfallens der Restnutzungsdauer des alten Investitionsobjektes und der Nutzungsdauer des neuen Investitionsobjektes nicht überbrückt.

► der **Rechenaufwand** zur Lösung des Ersatzproblems durch die Interne Zinsfuß-Methode ist **sehr groß** und deswegen sowohl in der Praxis als auch in der Literatur auf eine Lösung verzichtet wird.

### 2.3.3 Annuitätenmethode

Ebenso wie oben bei der Internen Zinsfuß-Methode ist die Lösung des Ersatzproblems mithilfe der Annuitätenmethode problematisch. Beispielsweise wird unterstellt, dass ein identischer Ersatz des neuen Investitionsobjektes nach Ablauf seiner Nutzungszeit erfolgt.

Generell gilt, dass nach der Annuitätenmethode ein optimaler Ersatzzeitpunkt erreicht wird, wenn die Annuität des alten Investitionsobjektes in der nächsten Periode kleiner als die Annuität des neuen Investitionsobjektes ist. Voraussetzung sind abnehmende Überschüsse und/oder abnehmende Restwerte.

Zu ausführlicheren Darlegungen siehe *Olfert*.

**Aufgabe 37 > Seite 203**

# D. Investitionsrechnung zur Beurteilung von Finanzinvestitionen

Finanzinvestitionen haben das **Finanzanlagevermögen** eines Unternehmens zum Gegenstand. Sie umfassen – im Gegensatz zu Sachinvestitionen – den Erwerb von:

▶ **Forderungsrechten**, die aus unterschiedlichen Formen der Anlage in **Nominalgüter** entstehen, also aufgrund von Nominalinvestitionen. Sie können sich beziehen auf:

- Geld, z. B. Bankguthaben
- Ansprüche auf Geld, z. B. Kundenforderungen
- gewährte Darlehen
- festverzinsliche Wertpapiere.

▶ **Beteiligungsrechten**, die auf dem Erwerb von gesellschaftsrechtlichen Anteilen am Eigenkapital von Personen- oder Kapitalgesellschaften beruhen. Sie werden begründet durch den Erwerb von:

- Beteiligungstiteln, z. B. als Aktien
- Gesellschaftsanteilen
- ganzen Unternehmen.

Die Beurteilung von Finanzinvestitionen kann mithilfe von Rentabilitätsrechnungen sowie durch Ermittlung des Kapitalwertes bzw. internen Zinsfußes erfolgen. Sie geschieht auf der Grundlage von Einzahlungen und Auszahlungen. Dabei gilt:

▶ Für **Finanzinvestitionen in Beteiligungen**, z. B. dem Kauf eines Unternehmens, bestehen bei der Bewertung Besonderheiten. Die Ermittlung des möglichen Kaufpreises eines zu übernehmenden Unternehmens erfolgt durch eine **Unternehmensbewertung**.

▶ Für die Bewertung von **Finanzinvestitionen** in Form von **Forderungsrechten** können zum Teil einfache mathematische Berechnungen oder für Aktien spezifische Bewertungsverfahren herangezogen werden, welche die Kaufwürdigkeit dieser Wertpapiere beurteilen.

Die Zahlungsströme von Finanzinvestitionen lassen sich wesentlich **einfacher der jeweiligen Investition zurechnen,** als dies bei Sachinvestitionen der Fall ist. Im Gegensatz zu den Sachinvestitionen, bei denen die Zurechenbarkeit der Zahlungsströme durch die **Mehrstufigkeit** des **Produktionsprozesses** erschwert wird, gibt es bei den Finanzinvestitionen oft völlig oder zumindest relativ feste bzw. starre Einzahlungs- und Auszahlungswege. So kann z. B. die Investition in Festgeld vom Verlauf der Aus- und der Einzahlung zuzüglich des Gewinns eindeutig bestimmt werden.

Neben der erwarteten **Rentabilität** von Finanzinvestitionen sind auch deren Bonität und Liquidität von Bedeutung:

▶ Die **Bonität** einer Investition kann vor allem als Ausdruck des Risikos interpretiert werden. Bonitätskriterien sind z. B.:

- Kreditwürdigkeit eines Kreditnehmers
- Bonität eines Emittenten bei der Ausgabe einer Obligation

- Funktionsfähigkeit und Kreditwürdigkeit eines Kreditinstituts
- Seriosität eines zu übernehmenden Unternehmens
- Zahlungsfähigkeit eines Wechselakzeptanten.

► Die **Liquidität** nimmt bei Finanzinvestitionen entscheidenden Einfluss auf die Durchführung der Investition. Hier ist – abgesehen von den längerfristigen Entscheidungen, z. B. dem Kauf eines Unternehmens – oftmals die Möglichkeit der späteren Liquidierbarkeit der Investition entscheidend für deren Auswahl.

Im Folgenden sollen behandelt werden:

| Investitionsrechnungen zur Beurteilung von Finanzinvestitionen | Investitionen in Beteiligungen |
| --- | --- |
| | Investitionen in festverzinsliche Wertpapiere |

# 1. Investitionen in Beteiligungen

Investitionen in Beteiligungen können folgende Bewertungsvorgänge erfordern:

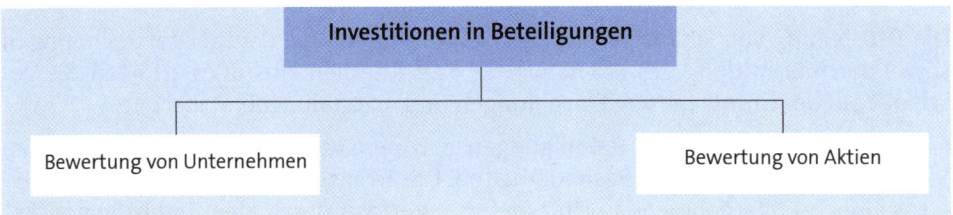

## 1.1 Bewertung von Unternehmen

Die schwierigste Art einer Finanzinvestition ist die Investition in ein Unternehmen. Hierfür gibt es mehrere **Gründe**:

► Die Perspektive dieser Finanzinvestition ist meist längerfristig.

► Der Kapitalbedarf für eine solche Investition ist im Vergleich zu anderen Investitionen zumeist sehr hoch.

► Die Preisermittlung bei einem Kauf nicht börsennotierter Unternehmen ist nicht einfach, da Preise im Vergleich zu anderen Finanzinvestitionen nicht an einem Markt gebildet werden, sondern im Rahmen der Unternehmensbewertung ermittelt werden müssen.

Im Rahmen der Investitionsbetrachtung gibt es unterschiedliche **Anlässe**, die eine Unternehmensbewertung erforderlich machen:

► Kauf eines ganzen Unternehmens
► Beteiligung an einem Unternehmen
► Pacht eines Unternehmens
► Fusion mit einem Unternehmen.

Dabei stellt sich – im Gegensatz zu Sachinvestitionen und den meisten anderen Finanzinvestitionen – die Frage, welchen **Wert das Unternehmen** hat, d. h. welchen Preis man für die Übernahme zahlen kann bzw. welchen Preis der Verkäufer für erzielbar hält.

Mithilfe der Unternehmensbewertung soll ein möglichst realistischer Kaufpreis für ein Unternehmen ermittelt werden. Hierbei sind nicht nur die im Unternehmen befindlichen Sachwerte zu berücksichtigen, z. B. Gebäude, Maschinen und Rohstoffe, sondern auch immaterielle Vermögensgegenstände, z. B. das Image, der Kundenstamm, das Know-how, unternehmenseigene Lizenzen und Patente, die den **Goodwill** des Unternehmens ergeben.

Bei der Ermittlung eines Unternehmenswertes entstehen vor allem dann Probleme, wenn das Unternehmen als Ganzes einen anderen Wert ergibt als die Summe seiner bewertbaren Einzelteile. Dies führt vor allem zu unterschiedlichen Auffassungen über die Preisermittlung und damit grundsätzlich zu einer Konfliktsituation, die bei jedem Unternehmenskauf auftritt. Der **Transaktionspreis** wird immer zwischen der **Preis-Untergrenze des Verkäufers** und der **Preis-Obergrenze des Käufers** liegen.

**Abweichende Ansätze** von Preishöhen ergeben sich vor allem aus unterschiedlichen Auffassungen:

► bezüglich der zukünftigen Marktentwicklung

► über die Bewertung von gegenwärtigen Vermögensgegenständen

► von realisierbaren Synergieeffekten

► über das Entstehen von Übernahmerisiken, z. B. Abwanderung des Managements, Verlust wichtiger Kunden.

Für den Kauf oder Verkauf nicht börsennotierter Unternehmen gibt es keine Märkte, die den Preis über die Konzentration von Angebot und Nachfrage ermitteln. Allerdings hat sich hier das **Mergers- & Acquisitions-Geschäft** [1] etabliert, das bei der Preisermittlung helfen kann. Dabei handelt es sich um eine **Beteiligungs- und Unternehmensvermittlung**. Es existieren seit Längerem Firmen, die ausschließlich dieses Geschäft betreiben. Auch Banken, Wirtschaftsprüfer, Rechtsanwaltskanzleien oder Unternehmensberater bieten dies an.

Das Mergers- & Acquisitions-Geschäft bietet anderen Unternehmen beim Erwerb von Beteiligungen oder ganzer Unternehmen durch **Beratungsleistungen, Objektsuche, Durchführungsbetreuung**, die bis zur Finanzierung der Übernahme gehen kann, Hilfe an. Hierfür erhalten die Mergers- & Acquisitions-Firmen Provisionen.

---

[1] **Merger** heißt Fusion durch Verbindung mit anderen Unternehmen, **Acquisition** ist die Übernahme durch Kauf von Unternehmen.

Soll die Bewertung eines Unternehmens vorgenommen werden, sind folgende Aspekte zu berücksichtigen:

► **Vorbereitungen**
► **Bewertungstechniken**
► **Wertansätze**
► **traditionelle Bewertungsverfahren**
► **Multiplikator-Verfahren**
► **Cashflow-Verfahren.**


## 1.1.1 Vorbereitungen

Die Unternehmensbewertung setzt eine ausreichende Anzahl von **Informationen über das zu kaufende Unternehmen** voraus. Sie sollten möglichst zeitnah sein, d. h. aktuelle Aussagen liefern.

Folgende **Prüfungshandlungen** sind empfehlenswert:

► Analyse der Jahresabschlüsse der letzten drei bis fünf Jahre, die ggf. durch die Prüfungsberichte der Abschlussprüfer unterlegt sind

► Prognose für Umsätze und Deckungsbeiträge sowie des Bruttogewinns, möglichst nach Produkten

► Prognose der Fixkosten, die möglichst nach Produktions-, Vertriebs- und Verwaltungskosten unterteilt sind

► Analyse der Personalkosten, insbesondere der Gehälter der leitenden Angestellten

► Anpassung der Bilanzierungs- und Bewertungsregeln und entsprechende Korrektur der Gewinne

► Analyse des Vorratsvermögens

► Analyse der bestehenden Aufträge zur Ermittlung möglicher Verluste

► Analyse der Gesellschaftsverträge, eventueller Kooperationsverträge und anderer langfristig bindender Verträge, zwecks Einschätzbarkeit der rechtlichen und wirtschaftlichen Lage

► Analyse der notwendigen Abschreibungen.

Fraglich ist, ob in der Praxis dieses Informationsmaterial erhältlich ist. Ausgeschlossen werden kann seine Verfügbarkeit bei **feindlichen Übernahmen**, da in diesen Fällen das zu übernehmende Unternehmen von den Übernahmeabsichten nichts weiß. Je stärker allerdings Käufer und Verkäufer zusammenarbeiten, desto eher können notwendige Informationen ausgetauscht werden.

In größeren Unternehmen werden oftmals Vorgehensweisen zur Informationssammlung in Form von **Akquisitionsrichtlinien** vorgegeben.

Solche **Checklisten** für Akquisitionsentscheidungen haben Formularcharakter und können enthalten:

| Umfeldanalyse | ► politische Lage eines Landes |  |
|---|---|---|
|  | ► gesellschaftliche Lage eines Landes |  |
|  | ► wirtschaftliche Lage eines Landes |  |
|  | Diese Informationen werden vor allem bei Investitionen im Ausland wichtig. |  |
| Unternehmensanalyse | ► Name | ► Produktpalette |
|  | ► Absatzstruktur | ► Kundenstruktur |
|  | ► Kapazitäten | ► Standort |
|  | ► Beschäftigtenzahl | ► Unternehmenskultur |
|  | ► Verkaufsgrund | ► Gründungsjahr |
|  | ► Eigentumsverhältnisse | ► Grundstücke |
|  | ► Gebäude | ► Unternehmensstruktur |
|  | ► Geschäftsentwicklung |  |
| Unternehmens-strategie | ► Synergien |  |
|  | ► Strategiekompatibilität |  |
| Managementfaktoren | ► Organisationsstruktur |  |
|  | ► Qualifikation |  |
| Finanzen und Steuern | ► Finanzsituation |  |
|  | ► steuerliche Strukturierung |  |

## 1.1.2 Bewertungstechniken

Für die Unternehmensbewertung gibt es grundsätzlich zwei Bewertungstechniken. Das sind:

► Die **Einzelbewertung**, bei welcher der Unternehmenswert errechnet wird, indem alle inventurfähigen Unternehmensteile **unabhängig** voneinander ermittelt und addiert werden.

Sie berücksichtigt nicht, dass das Ganze oftmals einen höheren Wert hat als die Summe seiner Einzelteile. **Nachteilig** wirkt sich also aus, dass Kombinationseffekte vernachlässigt werden. Als **Vorteil** steht die Einfachheit des Verfahrens, da die Kenntnis über den Verkehrswert [1] der zu bewertenden Gegenstände ausreicht.

► Die **Gesamtbewertung**, die zur Anwendung kommt, um mögliche Kombinationseffekte entsprechend zu berücksichtigen.

**Vorteilhaft** ist, dass sie den Nutzen aller im Einsatz befindlichen Gegenstände des Unternehmens misst, wobei der Nutzen dabei durch die vom Unternehmen erzielten **Überschüsse** zum Ausdruck kommt.

Als **nachteilig** ist dabei aber anzusehen, dass die für eine Gesamtbewertung notwendige Prognose der Überschüsse mit Unsicherheiten in der Vorhersage belastet ist.

---

[1] Der **Verkehrswert** ist der aktuelle Marktwert, der sicher erzielbare Preise des gewöhnlichen Geschäftsverkehrs unterstellt.

### 1.1.3 Wertansätze

Als im Rahmen der Unternehmensbewertung mögliche Wertansätze können unterschieden werden:

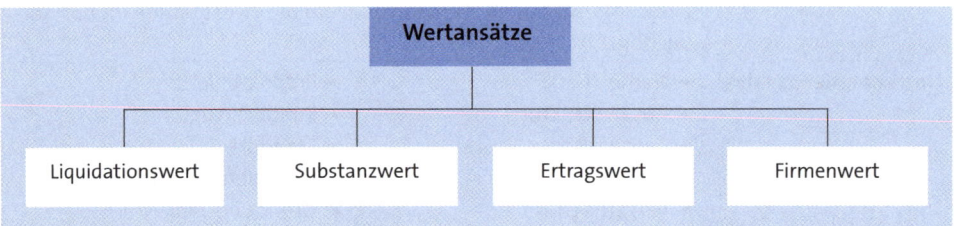

### 1.1.3.1 Liquidationswert

Der Liquidationswert spiegelt jenen Wert eines Unternehmens wider, der sich bei der Auflösung eines Unternehmens (Liquidation) einstellen würde. Hierbei erfolgt der Verkauf der einzelnen Vermögensteile, wonach die aufgelaufenen Schulden beglichen werden können.

Für den **Verkäufer** eines Unternehmens kann dieser Wert nur eine **Preis-Untergrenze** sein. Er dürfte kein Interesse an irgendwelchen unter dem Liquidationswert liegenden Kaufangeboten haben, da er anderenfalls die Liquidierung auch selbst vornehmen könnte.

Für den Käufer kann dieser Wert eine **Preis-Obergrenze** darstellen, z. B. bei maroden Unternehmen, die aufgekauft werden, um gleich daraufhin zerschlagen zu werden. Zudem kann dieser Wert für potenzielle Käufer als absolute Risikoobergrenze gelten, falls das Unternehmen nach der Übernahme liquidationsreif wird.

### 1.1.3.2 Substanzwert

Der Substanzwert wird auch **Teilreproduktionswert** genannt. Er stellt die Summe der Beträge dar, die aufgewendet werden müssten, um ein **Unternehmen mit der gleichen technischen Leistungsfähigkeit wieder zu errichten**. Der Kauf des Unternehmens würde diese Nachbauaufwendungen ersparen. In der Literatur ist die Eignung des Substanzwertes zum Zwecke der Ermittlung des Unternehmenswertes umstritten.

Die **Bedeutung** des Substanzwertes als Ermittlungsgröße für den Gesamtwert eines Unternehmens ist in den letzten Jahren gesunken, obwohl in der Praxis oftmals noch hierauf verwiesen wird, z. B. in Gesellschaftsverträgen sowie im juristischen und im steuerrechtlichen Bereich. Der Substanzwert stellt eher eine **Kontrollgröße** dar, die den Realitätsbezug zu dem noch zu ermittelnden Ertragswert eines Unternehmens überprüft.

Als **Hilfsgröße** für Zukunftseinschätzungen wird der Substanzwert bei der Errechnung des Finanzbedarfs sowie zur Beurteilung der Kreditwürdigkeit und Krisenanfälligkeit verwendet. Er kann schließlich auch als Druckmittel zur Kaufpreissenkung in der Verhandlung eingesetzt werden.

Die **Ermittlung** des Substanzwertes ist in mehreren **Schritten** möglich:

**1. Schritt:** Zuerst erfolgt eine Addition der aktuellen Anschaffungskosten aller betriebsnotwendigen Vermögensteile zum gegenwärtigen Bewertungsstichtag.

Dieses Vorgehen ergibt den **Vollreproduktionswert** oder **Reproduktionsneuwert**.

**2. Schritt:** Unter Berücksichtigung der Lebensalter der vorhandenen Vermögensteile sind die hierdurch gegebenen Wertminderungen der Wirtschaftsgüter vom Vollreproduktionswert abzuziehen.

Dieses Vorgehen führt zum **Reproduktionsaltwert**. Er hat im Gegensatz zum Bilanzwert den Vorteil, dass alle stillen Reserven aufgelöst wurden.

Da bislang **immaterielle Güter** des Unternehmens noch nicht in die Errechnung des Unternehmenswertes eingeflossen sind, wird dieser Wert auch **Teilreproduktionswert** genannt.

**3. Schritt:** **Immaterielle Güter** können zusätzlich zum Teilreproduktionswert angesetzt werden, soweit sie eine Marktgängigkeit haben, also ein Preis ermittelt werden kann, und soweit sie als Einzelwirtschaftsgüter anerkannt sind.

Der **Firmenwert** bleibt beim Teilreproduktionswert **unberücksichtigt**.

### 1.1.3.3 Ertragswert

Der Ertragswert eines Unternehmens ist das Gegenstück zum Substanzwert. Gesucht ist der Nutzen eines Unternehmens, der im finanziellen Bereich durch die zukünftigen Entnahmen des Investors aus dem gekauften Unternehmen gekennzeichnet werden kann. Entsprechend wird der Ertragswert auch bezeichnet als **Zukunftserfolgswert** oder **Zukunftsentnahmewert**.

Die Ermittlung des Ertragswertes erfolgt über die Diskontierung aller zukünftig zu erwartenden Reinerträge eines Unternehmens. Deren Prognose kann aufgrund des Vergangenheitserfolges durchgeführt werden, wobei die Projizierung von Vergangenheitswerten erhebliche Unsicherheiten mit sich bringt.

Für die Diskontierung ist ein Kapitalisierungszinsfuß zu benutzen – siehe S. 68. Die am häufigsten verwendeten Verfahren dürften der Ansatz einer risikolosen Kapitalanlage unter Zuschlag einer Risikoprämie und der WACC-Ansatz sein.

### 1.1.3.4 Firmenwert

Der Firmenwert ist eigentlich keine eigenständige Wertgröße. Allerdings kann er im Rahmen einer Unternehmensbewertung als **Goodwill** oder **Geschäftswert** große Bedeutung bekommen, denn in ihm spiegeln sich alle immateriellen Werte des Unternehmens wider, die positiven Einfluss auf den Unternehmenswert ausüben.

**Ursachen** hierfür können sein:

► **Immaterielle Güter**, die nur in der Verbindung mit dem jeweiligen Unternehmen existent sind und den Firmenwert nicht negativ beeinflussen. Solche Werte, die keine selbstständigen Vermögensteile des Unternehmens darstellen und damit auch nicht in der Bilanz enthalten sind, können z. B. die Managementqualität, die Organisation, der Standort, Kreditbeziehungen oder der vorhandene Kundenstamm sein.

► Der **Mehrwert** von Unternehmensgütern, der zwar bilanziell ausgewiesen wird, aber im Laufe der Substanzwertermittlung durch die preisabhängigen Bewertungen nur unter Wert im Gegensatz zu einer Ertragswertermittlung zum Ansatz kommt. Dies ist der **Kapitalisierungsmehrwert**.

Der Firmenwert ist ein gedankliches Konstrukt, das den Zwischenraum von ertragsabhängiger und substanzabhängiger Bewertung schließen soll. Es gibt:

► Den **originären Firmenwert**, der die vom Unternehmen selbst geschaffenen immateriellen Werte wiedergibt. Er kann nicht als Vermögensposition in der Bilanz nach § 248 Abs. 2 HGB oder nach § 5 Abs. 2 EStG ausgewiesen werden.

► Den **derivativen Firmenwert**, der vom originären Firmenwert zu unterscheiden ist. Das Wort „derivativ" meint einen abgeleiteten Wert, den eine dritte Person für ein bestimmtes Gut zu zahlen bereit ist.

In der Unternehmensbewertung ist der derivate Firmenwert somit jener Wert, der vom Käufer tatsächlich bei einem Unternehmenskauf für immaterielle Werte bezahlt wird. Der derivate Firmenwert ergibt sich in folgender Weise:

| Gesamtkaufpreis eines Unternehmens |
| --- |
| - Werte der einzelnen Vermögensteile zum Zeitpunkt der Übernahme |
| = **Derivativer Firmenwert** |

Der derivative Firmenwert lässt sich – im Gegensatz zum originären Firmenwert – in der **Handelsbilanz** durch einen gesonderten Betrag aktivieren und in jedem nachfolgenden Geschäftsjahr zumindest in Höhe eines Viertels seines Wertes abschreiben (§ 255 Abs. 4 Satz 2 HGB).

In der **Steuerbilanz** gilt für den derivativen Firmenwert eine Aktivierungspflicht. Er ist innerhalb von 15 Jahren linear abzuschreiben (§ 7 Abs. 1 Satz 3 EStG).

Es gibt eine Vielzahl von **Verfahren für die Unternehmensbewertung**, die sich unterteilen lassen in:

▸ **traditionelle Verfahren**
▸ **Multiplikator-Verfahren**
▸ **Cashflow-Verfahren.**

Generell ist festzustellen, dass es keine richtigen oder falschen Bewertungsmethoden gibt. Üblicherweise kommen unterschiedliche Methoden bei einer Bewertung zur Anwendung, die dann auch verschiedene Unternehmenswerte ergeben.

Es entsteht eine **Bandbreite** in den **Ergebnissen**, die gleichsam als **Kontrollrechnung** zu dem vom Verkäufer geforderten Verkaufspreis bzw. als **Orientierung** für einen anzubietenden Kaufpreis dienen.

Oftmals werden nicht nur **verschiedene Bewertungsmethoden**, sondern auch noch **verschiedene Ausgangslagen** mit unterschiedlichen Basisdaten als Szenarien mit „Worst Case", „Best Case" und einem „realistischen Fall", dem so genannten „Trendszenario", aufgrund von Risikobetrachtungen herangezogen.

In **Deutschland** ist die Unternehmensbewertung noch stark am **Ertragswert** ausgerichtet, während bei **internationalen** Bewertungen vor allem der **Cashflow** genutzt wird.

### 1.1.4 Traditionelle Verfahren
Traditionelle Bewertungsverfahren in Deutschland sind:

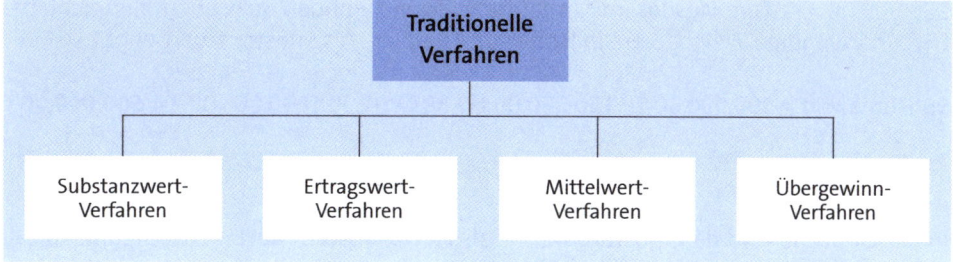

## 1.1.4.1 Substanzwert-Verfahren

Der **Substanzwert** ist der Tageswert der betriebsnotwendigen, bewertbaren Vermögensteile des Unternehmens zum Zeitpunkt des Überganges oder des Verkaufes. Dementsprechend sind alle Tageswerte der bewertbaren, aber nicht betriebsnotwendigen Vermögensteile bei seiner Ermittlung abzuziehen:

| | Tageswert der | | Tageswert der bewertbaren, |
|---|---|---|---|
| Substanzwert = | bewertbaren | - | aber nicht betriebsnotwendigen |
| | Vermögensteile | | Vermögensteile |

Nicht betriebsnotwendige Vermögensteile sind die Vermögensteile, die **nicht laufend** dem **Betriebszweck dienen**. Hier sind unter anderem nicht zu betrieblichen Zwecken genutzte Grundstücke, stillgelegte Anlagen, Wertpapiere und Beteiligungen zu nennen, die nicht mit der Leistungserstellung zusammenhängen. Sie werden bei einer Mitveräußerung mit ihrem Liquidationswert angesetzt.

**Beispiel**

| AKTIVA | | Bilanz | | PASSIVA |
|---|---|---|---|---|
| | Euro | | | Euro |
| Anlagevermögen | 500.000,00 | Eigenkapital | | 450.000,00 |
| Umlaufvermögen | 300.000,00 | Fremdkapital | | 350.000,00 |
| | 800.000,00 | | | 800.000,00 |

Im Anlagevermögen ist ein Grundstück, das nicht betriebsnotwendig ist, mit 150.000,00 € ausgewiesen. Im Umlaufvermögen befinden sich ebenfalls nicht betriebsnotwendige Wertpapiere in Höhe von 50.000 €. Als Substanzwert ergibt sich:

Substanzwert = 500.000,00 € - 150.000,00 € + 300.000,00 €- 50.000,00 € = **600.000,00 €**

In der Literatur wird der Substanzwert – als **Nettosubstanzwert** – zuweilen noch um die Fremdkapitalien gekürzt:

Nettosubstanzwert = Bruttosubstanzwert - Schulden

Diese Vorgehensweise erscheint jedoch nicht zweckdienlich.

*Sieben* entwirft einen Substanzwert, der auch auf die Zukunft projiziert werden kann und dementsprechend **zukunftsorientierter Substanzwert** heißt. Er ergibt sich aus der

**Differenz** der abgezinsten Auszahlungsströme des zu beurteilenden Unternehmens und der abgezinsten Auszahlungsströme für ein gleichartiges, neu zu errichtendes Unternehmen:

$$ZSW = A_{0N} - A_{0A}$$

ZSW = Zukunftssubstanzwert (€)
$A_{0N}$ = Barwert der Auszahlungsströme des neu zu errichtenden Unternehmens
$A_{0A}$ = Barwert der Auszahlungsströme des zu beurteilenden Unternehmens

Ergibt sich als Ergebnis ein **negativer Zukunftssubstanzwert**, kann die Beurteilung des Unternehmens nicht positiv ausfallen. Der Investor sollte das Unternehmen neu errichten. Im Falle eines **positiven Zukunftssubstanzwertes** sollte das Unternehmen gekauft werden. Das positive Ergebnis zeigt die barwertigen Ersparnisse dieses Investitionsvorganges.

## 1.1.4.2 Ertragswert-Verfahren

Das Ertragswert-Verfahren wird neben der Discounted-Cashflow-Methode vom *Institut der Wirtschaftsprüfer (IdW)* empfohlen und ist in Deutschland eine **Standard-Methode** der Unternehmensbewertung. In der Praxis, z. B. in den Akquisitionsrichtlinien größerer Firmen, ist die Berechnung des Unternehmenswertes auf Basis des Ertragswertes oftmals zwingend vorgeschrieben.

Beim Ertragswert-Verfahren wird davon ausgegangen, dass in die Unternehmensbewertung nur **nachhaltig erzielbare Gewinne** eingehen. Für eine sinnvolle Anwendung des Ertragswert-Verfahrens wird daher ein relativ hoher Informationsstand vorausgesetzt, um nachhaltig erzielbare Gewinne prognosesicher in die Rechnung einbeziehen zu können.

Mithilfe des Ertragswert-Verfahrens werden künftig erwartete Gewinne diskontiert, wobei Marktänderungen sowie Substitutionsgefahr in den Zukunftserträgen zu berücksichtigen sind. Durch die Verwendung des Zinses können individuelle Renditeerwartungen bzw. Risikokomponenten in den Betrag eingerechnet werden.

Zur Bestimmung des **Zinssatzes** nimmt man gewöhnlich den landesüblichen Zinssatz für eine risikolose Geldanlage plus einer Risikoprämie für das allgemeine Unternehmensrisiko – siehe S. 68.

Besondere immaterielle Leistungen des zu erwerbenden Unternehmens, z. B. besondere Managementqualitäten oder das Image, werden über höhere zukünftige Erträge oder eine Mehrrente berücksichtigt. Unberücksichtigt bleiben Abschreibungen auf den Goodwill bzw. Abschreibungen auf den derivativen Firmenwert.

Insofern unterscheidet sich das Ertragswert-Verfahren vom Substanzwert-Verfahren, dem bei der Unternehmensbewertung lediglich eine Hilfsfunktion zukommt, indem es die *„Grundlage für die Finanzbedarfsrechnung und für alle Ertragswertpositionen, die mit dem Substanzwert verbunden sind"* (IdW), liefert.

Bei der Anwendung des Ertragswert-Verfahrens sind folgende **Möglichkeiten** denkbar:

► **Unternehmensbewertung für ein zeitlich begrenztes Engagement** mit einzeln geschätzten, **unterschiedlich hohen Gewinnen**

Dabei ergibt sich der Ertragswert:

$$\text{Ertragswert} = \frac{G_1}{q^1} + \frac{G_2}{q^2} + \frac{G_3}{q^3} + \ldots + \frac{G_n}{q^n}$$

$G_n$ = nachhaltiger Gewinn im Jahre n (€)

$\frac{1}{q^n}$ = Abzinsungsfaktor des Jahres n

**Beispiel**

Ein Unternehmen will eine Mineralwasserquelle kaufen, die voraussichtlich in fünf Jahren versiegt. Folgende nachhaltige Gewinne sind bei einem anzusetzenden Kalkulationszinssatz von 10 % prognostiziert.

| Jahr | Gewinn | Abzinsungsfaktor | Barwert |
|---|---|---|---|
| 1 | 65.000,00 | 0,909091 | 59.091,00 |
| 2 | 70.000,00 | 0,826446 | 57.851,00 |
| 3 | 75.000,00 | 0,751315 | 56.349,00 |
| 4 | 60.000,00 | 0,683013 | 40.981,00 |
| 5 | 35.000,00 | 0,620921 | 21.732,00 |
| | | Summe | **236.004,00** |

Als Kaufpreis nach dem Ertragswertverfahren wären 236.004,00 € zu zahlen.

▶ **Unternehmensbewertung während eines zeitlich begrenzten Engagements** mit **gleich bleibenden Gewinnen**

Vereinfachend kann hier auf den **Barwertfaktor** zurückgegriffen werden, der auch **Rentenbarwertfaktor** heißt.

$$\text{Ertragswert} = \frac{G}{q^1} + \frac{G}{q^2} + \frac{G}{q^3} + \ldots + \frac{G}{q^n} = \frac{G \cdot (q^n - 1)}{q^n \cdot (q - 1)}$$

G = nachhaltiger, gleichbleibender Gewinn (€/Jahr)

$$\frac{(q^n - 1)}{q^n (q - 1)} = \text{Barwertfaktor}$$

**Beispiel**

Beim Kauf obiger Mineralwasserquelle errechnet sich aus den obigen, prognostizierten Gewinnen ein Durchschnittswert der nachhaltigen Gewinne von 61.000,00 € pro Jahr. Die Investitionsdauer für die Quelle liegt wiederum bei fünf Jahren, ebenso ist ein Kalkulationszinssatz von 10 % anzusetzen.

$$\text{Ertragswert} = \frac{G \cdot (q^n - 1)}{q^n \cdot (q - 1)} = \frac{61.000\,€ \cdot (1{,}1^5 - 1)}{1{,}1^5 \cdot (1{,}1 - 1)} = 61.000\,€ \cdot 3{,}790787$$

$$= \mathbf{231.238{,}00\,€}$$

Bei dieser gleich bleibenden Gewinngröße beträgt der Kaufpreis 231.238,00 €.

Fällt nach der begrenzten Lebensdauer noch ein **Liquidationserlös** an, ist dieser in der Berechnung zu berücksichtigen. So erweitert sich die vorstehende Gleichung um den diskontierten Liquidationserlös:

$$\text{Ertragswert} = \frac{G \cdot (q^n - 1)}{q^n \cdot (q - 1)} + \frac{L}{q^n}$$

G = nachhaltiger, gleich bleibender Gewinn (€/Jahr)

$$\frac{(q^n - 1)}{q^n \cdot (q - 1)} = \text{Barwertfaktor}$$

$$\frac{1}{q^n} = \text{Abzinsungsfaktor des Jahres n}$$

$$L \qquad = \text{Liquidationserlös}$$

**Beispiel**

Neben den gleich bleibenden Werten wie oben wird ein Liquidationserlös der Förderanlagen der Mineralwasserquelle von 5.000,00 € am Ende der Investitionsdauer im fünften Jahr prognostiziert.

$$\text{Ertragswert} = \frac{G \cdot (q^n - 1)}{q^n \cdot (q - 1)} + \frac{L}{q^n} = \frac{61.000 \ € \cdot (1{,}1^5 - 1)}{1{,}1^5 \cdot (1{,}1 - 1)} + \frac{5.000 \ €}{1{,}1^5}$$

$$= 231.238 \ € + 3.105 \ € = \mathbf{234.343{,}00 \ €}$$

Unter Berücksichtigung des Liquidationserlöses erhöht sich der Kaufpreis auf den Betrag von 234.343,00 €.

▶ **Unternehmensbewertung mit unbegrenzter Lebensdauer** und **gleich bleibenden Gewinnen**

Die Normalität bei einer Unternehmensbewertung dürfte die Annahme sein, dass die Investition in ein Unternehmen für eine im Moment nicht abschätzbare Zeitdauer vorgenommen wird. Daher unterstellt man eine **unbegrenzte Lebensdauer**, wobei **gleich bleibende Gewinne** zu Grunde liegen. Es ergibt sich folgende Formel, die einer **ewigen Rente** gleicht:

$$\text{Ertragswert} = \frac{G \cdot (q^\infty - 1)}{q^\infty \cdot (q - 1)}$$

Dabei sind $n = \infty$, $q\infty$ und $(q\infty - 1)$ unendliche Größen, weshalb sie sich aus der Formel kürzen lassen. Somit ergibt sich:

$$\text{Ertragswert} = \frac{G}{q - 1}$$

Sie stellt die **kaufmännische Kapitalisierungsformel** dar, die der ewigen Rente entspricht.

**Beispiel**

Laut einer Prognose handelt es sich bei obiger Quelle um eine „nie versiegende" Mineralwasserquelle, die mit einem nachhaltigen, gleich bleibenden Gewinn pro Jahr von 50.000,00 € zu erwerben ist. Als Kalkulationszins sind 10 % angesetzt.

$$\text{Ertragswert} = \frac{G}{q - 1} = \frac{50.000\,€}{1{,}1 - 1} = \frac{50.000\,€}{0{,}1} = \mathbf{500.000{,}00\,€}$$

Das Unternehmen wäre bereit, eine halbe Million Euro für diese „Wunderquelle" zu zahlen.

Die Berechnung der ewigen Rente zeigt gut den Zusammenhang zwischen der Festsetzung des Zinses und dem Risiko der jeweiligen Investition auf.

**Beispiel**

Das Unternehmen befürchtet bei obiger Mineralwasserquelle, dass der prognostizierte Gewinn pro Jahr von 50.000,00 € nur unter erhöhten Risikoaspekten erreichbar ist. Daher erhöht es den Risikozuschlag im Kalkulationszins um 5 % und setzt dementsprechend 15 % an.

$$\text{Ertragswert} = \frac{G}{q - 1} = \frac{50.000\,€}{1{,}15 - 1} = \frac{50.000\,€}{0{,}15} = \mathbf{333.333{,}34\,€}$$

Wie zu sehen ist, hat das erhöhte Risiko den Kaufpreis der Quelle reduziert.

## Aufgabe 38 > Seite 203

### 1.1.4.3 Mittelwert-Verfahren

Das Mittelwert-Verfahren wird auch **Praktikerverfahren** genannt. Mit seiner Hilfe wird der Unternehmenswert als arithmetisches Mittel aus Substanzwert und Ertragswert errechnet:

$$\text{Unternehmenswert} = \frac{EW + SW}{2}$$

EW = Ertragswert
SW = Substanzwert als Teilreproduktionswert

**Beispiel**

Aus einem Bewertungsverfahren ergeben sich als Werte der Ertragswert des zu erwerbenden Unternehmens in Höhe von 500.000,00 € und der als Teilreproduktionswert errechnete Substanzwert mit 400.000,00 €. Damit beträgt der nach dem Mittelwertverfahren anzusetzende Kaufpreis:

$$\text{Unternehmenswert nach dem Mittelwert-Verfahren} = \frac{EW + SW}{2} = \frac{500.000 + 400.000}{2} = \mathbf{450.000{,}00\ €}$$

Das Mittelwert-Verfahren setzt einen **vollkommenen Markt** voraus, der folgende Merkmale aufweist:

► ein von allen Verkäufern abgegebenes Angebot für ein identisches Gut

► die vollständige Information von Käufern und Verkäufern über Preis und Qualität eines Gutes

► das Vorliegen einer großen Anzahl von Anbietern und Nachfragern

► den freien Marktzutritt für potenzielle Anbieter.

In einem solchen Markt wird nach *Schmalenbach* davon ausgegangen, dass ein ermittelter Ertragswert, der weit über dem Substanzwert eines Unternehmens liegt, als zu hoch angesehen werden muss. Dies gründet auf der Tatsache, dass solch hohe zukünftige Branchengewinne in einem vollkommenen Markt **Konkurrenten** anlocken. Der Konkurrenzkampf lässt überzogene Zukunfterträge auf ein „gesundes Maß" schrumpfen.

Die Ermittlung des Unternehmenswertes unter Verwendung des Mittelwert-Verfahrens ist grob schematisierend. Außerdem weist das Verfahren alle **Mängel** auf, die dem Ertragswert- und Substanzwert-Verfahren zu eigen sind.

Durch eine spezielle **Gewichtung** beider Wertgrößen kann den Besonderheiten des Einzelfalls besser entsprochen werden. So kann z. B. der Ertragswert mit 75 % und der Substanzwert mit 25 % gewichtet werden.

## Aufgabe 39 > Seite 203

### 1.1.4.4 Übergewinn-Verfahren

Das Übergewinn-Verfahren ist mit dem Mittelwert-Verfahren vergleichbar. Ähnliche Prämissen, wie die vollkommene Konkurrenz und die hieraus erhöhten Risiken für bestehende Übergewinne durch Substitutionskonkurrenz, errechnen den Gesamtwert eines Unternehmens über die getrennte Ermittlung und Addition des Reproduktionswertes und des Firmenwertes.

Der **Übergewinn** ist der Wert, der durch den Firmenwert über die Normalverzinsung des Substanzwertes hinaus erzielt wird. Zu seiner Ermittlung bestehen zwei **Verfahren**:

▶ Das Verfahren der **Übergewinnabgeltung**, das auch vor allem in England und USA zur Anwendung kommt, entschädigt den Verkäufer neben dem Reproduktionswert auch mit dem Übergewinn der folgenden Jahre.

Kennzeichnend ist, dass die Abgeltung der **Übergewinne zeitlich begrenzt** wird. **Gründe** hierfür sind:

- Übergewinne können nach einer Übernahme **nur zeitlich begrenzt** dem ehemaligen Verkäufer **zugerechnet** werden. Ab einer bestimmten Zeit fallen dann diese Übergewinne dem Käufer und derzeitigen Eigentümer des Unternehmens aufgrund seiner eigenen unternehmerischen Tätigkeit zu.

- Übergewinne können **durch Substitutionsvorgänge**, wie z. B. durch den Konkurrenzdruck, im Laufe der Jahre **aufgezehrt** werden.

Der **Unternehmenswert** errechnet sich nach dem Übergewinn-Verfahren als:

$$\text{Unternehmenswert} = RW + m \cdot (G - i \cdot RW)$$

RW = Teilreproduktionswert
G   = Durchschnittlicher Gewinn
i   = Normalzinsfuß
m   = Flüchtigkeitsfaktor des Firmenwertes (liegt üblicherweise zwischen 3 und 6)

▶ Das Verfahren der **Übergewinnkapitalisierung**, bei dem davon ausgegangen wird, dass Übergewinne im Gegensatz zum Substanzwert mit einem über der Normalverzinsung liegenden Zinssatz zu kapitalisieren sind. Dies geschieht vor allem deswegen, weil Übergewinne besonderen Risiken unterliegen, wie oben gezeigt. Der Firmenwert ergibt sich also unter Betrachtung des Barwertes.

Als Formel zur Bewertung eines Unternehmens gilt:

$$\text{Unternehmenswert} = \text{Teilreproduktionswert} + \text{Firmenwert}$$

$$\text{Unternehmenswert} = RW + \frac{G - i \cdot RW}{h}$$

RW = Teilreproduktionswert
G   = Durchschnittlicher Gewinn
i   = Normalzinsfuß
h   = Zinssatz für Übergewinne

**Kritisch** anzumerken bleibt, dass die Festsetzung des Zinssatzes für Übergewinne schwierig ist, da oft Anhaltspunkte für dessen Größe fehlen.

## Aufgabe 40 > Seite 203

### 1.1.5 Multiplikator-Verfahren

Multiplikator-Verfahren sind Verfahren der Unternehmensbewertung, die sich bestimmter Multiplikatoren bedienen. Für ihre Nutzung sprechen zwei **Gründe**:

► Die potenziellen Käufer von Unternehmen besitzen im Anfangsstadium der Akquisition oftmals nur sehr **wenige Daten** und **Informationen** über das zu kaufende Unternehmen.

Deswegen werden hier gerne relativ **einfache, schnell durchführbare Verfahren** verwendet, die mit einer minimalen Menge an Information auskommen und einen ersten Eindruck hinsichtlich möglicher Kaufpreise abgeben. Voraussetzungen sind bereits vorliegende Erfahrungen mit Unternehmensbewertungen in den jeweiligen Märkten.

► Multiplikator-Verfahren für Unternehmensbewertungen werden in Märkten eingesetzt, in denen Transparenz herrscht. Dabei sind die **Multiplikatoren** in bestimmten Branchen bei Unternehmenskäufen und Unternehmensverkäufen allen beteiligten Institutionen **bekannt**, z. B. den Käufern, den Verkäufern und den Banken. Es ist auch denkbar, dass in die Unternehmensbewertung involvierte Mergers- & Acquisitions-Firmen für den Bewertungsprozess spezielle Multiplikatoren zur Verfügung stellen.

**Multiplikatoren** sind letztlich eigentlich nichts anderes als die Kehrwerte der Kapitalisierungszinsen aus den zuvor beschriebenen Verfahren, z. B. dem Ertragswert-Verfahren.

Als Multiplikator-Verfahren sind zu unterscheiden:

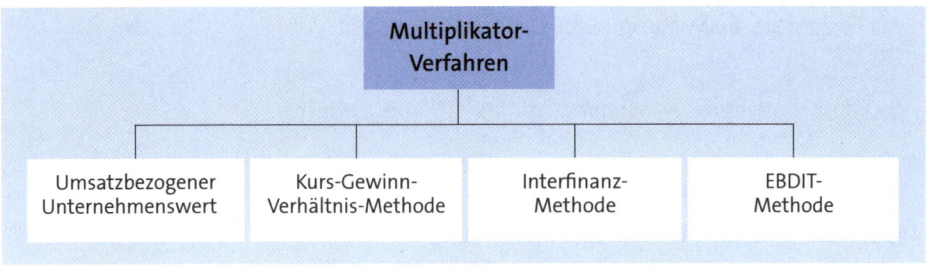

### 1.1.5.1 Umsatzbezogener Unternehmenswert

Der Unternehmenswert wird als Bruchteil oder Vielfaches vom Umsatz ausgewiesen. Seine Ermittlung erfolgt auf sehr einfache Weise, indem der Preis eines Umsatzeuros des Unternehmens festgelegt wird. Dabei ist die Kenntnis von Erfahrungswerten in den jeweiligen Branchen unerlässlich, um zu einigermaßen realitätsnahen Ergebnissen zu gelangen.

Der Unternehmenswert ergibt sich aus:

> Unternehmenswert = Umsatz in € · Wert pro Umsatzeuro in €

**Beispiel**

Ein Investor beabsichtigt, ein Unternehmen im Bereich des Spezialversandhandels zu erwerben. Das Unternehmen hat einen Jahresumsatz von 15 Mio. €. Aus Erfahrungen wissen Sie, dass in dieser Branche ein Umsatzeuro mit 40 bis 50 Cent bewertet werden kann.

Unternehmenswert (obere Grenze) = 15.000.000 € · 0,50 € = **7.500.000 €**

Unternehmenswert (untere Grenze) = 15.000.000 € · 0,40 € = **6.000.000 €**

Der Wert des Versandunternehmens sollte zwischen 6 und 7,5 Mio. € liegen.

## 1.1.5.2 Kurs-Gewinn-Verhältnis-Methode

Bei der Kurs-Gewinn-Verhältnis-Methode wird der Unternehmenswert auf Basis eines nachhaltig erzielbaren, zukünftigen Ergebnisses nach Steuern und des Kurs-Gewinn-Verhältnisses (KGV) berechnet. Beide Größen werden miteinander multipliziert, wobei eine weitere Zusatzbestimmung nicht erforderlich ist, da durch die Verwendung des Kurs-Gewinn-Verhältnisses eine indirekte Berücksichtigung des Zeitmoments gegeben ist.

Das Kurs-Gewinn-Verhältnis wird auch Price-Earning-Ratio genannt und ausführlich bei der Bewertung von Aktien dargestellt, siehe S. 182 f.

Zur Anwendung kommt dieses Verfahren wegen seiner einfachen und schnellen Handhabung bei Unternehmen, die an der Aktienbörse notiert werden. Die Kurs-Gewinn-Verhältnis-Methode dient gebräuchlicherweise als Grobschätzung des Unternehmenswertes zum Zeitpunkt einer Neuemission.

Die Formel für das Kurs-Gewinn-Verhältnis entspricht der Formel, die bei der Aktienbewertung eingesetzt wird:

$$\text{Kurs-Gewinn-Verhältnis} = \frac{\text{Börsenkurs des Unternehmens}}{\text{Gewinn des Unternehmens}}$$

Der **Gewinn** kann als ausgewiesener, nachsteuerlicher Jahresüberschuss definiert werden, der zusätzlich mit den Zurechnungen und den Abrechnungen von außerordentlichen, periodenfremden sowie dispositionsbedingten Aufwendungen und Erträgen versehen ist. Weiterhin finden fiktive Ertragsteuern Berücksichtigung, um zu einem „echten" Nettogewinn zu gelangen.

**Beispiel**

Ein Unternehmen weist über verschiedene Jahre folgende Gewinngrößen nach Steuern aus:

|  |  |  |
|---|---|---|
|  | 1. Jahr: | 50 Mio. € |
|  | 2. Jahr: | 60 Mio. € |
|  | 3. Jahr: | 70 Mio. € |
|  | 4. Jahr: | 70 Mio. € |
|  | 5. Jahr: | 60 Mio. € |
| Ø Wert ab dem | 6. Jahr: | 75 Mio. € |
|  | Summe | 385 Mio. € |

Durchschnittlicher Gewinn = 385 Mio. € : 6 = 64,17 Mio. €

Das Kurs-Gewinn-Verhältnis (KGV) wurde mit 8 ermittelt, weshalb sich als Unternehmenswert ergibt:

Unternehmenswert = 64,17 Mio € · 8 = **513,36 Mio. €**

**Vorteilhaft** an dieser Methode ist, dass Kurs-Gewinn-Verhältnisse veröffentlicht werden sowie Aussagen über das Risiko und die Markterwartung gemacht werden. Die KGV-Größen spiegeln relativ deutlich die Markt- und Branchenverhältnisse wider. Je höher das KGV festgesetzt wird, desto positiver sind die Erwartungen im Markt bzw. die durch den Markt getragenen Bewertungen von Unternehmensstrategien.

**Nachteilig** ist, dass unterschiedliche Entwicklungen im Zeitverlauf vernachlässigt werden. Die Prognose eines tatsächlich nachhaltig erzielbaren Gewinns ist schwierig. Zudem finden die Auswirkungen des für die Erzielung des Gewinns notwendigen Investitionsvolumens nur ungenügende Berücksichtigung. Hier wirken die KGV zu grob und zu indirekt.

### 1.1.5.3 Interfinanz-Methode

Bei der Interfinanz-Methode wird der Unternehmenswert auf der Basis bereinigter und gewichteter Gewinne der **letzten fünf Jahre** errechnet. Außerdem ist es möglich, auch die geplanten Gewinne der **nächsten zwei Jahre** zu berücksichtigen.

Die **Gewinne** werden:

► **Gewichtet**, indem z. B. die am weitesten in der Vergangenheit liegenden Gewinngrößen weniger stark Berücksichtigung finden, die aktuellsten Größen stärker Einfluss nehmen, z. B.:

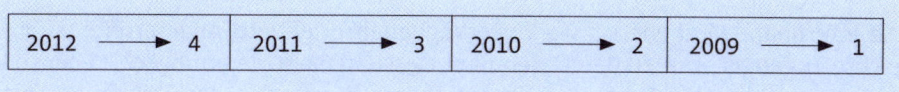

► **Bereinigt**, indem außerordentliche Ergebnisse berücksichtigt werden, z. B. der ausgewiesene Gewinn um außerordentliche Aufwendungen zu erhöhen bzw. um außerordentliche Erträge zu vermindern.

Die gewichteten und ggf. bereinigten Durchschnittswerte werden als **Normalertrag** bezeichnet und mit einem Multiplikator x vervielfältigt:

$$\text{Unternehmenswert} = \frac{\text{Bereinigter, gewichteter}}{\text{Durchschnittsgewinn}} \cdot \text{Multiplikator}$$

Der **Multiplikator** verändert sich nach Standort, Branche, Management, Sortiment usw. und kann zwischen vier und acht liegen. Der Kapitalisierungszins ist in ihm enthalten, das Risiko am Markt entsprechend wiedergegeben.

**Beispiel**

Ein Unternehmen weist im Jahr 2012 bereinigte Gewinne der letzten fünf Jahre und prognostizierte Gewinne für die nächsten zwei Perioden aus. Der Multiplikator, der auch bei Mergers- & Acquisitions-Firmen nachzufragen ist, soll bei sechs liegen.

| Jahr | Bereinigter Gewinn (Mio. €) | | Gewichtung | | Bereinigter, gewichteter Gewinn |
|---|---|---|---|---|---|
| 2008 | 40 | · | 1 | = | 40 |
| 2009 | 50 | · | 2 | = | 100 |
| 2010 | 60 | · | 3 | = | 180 |
| 2011 | 70 | · | 4 | = | 280 |
| 2012 | 100 | · | 5 | = | 500 |
| 2013 geplant | 105 | · | 4 | = | 420 |
| 2014 geplant | 110 | · | 3 | = | 330 |
| Summe: | | | 22 | | 1.850 |

Hieraus ergibt sich ein durchschnittlicher bereinigter und gewichteter Gewinn von 1.850 Mio. € : 22 = 84,09 Mio. €.

Da der Multiplikator 6 beträgt, ergeben sich als Unternehmenswert:

Unternehmenswert = 84,09 Mio. € · 6 = **504,54 Mio. €**

Die Interfinanz-Methode ist stark vergangenheitsorientiert. Andererseits wird eine leichte Zugänglichkeit zu den Daten über Geschäftsberichte ermöglicht. Ebenso vorteilhaft sind die objektiven, weil überprüfbaren Werte, z. B. der Gewinn aus einem überprüften Abschluss. Die Kapitalstruktur bleibt unberücksichtigt.

### 1.1.5.4 EBDIT-Methode

EBDIT steht für „**E**arning **b**efore **d**epreciation, **i**nterest and **t**ax", also für Gewinn vor Abschreibungen, Zins und Steuern. Dabei handelt es sich um eine operative Größe, die den von außerordentlichen Einflüssen freien Erfolg eines Unternehmens darstellt und einem Brutto-Cashflow nahekommt.

Der Unternehmenswert errechnet sich über das nachhaltig erzielbare Ergebnis vor AfA-Größen, Steuern und Fremdkapitalzinsen. Dieses Ergebnis wird durch einen **Multiplikator** indirekt verzinst, der für die EBDIT-Methode normalerweise bei drei bis sechs liegt und berechnet werden kann, indem folgende Größen ins Verhältnis gesetzt werden:

$$\text{Multiplikator} = \frac{\text{Börsenwert des Unternehmens}}{\text{EBDIT}}$$

Es bestehen Einflussfaktoren für die Höhe des Multiplikators, z. B. Konjunkturverläufe. Damit stellt er ein **Maß für das Risiko** dar:

► Ein **niedriger Multiplikator** besteht z. B. bei Ein-Produkt-Unternehmen, bei Unternehmen, die zyklische Abhängigkeiten aufweisen, bei Hightechunternehmen, also gesamthaft bei bestehenden höheren Risiken.

► Ein **höherer Multiplikator** ist z. B. bei Mehrproduktunternehmen bzw. bei Unternehmen mit hohem Wachstumspotenzial zu finden, also bei Unternehmen mit einem niedrigeren Risiko.

Zur Ermittlung des Unternehmenswertes ist abschließend das im Unternehmen befindliche Fremdkapital in Abzug zu bringen.

Über ein Unternehmen liegen folgende Informationen vor:

| Jahr | 1 | 2 | 3 | 4 | 5 | 6 |
|---|---|---|---|---|---|---|
| Gewinn vor Steuer (Mio. €) | 40 | 50 | 60 | 60 | 70 | 75 |
| + AfA   (Mio. €) | 20 | 25 | 30 | 30 | 30 | 30 |
| + Zins   (Mio. €) | 30 | 40 | 50 | 60 | 60 | 60 |
| EBDIT | 90 | 115 | 140 | 150 | 160 | 165 |

Durch die Addition der EBDITs ergibt sich eine Summe von 820 Mio. €. Damit kann der durchschnittlich zu erzielende EBDIT errechnet werden:

820 Mio. € : 6 = 136,67 Mio. €

Bei einem vorliegenden Multiplikator von fünf ergibt sich ein Wert von:

136,67 Mio. € · 5 = 683,4 Mio. €

In Höhe von 200 Mio. € liegen Bankverbindlichkeiten vor, die noch abgezogen werden müssen. Damit beträgt der Unternehmenswert:

Unternehmenswert = 683,4 Mio. € - 200 Mio. € = **483,4 Mio €**

Neben der **EBDIT-Methode** gibt es auch eine **EBIT-Methode**. Sie errechnet den freien Erfolg eines Unternehmens ohne Abschreibung. Deswegen muss der Multiplikator bei ihr höher liegen. Während er bei der EBDIT-Methode beim drei- bis sechsfachen liegt, kann der Multiplikator bei der EBIT-Methode auf das fünf- bis achtfache angesetzt werden.

Multiplikatoren werden von Mergers- & Acquisitions-Gesellschaften ermittelt und gegen Gebühr zur Verfügung gestellt. Sie sind aber auch, wie die obige Formel dies zeigt, aus Geschäftsberichten und Veröffentlichungen von Aktiengesellschaften ableitbar.

## 1.1.6 Cashflow-Verfahren

Innerhalb des Cashflow-Konzeptes besteht kein einheitliches Berechnungsschema für die Cashflow-Größen, d. h. es werden in unterschiedlicher Weise Aufwand und Erträge bzw. Gewinnteile in die Berechnung aufgenommen oder weggelassen. Gemeinsam ist allen Cashflow-Größen, dass sie die **finanzielle Wertschöpfung** eines Unternehmens **in einer bestimmten Periode** widerspiegeln.

Der Grund für die unterschiedlichen Berechnungsschemata sind die verschiedenen **Zweckbestimmungen** des Cashflows:

► Generell ist der Cashflow der **Indikator für die Finanzkraft** eines Unternehmens hinsichtlich seiner Innenfinanzierungsmöglichkeiten. Als Beispiel seien Ersatz- oder Erweiterungsinvestitionen genannt, die aus eigener Kraft finanziert werden.

► Außerdem ist der Cashflow ein **Indikator für die Schuldentilgung**. Als Beispiel sei die Cashflow-Ziffer angeführt, welche die Verbindlichkeiten des Unternehmens ins Verhältnis zum Cashflow des Unternehmens setzt. Sie gibt damit die Anzahl der Jahre wieder, die benötigt werden, die Verbindlichkeiten aus dem Cashflow zu tilgen. Diese Ziffer wird oftmals bei der Prüfung der Kreditwürdigkeit und Kreditfähigkeit durch Banken verwendet.

► Letztlich zeigt der Cashflow die **Fähigkeit** des Unternehmens **zur Dividendenzahlung**.

*Olfert* unterscheidet als Cashflow-Größen:

► **Cashflow im engeren Sinne**, der das Ausmaß der Unternehmensfinanzierung aus Umsatzerlösen nach der Deckung des reinen Aufwandes angibt. Er steht dem Unternehmen zur Verfügung für Investitionen, für die Tilgung von Krediten und für die Gewinnausschüttung.

Der Cashflow zeigt dementsprechend den Spielraum der Selbstfinanzierung an. Die Errechnung des Cashflows im engeren Sinne erfolgt:

|   | Nicht entnommener Gewinn |
|---|---|
| + | Neu gebildete Rücklagen |
| + | Abschreibungen |
| + | Pauschalwertberichtigungen |
| = | **Cashflow im engeren Sinne** |

► **Cashflow im weiteren Sinne**, der über die Selbstfinanzierungsmittel hinausgeht und auch fremdfinanzierte Mittel erfasst, die längerfristig im Unternehmen verweilen und genutzt werden können. Hier werden alle Liquiditätszuflüsse und Liquiditätsabflüsse aufgezeigt. Der Cashflow im weiteren Sinne wird infolgender Weise errechnet:

|   | Jahresgewinn/-verlust |
|---|---|
| - | Gewinnvortrag |
| + | Verlustvortrag |
| - | Auflösung von Rücklagen |
| + | Erhöhung von langfristigen Rückstellungen |
| - | Auflösung von langfristigen Rückstellungen |
| + | Abschreibungen |
| + | Außerordentlicher Aufwand |
| - | Außerordentlicher Ertrag |
| = | **Cashflow im weiteren Sinne** |

Als Beispiel für die unterschiedlichen Auffassungen zum Cashflow soll der **Streit um die Einbeziehung** der außerordentlichen Aufwände bzw. der außerordentlichen Erträge dienen:

▶ Zum einen wird versucht, **periodengerechte Werte** zu ermitteln, indem alle außerordentlichen Erträge bzw. Aufwände, die ein Normaljahr bzw. ein Normalergebnis verzerren, keine Berücksichtigung finden.

▶ Eine längerfristige Betrachtung, wie sie bei der Investitionsrechnung normalerweise üblich ist, kann zum anderen für den **Wegfall** des außerordentlichen Aufwands bzw. die **Beibehaltung** des außerordentlichen Ertrags sprechen, da diese Posten sich in einer Langfristbetrachtung über die Zeit ausgleichen und damit weniger stark ins Gewicht fallen.

Als Cashflow-Verfahren zur Unternehmensbewertung sollen unterschieden werden:

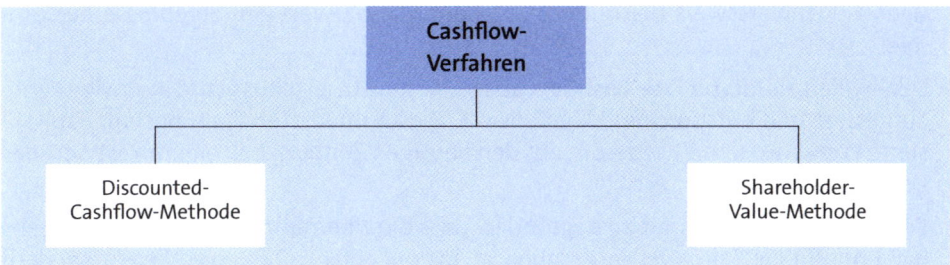

Für die beiden, aus dem angelsächsischen Raum stammenden Methoden der Unternehmensbewertung wird als Bewertungsgröße der **Free Cashflow** herangezogen, der ebenfalls auf unterschiedliche Weisen errechnet werden kann.

Der Free Cashflow ist eine **operative Größe**. Er gibt als Folge der operativen Tätigkeit eines Unternehmens eine Nach-Steuer-Größe an, die jenen zuzuschreiben ist, die dem Unternehmen Kapital zur Verfügung gestellt haben. Damit steht er sowohl den Eigenkapitalgebern als auch den Fremdkapitalgebern nach Abzug der Unternehmenssteuern zu.

Hieraus folgt, dass der Free Cashflow eine Größe abbildet, die den Eigenkapitalgebern nach Steuerabzug zur Verfügung stünde, wenn es keine Fremdkapitalverbindlichkeiten gäbe.

Der Free Cashflow wird errechnet:

|   | Gewinn vor Zinsen und Ertragssteuern |
|---|---|
| + | Abschreibungen |
| - | Investitionen in das Anlagevermögen |
| - | Zuwachs im kurzfristigen Umlaufvermögen |
| - | Steuern |
| = | **Free Cashflow** |

## 1.1.6.1 Discounted-Cashflow-Methode

Die Discounted-Cashflow-Methode ermittelt, wie auch die noch darzustellende Share-holder-Value-Methode, den Gesamtwert eines Unternehmens über die Summe der Marktwerte des Eigenkapitals und des Fremdkapitals. Der **Marktwert** des Eigenkapitals kann bei Aktiengesellschaften dem Aktionärsvermögen gleichgesetzt werden und ergibt sich aus der Differenz von Unternehmenswert und dem Marktwert des Fremd-kapitals.

Der Unternehmenswert setzt sich aus folgenden drei **Teilen** zusammen:

▸ **Ausgangsbasis** bilden die für eine bestimmte Planungszeit prognostizierten Free Casflows, was eine Cashflow-Planung über fünf bis sechs Jahre notwendig macht. Zur Errechnung der Free Cashflows wird die obige Formel herangezogen.

   Jeder einzelne Plan-Cashflow wird nun über eine Barwertrechnung auf seinen heutigen Gegenwartswert diskontiert und dann die barwertigen Ergebnisse aufsummiert.

▸ Der im Plan als **letzter Free Cashflow** ausgewiesene Überschuss wird als ewige Rente aufgefasst und entsprechend kapitalisiert. Dieser im letzten Planungsjahr kapitalisierte Wert wird dann wiederum auf den heutigen Zeitpunkt zu einem Restwert des Unternehmens diskontiert.

   Dieses Vorgehen ist damit zu begründen, dass die Übernahme eines Unternehmens nicht nur für die Zeitdauer vorgesehen ist, in der geplante Zahlen vorliegen, sondern auch für einen nicht genauer bestimmbaren Zeitraum darüber hinaus. Deswegen kapitalisiert der letzte Plan-Cashflow als ewige Rente diese „unendlichen" Größen.

▸ Schließlich ist noch der **Marktwert des nicht betriebsnotwendigen Vermögens** zu bestimmen. Dies können z. B. Immobilien oder Beteiligungen sein, die nicht im Rahmen des Geschäftsbetriebes genutzt werden.

Dieses Vorgehen kann grafisch dargestellt werden:

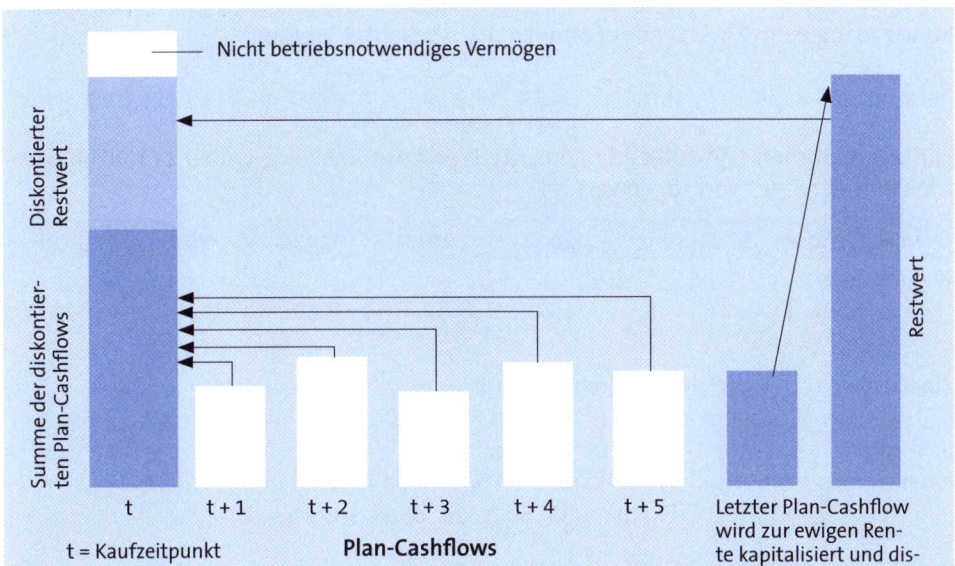

Zur Bestimmung des **Kapitalisierungszinsfußes** werden die Kapitalkosten nach den Eigen- und Fremdkapitalanteilen gewichtet. Dieses Vorgehen entspricht dem bereits gezeigten gewichteten Kapitalzins auf S. 68, das dem WACC-Ansatz entspricht.

Zur **Wiederholung** sei es hier nochmals aufgeführt:

| | Anteil am Gesamtkapital | Verzinsung |
|---|---|---|
| Langfristiges Fremdkapital | 70 % | 7 % |
| Vorhandenes Eigenkapital | 30 % | 20 % |

Die Verzinsung des Fremdkapitals sollte hier mittels langfristiger Fremdkapitalkosten ermittelt werden, z. B. anhand von Anleihezinssätzen. Die Verzinsung des Eigenkapitals ergibt sich durch die Vorgaben der Kapitalgeber. Die aus der Bilanz erhaltene Verteilung der Kapitalarten gewichtet nun die unterschiedlichen Zinssätze für Fremdkapital und Eigenkapital.

**Gewichteter Kapitalzins** $= \dfrac{70 \cdot 7\,\%}{100} + \dfrac{30 \cdot 20\,\%}{100} = 4{,}9\,\% + 6\,\% = \mathbf{10{,}9\,\%}$

Der Kapitalisierungszinsfuß zeigt die **Mindestverzinsung** für Investitionen im Unternehmen an. Haben Investitionen eine höhere Verzinsung, steigt der Unternehmenswert. Entsprechend fällt er bei Investitionen, die sich unter dem gewichteten Kapitalzins rentieren.

Die Berechnung kann sowohl als **vorsteuerliche** oder auch als **nachsteuerliche Größe** erfolgen. Falls eine nachsteuerliche Betrachtung in Erwägung gezogen wird, muss der Steuerabzug beim Zinssatz des Fremdkapitals beachtet werden.

## Beispiel

Ein Unternehmen legt folgende geplante Free Cashflows vor, wobei es nur über betriebsnotwendiges Vermögen verfügt:

| Planungsjahre | 2012 | 2013 | 2014 | 2015 | 2016 |
|---|---|---|---|---|---|
| Prognostizierte Free Cashflows in Mio. € | 30 | 45 | 65 | 68 | 70 |

Zinskosten: Langfristiges Fremdkapital 7 %
Eigenkapital 20 %

Finanzierungsstruktur: Fremdkapital 70 % der Bilanzsumme (350 Mio. €)
Eigenkapital 30 % der Bilanzsumme

Hieraus ergeben sich gewichtete Kapitalkosten:

$$\frac{70 \cdot 7\,\%}{100} + \frac{30 \cdot 20\,\%}{100} = 4,9\,\% + 6\,\% = \mathbf{10,9\,\%}.$$

| Jahre | Cashflow in Mio. € | Barwertfaktor | Barwert in Mio. € |
|---|---|---|---|
| 2012 | 30 | 0,9017133 | 27,05 |
| 2013 | 45 | 0,8130868 | 36,59 |
| 2014 | 65 | 0,7331711 | 47,66 |
| 2015 | 68 | 0,6611101 | 44,96 |
| 2016 | 70 | 0,5961318 | 41,73 |
| | | Summe | **197,99** |

Der letzte Free Cashflow aus dem fünften Jahr in Höhe von 70 Mio. € wird als ewige Rente aufgefasst und zu einem Restwert entsprechend kapitalisiert:

$$\text{Restwert} = \frac{CF}{q-1} = \frac{70\ \text{Mio. €}}{1,109 - 1} = \mathbf{642,20\ \text{Mio. €.}}$$

Entsprechend kann als Barwert des Restwertes errechnet werden:

Barwert des Restwertes = 642,20 Mio. € · 0,5961318 = **382,84 Mio. €**

Als Gesamtwert des Unternehmens ergibt sich:

| | |
|---|---|
| Summe der prognostizierten Free Cashflows | 197,99 Mio. € |
| Barwert des Restwertes | 382,84 Mio. € |
| Gesamtwert | 580,83 Mio. € |
| abzüglich des Fremdkapitals | 350,00 Mio. € |
| **Unternehmenswert** | **230,83 Mio. €** |

## Aufgabe 41 > Seite 204

## 1.1.6.2 Shareholder-Value-Methode

Die Shareholder-Value-Methode greift unmittelbar auf die Discounted-Cashflow-Methode zur Unternehmensbewertung zurück. Sie eignet sich vor allem für die **Ermittlung des Unternehmenswertes von aktiennotierten Unternehmen**, was durch die Bezeichnung Shareholder Value deutlich wird, die dem Aktionärsvermögen entspricht und unter Berücksichtigung u. a. von steuerlichen Faktoren den Marktwert des Eigenkapitals ermittelt.

Die **Ausgangsbasis** bilden wieder die Free Cashflows, wobei der Shareholder-Value-Ansatz zumeist als nachsteuerliches Modell angewandt wird. Auch wird im Shareholder-Value-Ansatz ein gewichteter Zinssatz aus Fremdkapitalkosten und Eigenkapitalkosten ermittelt. Der **Unterschied** zur Discounted-Cashflow-Methode besteht in der Ermittlung des Kalkulationszinssatzes für das Eigenkapital.

Börsengehandelte Publikumsaktiengesellschaften beziehen ihr Eigenkapital über den Kapitalmarkt. Dessen Verzinsung unterliegt dem dort herrschenden Risiko. Für Investoren bieten langlaufende Staatsanleihen großer Industrienationen das geringste Risiko, während das Risiko beim Erwerb von Aktien steigt. Entsprechend werden für Aktionäre die **Eigenkapitalkosten** in folgender Weise festgestellt:

| Eigenkapital-kosten | = | Rendite einer risikofreien Anlage | + | Risikoprämie |
|---|---|---|---|---|

Zur Ermittlung der Eigenkapitalkosten dient zunächst das Capital Asset Pricing Model (CAPM), bei dem die **Risikoprämie** bestimmt wird, die aus zwei Teilen besteht:

| Risiko-prämie | = | Renditeschwankungs-koeffizient β | · | Durchschnittliche Risikoprämie |
|---|---|---|---|---|

Dabei gilt:

► Der **Renditeschwankungskoeffizient β** ist das Maß für das speziell auf das Unternehmen bezogene Marktrisiko, das auch systematisches Risiko des Unternehmens genannt wird. Es ergibt sich aus dem Verhältnis der Kovarianz von Aktien- und Markt-rendite zu der Varianz der Marktrendite. Dies führt zu einer Regressionsanalyse von Aktienkurs und Aktienindex, der den Gesamtmarkt abbildet, wie z. B. der DAX.

Betas werden für aktiennotierte Unternehmen veröffentlicht.

| $\beta = 1$ | Das unternehmensspezifische Risiko entspricht in diesem Falle genau dem Aktienmarktrisiko. Die Entwicklung der Aktienkurse ist identisch mit der Entwicklung des Gesamtmarktes. |
|---|---|
| $\beta < 1$ | Die Aktienrendite schwankt weniger als die Gesamtmarktrendite und ist damit risikoärmer. |
| $\beta > 1$ | Das unternehmensspezifische Marktrisiko schwankt stärker als die Gesamt-marktrendite, wodurch ein erhöhtes Risiko wiedergegeben wird. |

► Die **durchschnittliche Risikoprämie** ergibt sich aus der Differenz der Aktien-marktrendite, die z. B. über die DAX-Entwicklung messbar ist, und der Rendite der ri-sikofreien Anlage.

$$\text{Durchschnittliche Risikoprämie} = \text{Marktrendite für Aktien} - \text{Rendite einer risikofreien Anlage}$$

Mit der Feststellung der Risikoprämie können die **Eigenkapitalkosten** bestimmt wer-den. Sie ergeben sich aus dem Zinssatz einer risikofreien Anlage zuzüglich des syste-matischen Risikos des Unternehmens als Beta-Faktor, das mit dem Marktpreis des Ri-sikos multipliziert wird:

$$Z = r + (E_{rm} - r) \cdot \beta$$

| | |
|---|---|
| $Z$ | = Zinssatz für die Eigenkapitalkosten |
| $r$ | = Verzinsung einer risikolosen Anleihe |
| $E_{rm}$ | = Marktrendite für Aktien |
| $E_{rm} - r$ | = Durchschnittliche Risikoprämie des Aktienmarktes |
| $\beta$ | = Systematisches Risiko des zu bewertenden Unternehmens |

## Aufgabe 42 > Seite 204

## 1.2 Bewertung von Aktien

Eine **Unternehmensbeteiligung** ist nicht nur durch den Kauf von Teilen eines Un-ternehmens oder durch den Kauf ganzer Unternehmen möglich, sondern ebenfalls ty-pischerweise über die Börse **durch** den **Kauf von Aktien** zu bewerkstelligen, soweit das zu kaufende Unternehmen eine börsennotierte Aktiengesellschaft ist.

Ein klarer **Vorteil** von börsennotierten Werten liegt darin begründet, dass für den po-tenziellen Investor ein durch den Markt generierter Preis besteht. Zu klären bleibt noch, ob dieser Marktpreis in seiner Höhe gerechtfertigt, ob also die Aktie kaufwürdig ist. Im Folgendem sollen behandelt werden:

► **Grundlagen**
► **Fundamentalanalyse**
► **Chartanalyse**.

## 1.2.1 Grundlagen

Im Gegensatz zu Personengesellschaften, die ein variables Eigenkapital besitzen, weisen Kapitalgesellschaften einen festen Grundstock an haftendem Kapital aus. Dieser Grundstock heißt bei der Aktiengesellschaft **gezeichnetes Kapital**. Es lässt sich in Geschäftsanteile zerlegen, die einen realen oder fiktiven Nennwert haben. Diese Geschäftsanteile sind bei der Aktiengesellschaft als **Aktien** verbrieft.

Aktien sind Wertpapiere, die **Rechte** an einer Mitgliedschaft in einem Unternehmen verbriefen:

► Stimmrecht in der Hauptversammlung
► Recht auf Anteil am Gewinn (Dividende)
► Recht auf Anteil am Liquidationserlös
► Recht auf den Bezug von neuen Aktien.

Aktien bestehen aus verschiedenen **Teilen**, wie z. B. auch festverzinsliche Wertpapiere, die sind:

► Der **Mantel**, der die eigentliche Wertpapierurkunde darstellt und die Anteilsrechte verbrieft.
► Der **Bogen**, der die Kupons und den Erneuerungsschein enthält:

| Kupons | Sie sind durchnummerierte Dividendenscheine, die vom Bogen im Falle einer Dividendenauszahlung oder einer Ausgabe neuer Aktien abgetrennt und eingelöst werden. |
|---|---|
| Erneuerungsschein | Er wird auch **Talon** genannt, stellt den letzten Abschnitt des Bogens dar und wird zur Beschaffung eines neuen Bogens verwendet. |

Aus der Sichtweise eines Finanzinvestors im Hinblick auf Aktien kann festgestellt werden:

► Die Aktie als ein Instrument zur Beteiligung an anderen Unternehmen wird an **organisierten Märkten** gehandelt. Das bringt die Möglichkeit des raschen Kaufs bzw. Verkaufs von Aktien. Kauf- und Verkaufsaufträge werden i. d. R. innerhalb von zwei Börsentagen ausgeführt. Damit ist eine Finanzinvestition in Aktien schnell durchführbar bzw. auch schnell wieder liquidierbar.

► Durch den Handel an organisierten Märkten wird jeweils eine **Preisbestimmung** der Aktie durchgeführt und damit aus Sicht des Finanzinvestors die Werthaltigkeit des Investitionsobjektes bestimmt.

► Die mögliche Gewinn bringende Entwicklung der Aktienkurse ist das Hauptargument für eine Investition in Aktien. Durch den richtig terminierten An- und Verkauf von Aktien sind **Kursgewinne** möglich. Der erzwungene Wiederverkauf von Aktien während möglicher Kursrückgänge bringt allerdings auch ein erhebliches Risiko mit sich, **Kursverluste** hinnehmen zu müssen.

► Eine weitere **Gewinnmöglichkeit** ist die Gewinnausschüttung auf Aktien, wobei diese keine entscheidende Stellung als Investitionsargument einnimmt.

Mit dem Kauf von Aktien erwirbt der Investor **Rechte**, die unterschiedlich ausgestaltet sein können. Entsprechend liegen unterschiedliche Intentionen beim Kauf vor.

Im Folgenden sollen behandelt werden:

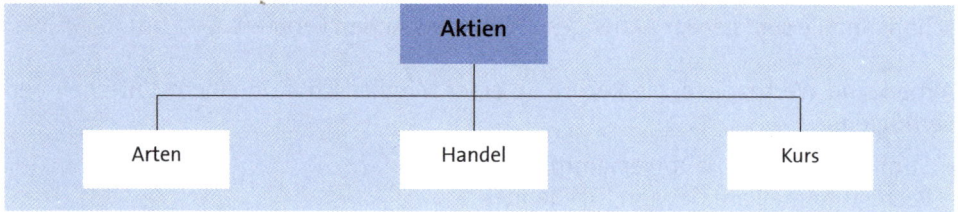

### 1.2.1.1 Arten

Die Investitionsentscheidung wird auch von der **Aktienart** beeinflusst. Kriterien, Aktienarten zu unterscheiden, sind z. B.:

► **Unterschiedliche Wertbezeichnung**

| Nennwertaktien | Sie lauten auf einem bestimmten Nennbetrag, der in Geld ausgedrückt ist und seit 2001 mindestens 1,00 € betragen muss. Sie werden auch **Nominalaktien** genannt. |
|---|---|
| Quotenaktien | Sie enthalten keinen Nennbetrag, sondern verbriefen direkt einen quotalen Anteil am Reinvermögen z. B. 1/10.000. Sie sind in Deutschland **nicht zulässig**. |
| Stückaktien | Sie lauten auf keinen Nennbetrag und werden deshalb auch „**nennwertlose Stückaktien**" genannt. Stückaktien verkörpern einen Anteil am Grundkapital, der sich durch Division des Grundkapitals durch die Anzahl der ausgegebenen Aktien ergibt. |

## ▶ Unterschiedliche Übertragungsmöglichkeiten

| | |
|---|---|
| **Inhaberaktien** | Sie tragen **keinen Namen** eines Berechtigten. Der Inhaber der Aktie ist demnach auch der Berechtigte. Die Übertragung erfolgt durch **Einigung** und **Übergabe.** |
| | Voraussetzung für die Ausgabe von Inhaberaktien ist, dass der Aktien-Nennbetrag voll einbezahlt wurde. Sie sind in Deutschland die überwiegende Form der Aktie. |
| **Namensaktien** | Sie tragen den **Namen** des berechtigten Aktionärs. Dieser ist im Aktienregister der Gesellschaft eingetragen. Da Namensaktien **Orderpapiere** sind, kann die Übertragung durch Indossament erfolgen. Problemlosen Börsenhandel sowie die Aufbewahrung ermöglicht das Gesetz zur Namensaktie (NaStraG). |
| | Die Übertragung ist der Gesellschaft zur Umschreibung im Aktienregister anzuzeigen, da nur eingetragene Berechtigte als Aktionäre gelten. Es muss eine Mindesteinzahlung von 25 % auf den Nennwert der Namensaktie und eine Volleinzahlung auf ein eventuelles Agio für eine Ausgabe erfolgt sein. |
| | Einige Aktiengesellschaften wechselten in den letzten Jahren von der Inhaber- zur Namensaktie. Gründe hierfür sind weltweite Handelsmöglichkeiten, bessere Aktionärsansprache und Kenntnis der Eigentümerzusammensetzung. |
| **Vinkulierte Namensaktien** | Sie entsprechen den Namensaktien. Als weitere Übertragungsbeschränkung besteht allerdings noch eine **Zustimmungspflicht** der Gesellschaft **beim Aktienübertrag.** So können Verschiebungen der Beteiligungsverhältnisse verhindert werden. |

## ▶ Unterschiedliche Eigentümerrechte

| | |
|---|---|
| **Stammaktien** | Sie haben die größte Verbreitung in Deutschland und verkörpern die **Gleichberechtigung** für alle Aktionäre hinsichtlich: |
| | ▶ der Stimmrechte |
| | ▶ der Rechte an einer gleich hohen Dividende |
| | ▶ des Liquidationserlöses |
| | ▶ des Bezugsrechtes bei Kapitalerhöhungen. |
| **Vorzugsaktien** | Sie räumen dem Aktionär ein bestimmtes **Sonderrecht** ein, das sich beziehen kann auf: |
| | ▶ die Dividende (stimmrechtslose Vorzugsaktie) |
| | ▶ das Stimmrecht (in Deutschland verboten) |
| | ▶ den Liquidationserlös (vorrangige Befriedigung). |
| | Die verbreitetste Form ist die **stimmrechtslose Vorzugsaktie**, die dem Berechtigten eine höhere Dividende als den Stammaktionären einräumt. Gleichzeitig werden die Stimmrechte beschnitten. |

► **Unterschiedlicher Ausgabezeitpunkt**

Hier unterscheidet man **alte Aktien**, die schon vor einer Kapitalerhöhung im Umlauf befindlich sind, und **junge Aktien** oder **neue Aktien**, die zum Zeitpunkt einer Kapitalerhöhung ausgegeben werden. Die jungen Aktien werden zu alten Aktien, wenn sie diesen in allen Rechten (volle Dividendenberechtigung) gleichgestellt sind.

## Aufgabe 43 > Seite 204

### 1.2.1.2 Handel

Aktien sind fungible, d. h. handelbare, marktgängige Wertpapiere. Sie werden – als langfristige Kapitalien – am Kapitalmarkt gehandelt, dem als **Finanzmarkt** der Geldmarkt gegenübersteht:

► Der **Geldmarkt** umfasst die kurzfristigen Finanzgeschäfte in Form von Geldaufnahme und Geldanlage, wobei unterschieden werden kann:

| Banken-geldmarkt | Er ist auf den Handel mit Zentralbankgeld und Geldmarktpapieren zwischen Kreditinstituten gerichtet. |
|---|---|
| Unternehmens-geldmarkt | Ihm liegt der Handel von Geldern zwischen Unternehmen zu Grunde, die nicht Kreditinstitute sind. |

► Der **Kapitalmarkt** ist auf die längerfristigen Aufnahmen und Anlagen von Kapitalien ausgerichtet. An ihm wird im Rahmen des Wertpapierhandels der Wert einer Aktie ermittelt, der entscheidend für die Überlegungen zu einer Finanzinvestition ist. Er lässt sich unterteilen in:

| Primärmarkt | Dabei handelt es sich um den Markt für Neuemissionen von Wertpapieren. |
|---|---|
| Sekundärmarkt | In diesem Markt erfolgt der Handel mit bereits emittierten Wertpapieren. |

Der **Wertpapierhandel** umfasst bzw. organisiert den Kauf und Verkauf von Wertpapieren. Er bezieht sich nicht nur auf Aktien, sondern auch auf festverzinsliche Wertpapiere, wie Schuldverschreibungen u. Ä., und kann erfolgen als:

► **Börslicher Handel**, bei dem Wertpapiere in einem Segment einer Wertpapierbörse, z. B. der Frankfurter Börse als größter deutscher Börse gehandelt werden. Im Rahmen des börslichen Handels erfolgt eine **Kursfeststellung** für das jeweilige Wertpapier, die veröffentlicht wird.

**Marktformen** des börslichen Handels können sein:

| Kassamarkt | Charakteristisch für ihn ist, dass die **Preisfeststellung** für eine Wertpapiertransaktion und die **Erfüllung** desselben **zeitlich zusammenfallen** (Ausführung innerhalb von zwei Börsentagen). Der Kassamarkt zerfällt in zwei **Segmente**, den Regulierten Markt und den Open Market – siehe unten. |
|---|---|
| Terminmarkt | Im Terminmarkt abgeschlossene Geschäfte **verschieben** den **Tag der Erfüllung** im Gegensatz zum Kassageschäft in die Zukunft (mindestens drei Werktage). Es wird ein Vertrag geschlossen, der die Konditionen für den Wertpapierkauf/-verkauf in der Zukunft bereits heute festlegt. |
| | Für bedingte Termingeschäfte erhalten **nur ausgewählte Aktien** die Zulassung, um in Form von standardisierten Optionsgeschäften an der EUREX abgewickelt zu werden. |

► **Außerbörslicher Handel**, bei dem alle Wertpapiere gehandelt werden können, da kein Börsenzwang besteht. Dies können Wertpapiere des börslichen Handels, aber auch ausländische und nicht notierte Wertpapiere sein.

Der außerbörsliche Handel wird auch als **Telefonhandel** bezeichnet. An ihm nehmen vor allem Kreditinstitute und institutionelle Händler teil.

Mithilfe der **Börsensegmente** wird der Kassamarkt aufgeteilt, wobei diese unterschiedlich hohe **Anforderungen** für Zulassung zum Handel aufweisen. Sie beziehen sich vor allem auf die Bereitstellung notwendiger Informationen (z. B. Börsenprospekt), die jeweiligen Mindestemissionsvolumina und Streuungsvorschriften sowie die Stellung eines Emissionsbegleiters (meist eines Kreditinstituts).

Als Börsensegmente sind zu unterscheiden:

► Der **Regulierte Markt**, in dem seit November 2007 der frühere amtliche Markt und geregelte Markt zusammengeführt wurden. Er setzt nach dem Wertpapierhandelsgesetz als organisierter Markt die Zusammenarbeit des Emittenten mit einem Kreditinstitut bzw. anderen hierfür zugelassenen Finanzinstituten voraus (§ 2 Abs. 5 WpHG).

Beim Regulierten Markt werden als **Zulassungsvoraussetzungen** – siehe Finanz-marktrichtlinie-Umsetzungsgesetz (FRUG) – folgende Standards unterschieden:

| General Standard | Seine Anforderungen orientieren sich an nationalen Regeln und allgemein verpflichtend ein Mindestmaß für alle Emittenten an der Frankfurter Börse. Die Emittenten erfüllen damit die höchsten europäischen Transparenzanforderungen. Neben den Mindestanforderungen des Open Markets (siehe S. 174) werden zusätzlich gesetzliche Transparenznormen des EU-regulierten Marktes gefordert. Dies sind z. B.:<br><br>- Zulassungsfolgepflichten des Regulierten Marktes<br>- Ad-Hoc-Mitteilungen<br>- Anwendung internationaler Rechnungslegungsstandards (IFRS/IAS oder US-GAAP)<br>- Veröffentlichung eines Zwischenberichts. |
|---|---|
| Prime Standard | Über diese gesetzlichen Normen hinaus weist der Prime Standard noch zusätzliche Anforderungen auf, die z. B. sein können:<br><br>- Quartalsberichte in englischer Sprache<br>- Unternehmenskalender in Deutsch und Englisch<br>- jährliche Analystenkonferenz<br>- Ad-Hoc-Mitteilungen auch in Englisch.<br><br>Dieses Segment will z. B. durch die Umstellung auf internationale Rechnungslegung der **Internationalisierung** der aktiennotierten Unternehmen und der Investoren entsprechen. Durch den Prime Standard kommt es zu einem **Indexkonzept**, das einen pyramidenähnlichen Aufbau aufweist. Die Einteilungskriterien der Indizes sind die Unternehmensgröße und der Branchenbezug. Das Spitzensegment des Indexkonzeptes ist der DAX, der ergänzt wird:<br><br>- Der **DAX** als Deutscher Aktienindex bildet die 30 größten deutschen Unternehmen ab.<br>- Der **MDAX** als Midcap-DAX umfasst nach dem DAX die 50 nächstgrößten Unternehmenswerte, die aus klassischen Branchenbereichen stammen.<br>- Der **SDAX** als Smallcap-DAX schließt sich direkt dem MDAX an und fasst die dem MDAX folgenden 50 nächstgrößten Unternehmen zusammen, die auch hier aus klassischen Branchen stammen.<br>- Der **TecDAX** als Technology-DAX bildet die 30 größten Unternehmen aus der Technologiebranche ab und steht damit parallel zum MDAX als Nachfolger des ehemaligen Indexes NEMAX 50.<br><br>Hinzu kommen **All-Share-Indizes** (z. B. der Prime-All-Share-Index oder auch der CDAX, der als Composite-DAX alle deutschen Werte gesamthaft erfasst), **Benchmark-Indizes** (z. B. Classic-All-Share-Index und Technology-All-Share-Index, die alle Unternehmen unterhalb des DAX abbilden) und 18 **Branchenindizes**. |

Gemeinsam ist diesen Segmenten, dass die eine Emission begleitenden Institute an der inländischen Wertpapierbörse zum Handel von Aktien zugelassen sind und bestimmte Eigenkapitalanforderungen erfüllen (Mindesthöhe des haftenden Eigenkapitals von 730.000,00 €).

Weitere **rechtliche Regelungen** der Zulassung geben das Börsengesetz, die Börsenzulassungsverordnung, das Wertpapierprospektgesetz sowie die Börsenordnung des jeweiligen Börsenplatzes vor. Entsprechend der bisher geltenden Voraussetzungen bei einer Emission sind z. B. zu nennen:

- dreijähriges Bestehen des emittierenden Unternehmens
- erwarteter Kurswert der neuen Aktien ab 1,25 Mio. €
- Mindestanzahl von Stückaktien liegt bei 10.000
- Der Streubesitz muss 25 % der Aktien erreichen.
- Es besteht Prospekthaftung.

► Der **Open Market** ersetzt (begrifflich) seit Oktober 2005 den Freiverkehr. Er ist – im Gegensatz zum Regulierten Markt – privatrechtlich als Börsensegment in Deutschland geregelt. Neben deutschen Aktien überwiegt hier der Handel mit ausländischen Wertpapieren (Aktien, Rentenpapieren, Zertifikaten, Optionsscheinen).

Niedrigere Transparenzanforderungen in Form von geringen formalen Pflichten im Open Market werden durch den **Entry Standard** festgelegt. Sie umfassen:

- Das Einhalten bestimmter nationaler gesetzlicher Mindestanforderungen
- Die Veröffentlichung des testierten Konzern-Jahresabschlusses mit Konzernlagebericht
- Die Veröffentlichung eines aktuellen Unternehmenskurzporträts und eines Unternehmenskalenders
- Die Veröffentlichung des Zwischenberichts innerhalb einer bestimmten Frist
- Die unverzügliche Veröffentlichung wesentlicher Unternehmensnachrichten.

Der Börsenhandel kann schließlich in verschiedenen **Formen** durchgeführt werden, deren Bedeutung sich in den vergangenen Jahren verändert hat. Grundsätzlich gibt es:

► Den **Parketthandel** als traditionelle Form des Börsenhandels. Sie findet vor Ort im Börsensaal statt. Während der Handelszeiten, z. B. 9:00 bis 20:00 Uhr, können zum Handel zugelassene Personen über Makler die Kurse für notierte Werte feststellen.

Diese Form des Handels findet hauptsächlich nur noch in Nebenwerten oder weniger liquiden Märkten statt. An der Fankfurter Börse gibt es ihn seit Juni 2011 überhaupt nicht mehr.

► Der **Computerhandel** dominiert inzwischen den Börsenhandel. Seine Handelszeiten liegen zwischen 9:00 und 17:30 Uhr.

Mittels **Xetra** (= E**x**change **E**lectronic **Tra**ding) werden über 8.000 an der Frankfurter Wertpapierbörse notierte Aktien sowie fast 30.000 strukturierte Wertpapiere und Optionsscheine gehandelt. Dieses vollelektronische Wertpapierhandelssystem der Deutschen Börse AG ist das weltweit leistungsfähigste Handelssystem für den Kassamarkt. Es konzentriert die Liquidität aus mehr als ein Dutzend Ländern und Hunderten von Banken, die in Form eines Netzwerks an das Handelssystem angeschlossen sind.

Xetra zeichnet sich aus durch kostengünstigsten, schnellen und flexiblen Wertpapierhandel, der von jedem Standort weltweit durchgeführt werden kann. Während der täglichen Öffnungszeiten ist der gleichzeitige Handel von 40.000 Wertpapieren möglich.

**Phasen** des Handels in Xetra sind:

| | |
|---|---|
| **Vorhandelsphase** | Sie dient als Vorbereitung der Haupthandelsphase mit der Abgabe sowie Änderung oder Löschung von Kauf- bzw. Verkauf-Orders. In dieser Phase ist das Orderbuch geöffnet und einsehbar. |
| **Haupthandelsphase** | Sie umfasst:<br><br>▶ Den **fortlaufenden Handel**, der den vollen Einblick in das Orderbuch gewährt und die Stellung von verbindlichen, nicht mehr zu ändernden Geboten ermöglicht.<br><br>Nach vollautomatischer Überprüfung der Zulässigkeit der Order führt Xetra bei Übereinstimmung von Menge und Preis mit einer anderen Order ohne Einschaltung eines Kursmaklers die Orders zusammen („**automatisches Matching**"). Daraufhin erfolgt eine Bestätigung des durchgeführten Geschäftes.<br><br>▶ Die **Auktionen**, die den fortlaufenden Handel unterbrechen, wenn Angebot und Nachfrage zu weit auseinander liegen. Nach einer Aufruf- und Preisermittlungsphase, wobei eingestellte Aufträge während einer bestimmten Zeitdauer geändert werden können.<br><br>Nach dem zufallsbestimmten Ende dieser Phase ermittelt eine Preisermittlungsphase nach dem Meistausführungsprinzip den Kurs mit dem höchsten Umsatz und überführt die Auktion wieder in den fortlaufenden Handel. |
| **Nachhandelsphase** | In dieser Phase werden die Orderaufträge abgegeben, geändert oder auch gelöscht sowie die Bearbeitung der abgeschlossenen Geschäfte durchgeführt. |

Xetra dominiert mit über 90 % Anteil am Gesamtumsatz des Aktienhandels den Frankfurter Börsenplatz. Zudem legt es auch die Kurse der Aktien bzw. die Punkte der Indizes für die 30 Werte des Deutschen Aktienindex DAX (Stand und Veränderung zur Schlussnotierung am vorherigen Börsentag) fest.

## 1.2.1.3 Kurs

Der Handel in den verschiedenen Marktsegmenten führt zu einem **Börsenkurs**, der den Ankaufs- und Verkaufswert einer Aktie an einem Börsentag widerspiegelt. Der Börsenkurs ist in seiner Höhe generell abhängig vom Angebot- und Nachfrageverhalten der Marktteilnehmer, wobei diese verschiedenen **Einflussfaktoren** unterliegen können:

▶ Anbieter und Nachfrager errechnen den **inneren Wert** einer Aktie über die Instrumente der Fundamentalanalyse, die im Folgenden behandelt werden, um die Kaufwürdigkeit einer Aktie zu bewerten. Die Chartanalyse, auf die ebenfalls unten eingegangen wird, versucht dies auf grafischem Wege.

▶ Neben diesen wirtschaftlichen Überlegungen bewegen aber auch stark **psychologische Einflüsse** die Marktteilnehmer. Gerüchte, Stimmungen und Ängste bestimmen dann spekulative Verhaltensweisen.

▶ Die **gesamtwirtschaftliche Lage** im nationalen wie im internationalen Bereich und ihre voraussichtliche Entwicklung beeinflusst das Verhalten der Börsenteilnehmer.

▶ Die **geld-**, **kredit-** und vor allem die **zinspolitischen Maßnahmen** der Zentralbank haben hohen Einfluss auf den Börsenmarkt. Insbesondere bei Zinserhöhungen sind nachlassende Aktienkurse und ein Umschwenken der Anlegerschaft in Obligationen denkbar.

▶ Einflüsse der **Politik**, insbesondere durch wirtschaftspolitische Entscheidungen und die Finanzpolitik, nehmen im nationalen und internationalen Ausmaß Einfluss auf das Verhalten der Börsenteilnehmer.

Der Börsenkurs kann – wie nachstehend – ermittelt und festgesetzt werden:

▶ Der **Schlusskurs** bzw. der letzt verfügbare Kurs, der in Xetra bzw. im Parketthandel festgestellt wird, hat den Einheitskurs in seiner Bedeutung überholt. Der Einheitskurs, der auch Kassakurs genannt wird, verliert aufgrund der Erweiterung der Handelszeit und durch den Computerhandel, der ganztägig über Kursfestsetzungen informiert, an Bedeutung.

▶ Der **variable Kurs** kommt, wie bereits angeführt, z. B. durch fortlaufende Notierungen im Xetra-Handel zu Stande. Die Erfassung der in der fortlaufenden Notierung gehandelten Aktien ist an den Börsenplätzen unterschiedlich über Mindestvolumina bei Kauf- und Verkaufsaufträgen geregelt.

▶ Der **Einheitskurs** ist der Marktwert einer Aktie, der sich zu einem bestimmten Zeitpunkt im börsentäglichen Handel für nicht im Xetra-System gehandelte Aktien ergibt. Die Kursfestsetzung des auch als Kassakurs bezeichneten Einheitskurses erfolgt durch amtliche Makler.

Zur Anwendung kommt hierbei wie auch in den Auktionen des Xetra-Handels das **Meistausführungsprinzip**, das den Kurs mit den größten Umsätzen sucht.

**Beispiel**

| Kaufaufträge | Limit | Verkaufsaufträge | Limit |
|---|---|---|---|
| 40 Stück | billigst | 30 Stück | bestens |
| 20 Stück | 124 | 50 Stück | 124 |
| 60 Stück | 125 | 40 Stück | 125 |
| 50 Stück | 126 | 20 Stück | 127 |

„Limit" ist der Kurs zu dem gekauft oder verkauft werden soll. „**Billigst**" ist eine Kau-forder eines Marktteilnehmers, der eine Aktie zu jedem Preis kaufen möchte. „**Bestens**" ist der entsprechende Verkaufsauftrag.

**Fortsetzung Beispiel**

Es werden nun die Kauf- und Verkaufsaufträge gegenübergestellt und der Aktienkurs ermittelt, bei dem der größte Umsatz möglich wird:

| Kurs | Käufe Stück | Verkäufe Stück | Umsatz Stück |
|---|---|---|---|
| 124 | 170 | 80 | 80 |
| *125* | *150* | *120* | *120* |
| 126 | 90 | 120 | 90 |
| 127 | 40 | 140 | 40 |

Zum Kurs von 124,00 € könnten alle Kaufaufträge, also 170 Stück, ausgeführt werden. Bei einem Kurs von 125,00 € fallen dann aber die auf 124,00 € limitierten Kaufaufräge heraus. Bei den Verkäufen würden zu einem Kurs von 124,00 € die unlimitierten („Bestens") Verkaufsorder und die auf 124,00 € limitierten Verkaufsaufträge ausgeführt werden können. Dieser Umsatz würde 80 Stück betragen.

Hier wird ein Kurs beim größten Umsatz mit 120 Stück und in einer Höhe von 125,00 € festgesetzt. Bei diesem Kurs bleiben nur 20 Stück der Verkaufsaufträge und 30 Stück der Kaufaufträge mit einem Limit unerfüllt.

Aus der stärkeren Nachfrage zum festgestellten Kurs wird ein **Kurszusatz** „bG" zur Information hinzugefügt. Das Kürzel heißt „bezahlt Geld" und drückt aus, dass zum festgestellten Kurs die limitierten Kaufaufträge nicht vollständig ausgeführt werden konnten.

## Aufgabe 44 > Seite 204

Dieser Kurs wird im amtlichen **Kursblatt** veröffentlicht oder bei den Auktionen des Xetra-Handels festgesetzt. In den Kursblättern sind dann auch, wie im vorgenannten Beispiel, unterschiedliche Kurszusätze und Hinweise als Kurzzeichen hinzugefügt, die die Marktentwicklung und Marktsituation deutlich machen sollen.

**Beispiele**

## Kurszusätze als Kurzzeichen

| b oder Kurs ohne Zusatz | bezahlt | Alle Aufträge sind ausgeführt. |
|---|---|---|
| bG | bezahlt Geld | Die zum festgestellten Kurs limitierten Kaufaufträge müssen nicht vollständig ausgeführt sein. Es bestand weitere Nachfrage. |
| bB | bezahlt Brief | Die zum festgestellten Kurs limitierten Verkaufsaufträge müssen nicht vollständig ausgeführt sein. Es bestand weiteres Angebot. |
| ebG | etwas bezahlt Geld | Die zum festgestellten Kurs limitierten Kaufaufträge konnten nur zu einem geringen Teil ausgeführt werden. |
| ebB | etwas bezahlt Brief | Die zum festgestellten Kurs limitierten Verkaufsaufträge konnten nur zu einem geringen Teil ausgeführt werden. |
| ratG | rationiert Geld | Die zum Kurs und darüber limitierten sowie unlimitierten Kaufaufträge konnten nur beschränkt ausgeführt werden. |
| ratB | rationiert Brief | Die zum Kurs und niedriger limitierten sowie unlimitierten Verkaufsaufträge konnten nur beschränkt ausgeführt werden. |
| * | Sternchen | Kleine Beträge konnten nicht gehandelt werden. |

**Hinweise als Kurzzeichen**

| G | Geld | Zu diesem Preis bestand nur Nachfrage. |
|---|---|---|
| B | Brief | Zu diesem Preis bestand nur Angebot. |
| – | gestrichen | Ein Kurs konnte nicht festgestellt werden. |
| – G | gestrichen Geld | Ein Kurs konnte nicht festgestellt werden, da überwiegend Nachfrage bestand. |
| – B | gestrichen Brief | Ein Kurs konnte nicht festgestellt werden, da überwiegend Angebot bestand. |
| – T | gestrichen Taxe | Ein Kurs konnte nicht festgestellt werden. Der Preis ist geschätzt. |
| ex D | ohne Dividende | Notierung am Tag des Abschlags der Dividende |
| ex BR | ohne Bezugsrecht | Notierung am Tag des Abschlags eines Bezugsrechts |
| ex BA | ohne Berechtigungsaktien | Erste Notiz nach Umstellung des Kurses auf das aus Gesellschaftsmitteln berechtigte Aktienkapital |
| – Z | gestrichen Ziehung | Die Notierung ist an den beiden dem Auslosungstag vorangehenden Börsentagen ausgesetzt. |
| ausg | ausgesetzt | Die Aktie ist vom Handel ausgeschlossen und damit eine Kursstellung nicht gestattet. |

## 1.2.2 Fundamentalanalyse

Die sich über den Börsenhandel ergebenden Marktkurse von Aktien müssen bewertet werden. Man ermittelt den **inneren Wert** einer Aktie durch verschiedene Verfahren und stellt diesen dem Marktwert zur Beurteilung der Kaufwürdigkeit einer Aktie gegenüber. Als Verfahren sollen behandelt werden:

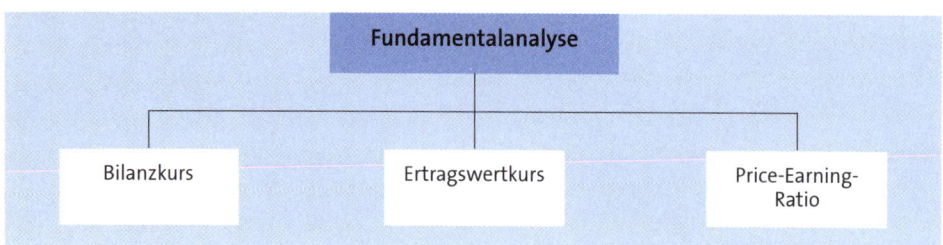

## 1.2.2.1 Bilanzkurs

Die Bewertung einer Aktie kann im Rahmen einer bilanziell ausgerichteten Vorgehensweise erfolgen. Der Bilanzkurs der Aktie ist eine betriebswirtschaftliche Kennzahl, die ausdrückt, **wie viel Eigenkapital** aus bilanzieller Sicht **auf eine Aktie entfällt**. Der innere Wert einer Aktie wird mittels der Vermögenssubstanz ausgedrückt.

Der Bilanzkurs einer Aktie ergibt sich durch die Formel:

$$\text{Bilanzkurs} = \frac{\text{Bilanzielles Eigenkapital}}{\text{Gezeichnetes Kapital}} \cdot 100$$

Das bilanzielle Eigenkapital setzt sich zusammen aus:

|   | Gezeichnetes Kapital |
|---|---|
| + | Kapitalrücklage |
| + | Gewinnrücklage |
| + | Gewinnvortrag |
| - | Verlustvortrag |
| = | **Bilanzielles Eigenkapital** |

**Beispiel**

| | |
|---|---|
| Gezeichnetes Kapital | 100 Mio. € |
| Gewinnrücklagen | 130 Mio. € |
| Kapitalrücklagen | 120 Mio. € |
| Eigenkapital | 350 Mio. € |

Hieraus ergibt sich ein Bilanzkurs von:

$$\text{Bilanzkurs} = \frac{350}{100} \cdot 100 = \mathbf{350\,\%}$$

Setzt man einen realen oder bei der Stückaktie „fiktiven" Nennwert von 5,00 € pro Aktie ein, ergibt sich ein Bilanzkurs von 17,50 €.

Beim Vergleich des Kurswertes der Aktie an der Börse mit dem Bilanzkurs erhält der potenzielle Investor Aufschluss über den „**inneren Wert**" der Aktie. Mögliche Differenzen zwischen niedrigerem Bilanzkurs und höherem Börsenkurs geben Aufschluss über die von den Börsenteilnehmern eingeschätzten stillen Reserven und dem originären Firmenwert (Goodwill) des zu bewertenden Unternehmens.

**Stille Reserven** entstehen im Unternehmen durch Bilanzierungsmaßnahmen, wie die Unterbewertung von Vermögen und/oder die Überbewertung von Schulden. Da in der bezeichneten Berechnung die oftmals gebildeten Reserven nicht mit aufgenommen wurden, kann diese Form der Fundamentalanalyse auch als **korrigierter Bilanzkurs** zur Durchführung kommen:

$$\text{Korrigierter Bilanzkurs} = \frac{\text{Bilanzielles Eigenkapital} + \text{Stille Reserven}}{\text{Gezeichnetes Kapital}} \cdot 100$$

## Aufgabe 45 > Seite 205

### 1.2.2.2 Ertragswertkurs

Zur Ermittlung des Ertragswertkurses werden – entsprechend den Ausführungen im Bereich der Unternehmensbewertung – alle in der Zukunft zu erwartenden Gewinne auf die Gegenwart abgezinst. Der **Ertragswert** ist also der Barwert aller zukünftig zu erwartenden Rückflüsse.

**Berechnungsformen** für den Ertragswert sind:

► Der Ertragswert für ein **zeitlich begrenztes Engagement** mit einzeln geschätzten, **unterschiedlich hohen Gewinnen**:

$$\text{Ertragswert} = \frac{G_1}{q^1} + \frac{G_2}{q^2} + \frac{G_3}{q^3} + \dots + \frac{G_n}{q^n}$$

$G_n$ = Nachhaltiger Gewinn im Jahre n (€)

$\dfrac{1}{q^n}$ = Abzinsungsfaktor des Jahres n

Hier besteht die Möglichkeit, nach dem **Present-Value-Konzept** noch den geplanten Veräußerungsgewinn einer Aktie mit zu berücksichtigen. Entsprechend würde sich obige Formel ändern:

$$\text{Ertragswert} = \frac{G_1}{q^1} + \frac{G_2}{q^2} + \frac{G_3}{q^3} + \dots + \frac{G_n}{q^n} + \frac{K_n}{q^n}$$

$G_n$ = Nachhaltiger Gewinn im Jahre n (€)

$\dfrac{1}{q^n}$ = Abzinsungsfaktor des Jahres n

$\dfrac{K_n}{q^n}$ = Veräußerungsgewinn der Aktie am Planungshorizont im Jahre n.

► Für ein **zeitlich begrenztes Engagement** mit **gleich bleibenden Gewinnen** ergibt sich als Ertragswert folgende Formel, die auf den Barwertfaktor wegen der gleich bleibenden Gewinne reduziert werden kann:

$$\text{Ertragswert} = \frac{G}{q^1} + \frac{G}{q^2} + \frac{G}{q^3} + \dots + \frac{G}{q^n} = \frac{G\,(q^n - 1)}{q^n\,(q - 1)}$$

G = nachhaltiger, gleich bleibender Gewinn (€/Jahr)

$\dfrac{(q^n - 1)}{q^n \cdot (q - 1)}$ = Barwertfaktor

Auch hier ist der Veräußerungsgewinn im letzten geplanten Jahr mit einbeziehbar.

► Der Ertragswert **für eine unbegrenzte Lebensdauer** und **gleich bleibende Gewinne** ergibt die kaufmännische Formel für eine ewige Rente:

$$\text{Ertragswert} = \frac{G}{q - 1}$$

Veräußerungswerte verlieren bei dieser Betrachtung an Einfluss, da der Planungshorizont unendlich gestellt wird.

**Beispiel**

Eine Aktiengesellschaft besitzt 1,5 Mio. € gezeichnetes Kapital, die in Form von 5-€-Aktien ausgegeben wurden. Die jährlichen Gewinnerwartungen belaufen sich auf 400.000,00 €. Ein Kapitalisierungszins von 8 % wird zu Grunde gelegt.

$$\text{Ertragswert} = \frac{G}{q - 1} = \frac{400.000}{1,08 - 1} = 5.000.000,00\ \text{€}$$

Nachdem der Ertragswert festgestellt ist, kann aufgrund der Anzahl der Aktien der **Ertragswertkurs** ermittelt werden. Er kann pro Stück in Euro oder auch in Prozent errechnet werden.

$$\text{Ertragswert pro Aktie in Euro} = \frac{\text{Ertragswert}}{\text{Aktienanzahl}}$$

$$\text{Ertragswert pro Aktie in Prozent} = \frac{\text{Ertragswert}}{\text{Gezeichnetes Kapital}} \cdot 100$$

**Beispiel**

Mit den Zahlen aus dem vorhergehenden Beispiel ergeben sich bei einem gezeichneten Kapital von 1,5 Mio. € und 300.000 Stück Aktien:

$$\text{Ertragswert pro Aktie in EURO} = \frac{5.000.000}{300.000} = \textbf{16,67 €}$$

oder

$$\text{Ertragswert pro Aktie in \%} = \frac{5.000.000}{1.500.000} \cdot 100 = \textbf{333,33 \%}.$$

Der Ertragswert enthält nicht nur die Dividenden, sondern auch die in der Gewinnthesaurierung verwandten Gewinnanteile. Es wird also angestrebt, den Barwert der gesamten zukünftigen Gewinne zu ermitteln, wobei gleichzeitig der Versuch gemacht wird, Börseneffekte auszuschließen.

Die Prognose der Gewinne, die Festlegung des Planungshorizontes und der festzusetzende Kapitalisierungszins sind nicht unproblematisch. Vereinfachend wird zumeist ein unendlicher Planungshorizont unterstellt, wobei die Formel zum Einsatz kommt, die einer ewigen Rente entspricht.

Der Ertragswertkurs zeigt also den **inneren Wert** der Aktie unter der Annahme einer prognostizierten Ertragsentwicklung.

## Aufgabe 46 > Seite 205

### 1.2.2.3 Price-Earning-Ratio

Die Price-Earning-Ratio bildet eine Verhältniszahl, die statisch dem momentanen Marktwert einer Aktie den auf diese Aktie entfallenden Reingewinn gegenüberstellt. Sie wird auch **PER-Kennziffer** oder **Kurs-Gewinn-Verhältnis** genannt.

Als eine am amerikanischen Aktienmarkt übliche und auch in Deutschland eingeführte Größe kann diese einfache Kennzahl zur Beurteilung der Kaufwürdigkeit einer Aktie als folgende Formel dargestellt werden:

$$\text{Price-Earning-Ratio (PER)} = \frac{\text{Börsenkurs in EURO}}{\text{Gewinn je Aktie in EURO}}$$

Entsprechend ergibt sich:

$$\text{Börsenkurs} = \text{PER} \cdot \text{Gewinn je Aktie in EURO}$$

Die Kennzahl PER gibt an, zum **Wievielfachen** des auf die Aktie entfallenden Gewinnes (plus Rücklagen einschließlich – soweit bekannt – stiller Reserven) die Aktie an der Börse gehandelt wird. Dieser Multiplikator entspricht in etwa einer unendlichen Rente, da der PER-Multiplikator vorgibt, mit welchem Faktor des Gewinns die Börsenteilnehmer im Moment die Aktie einschätzen.

Aussagefähig wird diese Kennzahl vor allem durch **Vergleiche** mit Zahlen aus dem Vorjahr und mit Branchenvergleichsergebnissen. Der Zeitvergleich und der Unternehmensvergleich ermöglichen eine Aussage über die derzeitige Preiswürdigkeit einer Aktie, d. h. ob sie in Börsenkreisen zurzeit eine Unterbewertung oder eine Überbewertung erfährt.

Dabei gilt generell, je niedriger das Kurs-Gewinn-Verhältnis bzw. die PER-Kennziffer, desto preiswürdiger ist eine Aktie. Der Kauf von Aktien mit niedrigerer PER ist also vorteilhafter als der Kauf von Aktien mit höheren PER-Zahlen. Man erwartet dementsprechend von Aktien mit niedrigeren PER-Zahlen, dass sich diese in den darauffolgenden Jahren durch eine günstigere Kursentwicklung auszeichnen als Aktien mit hoher PER.

## Aufgabe 47 > Seite 205

### 1.2.3 Chartanalyse

Wie bereits zu Beginn der Aktienanalyse aufgezeigt, gibt es verschiedene Fälle von **Kapitalanlageentscheidungen**:

► das Kaufen oder Nichtkaufen von Wertpapieren
► das Verkaufen oder das Halten von Wertpapieren.

Die Fundamentalanalyse hat versucht, diese Entscheidungen anhand des inneren Wertes einer Aktie zu treffen. Im Gegensatz hierzu soll mithilfe der Chartanalyse die Kursentwicklung einer Aktie allein aus der **Kursentwicklung am Aktienmarkt** erklärt werden, also aus dem Marktgeschehen heraus.

Die Chartanalyse, die auch **technische Analyse** genannt wird, basiert auf drei, durchaus angreifbaren Annahmen:

► Aktienkurse verlaufen, von kurzfristigen Schwankungen abgesehen, in **Trends**, die über eine bestimmte Zeit konstant sind und eine gewisse Grundrichtung der Aktienentwicklung vorgeben.

► Bevorstehende Trendwechsel können anhand bestimmter **Formationen** vorbestimmt werden. Sie sind grafische, charakteristische Verläufe mit Tendenz, sich zu wiederholen. Hieraus sollen Aussagen für die Zukunft getroffen werden.

► Es besteht ein Verzicht auf die Erklärung eines Zusammenhanges zwischen Aktienpreis und Aktienwert.

**Praktische Bedeutung** hat die Chartanalyse dadurch erhalten, dass viele Kapitalanlagedienste auf der Grundlage der Technischen Analyse arbeiten. Chart-Dienste haben sich entwickelt, die regelmäßig Charts in Form von Kursdiagrammen oder Charts von speziellen Indikatoren von den unterschiedlichsten Firmen aufbereiten und auch kommentieren. In Deutschland verbreiten Charts z. B. der *Verlag Hoppenstedt & Co.* und die *Neue Wirtschaftspresse Medien GmbH.*

Es gibt die unterschiedlichsten Verfahren bei der Chartanalyse. Gemeinsam ist ihnen allen die **Beobachtung kursbestimmender Indikatoren**. Solche Indikatoren sind insbesondere Kursverläufe, Umsatzzahlen der Börsen sowie Indexverläufe, z. B. der Advance-Decline-Index, der die Anzahl der im Kurs gestiegenen Aktien im Verhältnis zu der Anzahl der im Kurs gefallenen Aktien auswertet.

Die Verfahren der Chartanalyse lassen sich in drei generelle **Gruppen** aufteilen:

► Verfahren, die als **Gesamtmarktanalysen** auf das Gesamtmarktgeschehen abheben

► Verfahren, die einen **einzelnen Aktienwert** und dessen Kursverlauf untersuchen, z. B. als Einzelwertanalyse in Form der Aktientrendanalyse oder der Methode der gleitenden Durchschnitte

► Verfahren, die **Beziehungen zwischen einzelnen Aktienwerten und dem Gesamtmarkt** herstellen.

Es sollen unterschieden werden:

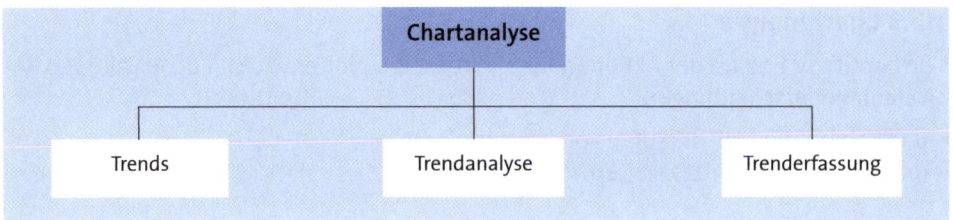

## 1.2.3.1 Trends

Grundlegend für die Chartanalyse war die bereits Ende des 19. Jahrhunderts entwickelte **Dow-Theorie**, die zu Beginn auf den Schlusskursen von zwölf Industrie- und Eisenbahnwerten basierte. Der Gedanke war, dass der gemittelte Kursverlauf ausgewählter Aktienwerte eine Aussage über die Entwicklung des Gesamtmarktes erlaube.

Die Dow-Theorie unterscheidet drei verschiedene **Arten** von Trends (*Buchner*):

▸ **Primärtrends** als langfristige Trends von mehreren Jahren, zumindest aber als einen Trend über ein Jahr. Zielsetzung ist das Erkennen des Einsetzens von langfristigen Auf- und Abwärtsbewegungen der Aktienkurse. Die Aufwärtsbewegung wird **Bull Market** bzw. **Hausse** genannt. Bei einer Abwärtsbewegung wird von einem **Bear Market** bzw. einer **Baisse** gesprochen.

Der Primärtrend interessiert vor allem bei einer **Buy-and-hold-Strategie**, also einer Strategie für Kapitalanleger in langfristige Anlagen.

▸ **Sekundärtrends** in Form von Bewegungen, die als Reaktionen auf Hausse- und Baisse-Entwicklungen erklärt werden. Sie können von drei Wochen bis hin zu mehreren Monaten andauern und schwanken um den Primärtrend. Durch ihre Gegenbewegung sollen sie ein bis zwei Drittel des vorher gewonnenen bzw. verlorenen Kurswertes kompensieren.

▸ **Tertiärtrends**, die kurzfristige Trends von einer Woche bis hin zu zwei Monaten darstellen. Ihnen wird nur eine schwache Aussagekraft zugesprochen, es sei denn, die Entwicklung bildet zufällig den Beginn einer Trendumkehr ab.

## 1.2.3.2 Trendanalyse

Zur Trendanalyse von Aktien werden vor allem verwandt (*Buchner*):

► **Linien-Charts**, die sich ergeben, indem z. B. die Schlusskurse von aufeinanderfolgenden Kalendertagen miteinander verbunden werden, wobei dies Höchst- oder auch Tiefstkurse sein können:

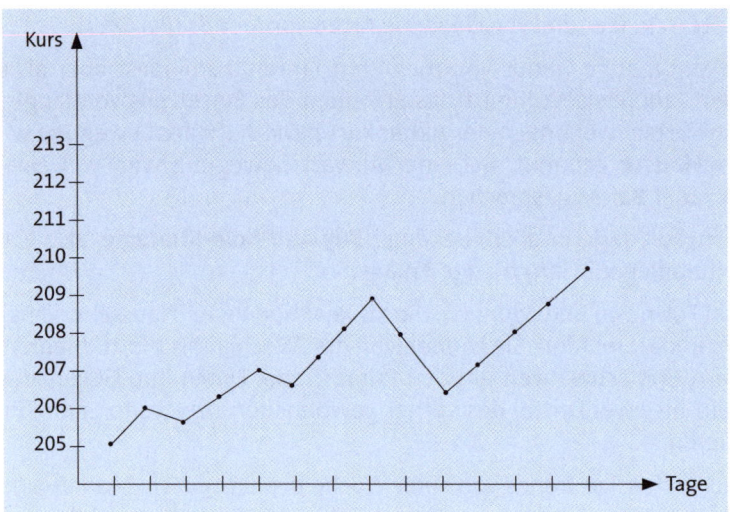

► Bei **Balken-Charts** werden konstante Zeitintervalle (Tage, Wochen, Monate) miteinander in senkrechten Linien verbunden. Diese Linien werden dann unverbunden nebeneinander dargestellt.

Sie zeigen jeweils den höchsten und den tiefsten Kurs für das gewählte Zeitintervall:

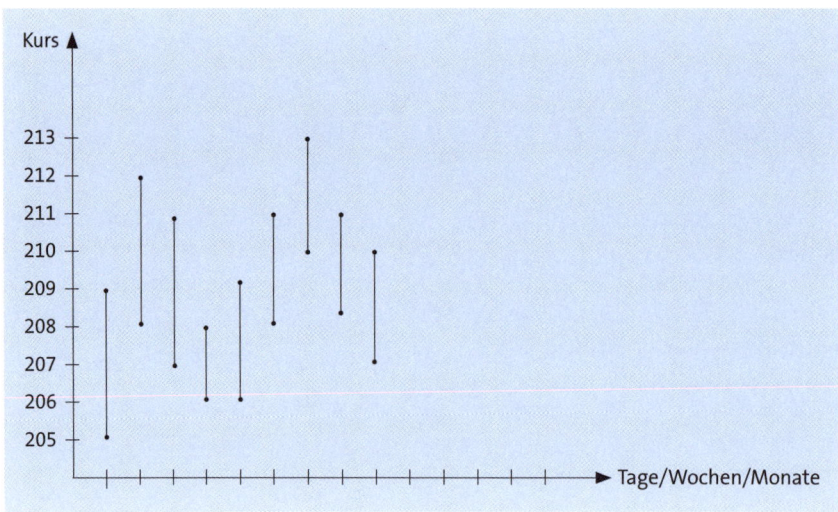

▶ Die **Point-and-Figure-Charts** haben sich aus der Kritik gegen Linien- und Balken-Charts heraus entwickelt. Um seitwärts ausgedehnte Chartformationen durch eine kalenderzeitbestimmte Kurseintragung zu vermeiden, die eine Auswertung der Kursverläufe erschweren, wird folgende Lösung vorgeschlagen:

- Die **Zeitmessung** soll endogen („von innen entstehend") in Abhängigkeit vom Ausmaß der Kursveränderung erfolgen.
- **Alternierende Säulen** („x" und „·") geben steigende bzw. fallende Kurse an. Die „x" zeigen das Steigen und die „·" das Fallen des darzustellenden Kurses. Ein Zeichen repräsentiert hierbei einen festen Betrag. Solange sich der Kurs in eine andere Richtung bewegt, wird dies durch ein „x" oder ein „·" auf der vertikalen Richtung (Säule) markiert.

Ein „x" zeigt das Steigen um einen Kurspunkt. Besteht die Steigerung aus mehreren Kurspunkten, dann stehen mehrere „x" senkrecht übereinander. Umgekehrt gelten für fallende Kurse mehrere untereinander stehende „·". Tritt eine Trendwende ein, wird der neue Kurswert auf der Abszisse nach rechts verschoben.

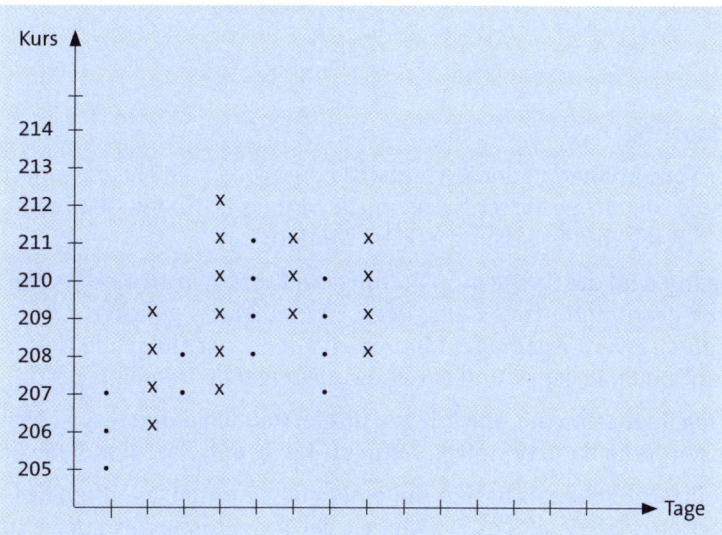

▶ Die **Candlestick-Charts** haben sich inzwischen als Darstellungsmethode von Kursverläufen sehr weit verbreitet, da deren Aussagegehalt höher als bei anderen Chartarten ist. So sollen neben Kursschwankungen innerhalb eines Handelstages auch Kurslücken angezeigt werden sowie eine vierfache Kursinformation andere Chartarten im Aussagegehalt übertreffen.

Es werden **weiße Kerzen** bei steigenden und **schwarze Kerzen** bei fallenden Kursen unterschieden:

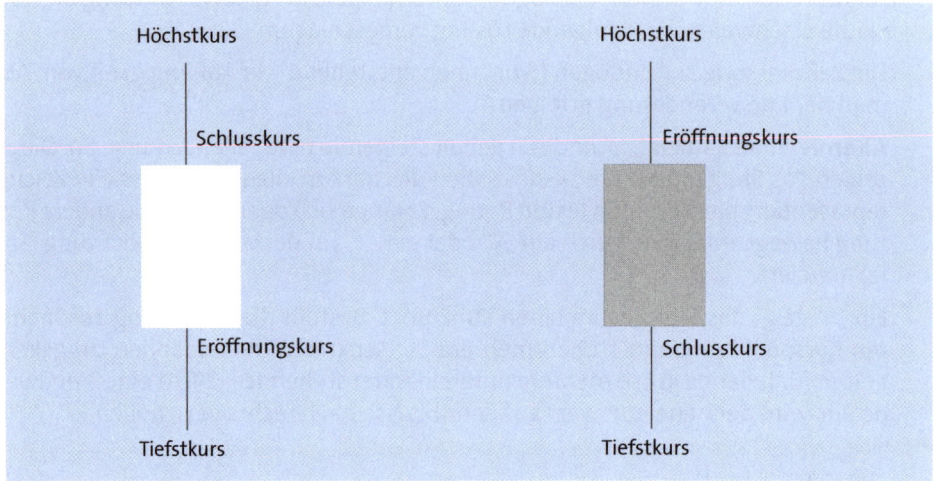

### 1.2.3.3 Trenderfassung

Anhand typischer **Formationen** in der Kursentwicklung wollen die Nutzer von Charts Aufschlüsse über die zukünftige Kursentwicklung gewinnen. Dafür müssen zuerst weitere Begriffe, wie z. B. die Trenderfassung, erklärt werden:

► Die **Trenderfassung** wird durch eine Annäherung der Kurskurve an eine gerade oder eine gleichsinnig gekrümmte Linie dargestellt. Eine aufwärts gerichtete Trendlinie bestimmt sich durch zwei ausgeprägte Minima und durch nachfolgende Tiefpunkte, die oberhalb der Trendlinie liegen und damit die ansteigende Trendlinie bestätigen.

Entsprechend zeichnet sich eine abwärtsgerichtete Trendlinie durch zwei Maxima aus, wobei sich der Trend dann bestätigt, wenn die Kurse unter der Trendlinie liegen.

► Die Erstellung eines **Trendkanals** basiert auf einem bestimmten Verhalten des Kursverlaufes. Erfolgt ein gleichmäßiges Schwingen der Amplituden des Kursverlaufes, besteht die Möglichkeit, parallel zu den Trendlinien eine **Linie** zu ziehen. Dies wäre dann der Trendkanal.

Nach Chartisten-Meinung bringt der Trendkanal die Chance mit sich, wiederholt bei höheren Kursen zu verkaufen und bei niedrigen Kursen zu kaufen.

► Die Methode der **Unterstützungs-** und **Widerstandslinien** beruht auf dem Grundgedanken, dass die Kurse der Aktien innerhalb einer bestimmten Zeitspanne nicht über oder unter ein bestimmtes Niveau steigen oder fallen, auf welchem sie eine gewisse Zeit verharrten.

Wird die Widerstandslinie nachhaltig durchbrochen, ist dies nach Meinung der Chartisten ein deutliches Kaufsignal. Umgekehrt muss bei dem Durchbrechen einer Unterstützungslinie mit weiteren Kursverlusten gerechnet werden. Entsprechend sollten dann die Aktien auch verkauft werden.

► Es gibt eine Vielzahl von **Formationen**, die in der Aktientrendanalyse zur Anwendung kommen. Allerdings lassen sich zwei grundsätzliche **Formationssysteme** unterscheiden (*Buchner*):

| Trendbestätigende Konsolidierungs-formation | Sie liegt vor, wenn die dominierende Trendrichtung zeitweise durch eine Konsolidierungsphase aussetzt. Beschreibt der Kurs ein typisches Verlaufsmuster der Konsolidierung, ist mit einer Fortsetzung des ursprünglichen Trends zu rechnen.<br>Typische **Formationen** hierfür sind:<br>► Dreiecksformation (rechtwinkliges Dreieck, gleichschenkliges Dreieck, Wimpel, Keil)<br>► Vierecksformation (Rechteck, Flagge)<br>► Bogenformation. |
|---|---|
| Trendumkehr-formation | Sie zeigt typische Kursbilder, die eine Trendumkehr ankündigen sollen, als folgende Formationen:<br>► Formation der Untertasse<br>► W- und M-Formationen<br>► Kopf-Schulter-Formation<br>► V-Formation.<br>**Beispiel der Formation einer Untertasse**:<br>Steigt der Aktienkurs nach einer anhaltenden fallenden Tendenz allmählich wieder an, um dann noch auf einem gewissen Niveau (genannt **Plattform**) zu verharren, kann mit einem nachhaltigen Anheben des Kurses gerechnet werden. Als Voraussetzung gilt, dass die Börsenumsätze die Trendwende bestätigen. |

Als **Kritik** lässt sich festhalten, dass bis heute statistisch nachgewiesene Verläufe von Kursen und deren Übereinstimmung mit der Chartisten-Meinung oder das Wiederkehren von eindeutig gleichen Formationen fehlen.

## 2. Investition in festverzinsliche Wertpapiere

Neben den Beteiligungstiteln, wie Aktien, besteht eine zweite große Gruppe möglicher Finanzinvestitionen in Form der festverzinslichen Wertpapiere, die auch Schuldverschreibungen, Anleihen, Rentenpapiere oder Obligationen genannt werden.

Festverzinsliche Wertpapiere verbriefen eine schuldrechtliche Verpflichtung und gewähren dem Inhaber ein **Forderungsrecht** gegenüber dem Emittenten, das auch im Falle einer Insolvenz geltend gemacht werden kann.

Mit der Ausgabe von festverzinslichen Wertpapieren verschaffen sich öffentlich-rechtliche Institutionen und private Unternehmen **langfristiges Fremdkapital**, das im Allgemeinen mit einem im Voraus festgelegten Zinssatz zu bestimmten Zeitpunkten gegen die Einlösung von Zinsscheinen zu verzinsen ist und am Fälligkeitstag mindestens zum

Nennwert zurückzuzahlen ist.

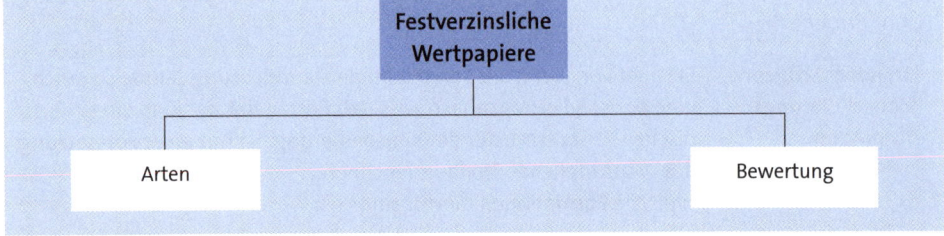

## 2.1 Arten

Es gibt verschiedene Arten festverzinslicher Wertpapiere, die hier kurz vorgestellt werden sollen. Eine Einteilungsmöglichkeit ist die Unterteilung nach den Ausstellern:

► **Anleihen der öffentlichen Hand**, zu den zählen:

| Staatsanleihen | Sie sind gesichert durch das gegenwärtige und zukünftige Vermögen sowie durch die Steuerkraft des Ausstellers. Sie sind mündelsicher, lombard- und deckungsstockfähig. |
|---|---|
| Anleihen der Bundesländer | Anleihen der Bundesländer sind den Staatsanleihen gleichzustellen. |
| Kommunal-anleihen | Das sind Anleihen der Gemeinden und Gemeindeverbände. Sie benötigen eine staatliche Genehmigung, sind lombardfähig und können als mündelsicher erklärt werden. |

► **Anleihen von Kreditinstituten**, die neben den normalen Emissionen der Kreditinstitute sein können:

| Kommunal-obligationen | Sie dienen als Instrument zur Verfügungsstellung von Darlehen für kommunale Körperschaften. |
|---|---|
| Pfandbriefe | Sie werden von privaten und öffentlich-rechtlichen Realkreditinstituten ausgegeben. Aus den Erlösen der Pfandbriefe werden langfristige Hypothekarkredite auf Grundstücke und Gebäude sowie auch auf Schiffe gewährt. |

► **Industrieobligationen**, die zumeist als Teilschuldverschreibungen herausgegebene Anleihen von bedeutenden Industrie-, Handels- oder Dienstleistungsunternehmen aufgelegt werden.

Falls **Besicherungen** vorgesehen sind, erfolgen diese durch Grundpfandrechte oder auch durch eine Negativklausel als vertragliche Zusicherung, künftig keine Belastung von Vermögensteilen zu Gunsten anderer Gläubiger zuzulassen.

## 2.2 Bewertung

Zur Bewertung einer Investition in festverzinsliche Wertpapiere kann nicht vom so genannten **Nominalzinssatz** ausgegangen werden, der auf dem Mantel als eigentliche Schuldurkunde einer jeden Anleihe aufgedruckt ist. Das wäre nur dann richtig, wenn der Kaufkurs und der Rückzahlungskurs bei Hundert lägen, was aber zumeist nicht der Fall ist.

Daher wird die Rentabilität über die **Effektivverzinsung** beurteilt. Die Abweichung zwischen Effektivverzinsung und Nominalzinssatz ist umso größer, je höher die Kursdifferenz zwischen Kaufkurs bzw. Ausgabekurs und Rückzahlungskurs ist und je kürzer die Restlaufzeit der Anleihe ist. Die Effektivverzinsung kann ermittelt werden:

▶ Mithilfe der **Faustformel** für die Effektivverzinsung pro Jahr:

$$r = \frac{Z + \dfrac{RK - AK}{n}}{AK} \cdot 100$$

r  = Effektivzinssatz
Z  = Zinsen (€/Jahr)
RK = Rückzahlungskurs
AK = Ausgabekurs
n  = Laufzeit (Jahre)

▶ **Finanzmathematisch korrigierte Formen** der Faustregel können zu kleinen Veränderungen in den Rentabilitäten führen. Sie weisen dann aber den korrekten Rentabilitätssatz aus.

Als q in diesem Restwertverteilungsfaktor kann der Zinssatz aus der obigen Formel eingesetzt werden. Somit ergibt sich nach *Däumler*, S. 111 f.:

$$r = \frac{Z + (RK - AK) \cdot \dfrac{q - 1}{q^n - 1}}{AK} \cdot 100$$

r                    = Effektivzinssatz
Z                    = Zinsen (€/Jahr)
RK                   = Rückzahlungskurs
AK                   = Ausgabekurs
n                    = Laufzeit (Jahre)
$\dfrac{q - 1}{q^n - 1}$ = Laufzeit (Jahre)

Als Sonderfall der Anleihen können **Zerobonds** gelten, die als Null-Kupon-Anleihe während der gesamten Laufzeit keine Verzinsung aufweisen. Ihre Rendite ergibt sich durch hohen Ausgabeausschlag und eine vorgesehene Rückzahlung zu Hundert. Hierdurch werden über die Laufzeit Kursgewinne erzielt.

Durch die Umformung des Aufzinsungsfaktors ($k_n = k_o \cdot q^n$) erhält man die Formel des **Zweizahlungsfalls** (*Däumler*):

$$q = \sqrt[n]{\frac{k_n}{k_o}}$$

Setzt man:
$k_n$ = Zukünftiger Rückgabekurs
$k_o$ = Heutiger Ankaufskurs
$n$ = Laufzeit der Anleihe
$q$ = 1 + i = Effektivverzinsung

ergibt sich bei sieben Jahren Laufzeit und einem Ausgabekurs von 65:

$$q = \sqrt[7]{\frac{100}{65}} = \mathbf{1{,}06347}$$

Da q gleich 1 + i ist, beträgt die Effektivverzinsung 6,35 %.

**Aufgabe 48 > Seite 205**

**Aufgabe 49 > Seite 205**

**Aufgabe 50 > Seite 206**

## Aufgabe 1:

Geben Sie praktische Beispiele für folgende Fragen:

(1) Was ist eine Einnahme, die noch keine Einzahlung ist?
(2) Was ist eine Auszahlung, die noch keine Ausgabe ist?

**Lösung s. Seite 207**

## Aufgabe 2:

Ordnen Sie folgende Vorgänge nach Investitionsarten:

(1) Das Unternehmen erwirbt eine Lizenz.
(2) Das Unternehmen kauft Halbfertigwaren für die Produktion.
(3) Das Unternehmen übernimmt ein großes Aktienpaket.
(4) Das Unternehmen ersetzt technisch veraltete Maschinen.

**Lösung s. Seite 207**

## Aufgabe 3:

Komplettieren Sie die Finanzierungsmatrix mit geeigneten Beispielen:

|  | Außenfinanzierung | Innenfinanzierung |
|---|---|---|
| **Eigenfinanzierung** |  |  |
| **Fremdfinanzierung** |  |  |

**Lösung s.Seite 207**

## Aufgabe 4:

Geben Sie praktische Beispiele, die im Zusammenhang mit folgenden Vorgängen stehen können:

(1) Ausstellen einer Tratte
(2) Ausstellen eines Zahlscheins
(3) Teilnahme am Einzugsermächtigungsverfahren
(4) Einrichten eines Dauerauftrags
(5) Umwandlung eines Barschecks in einen Verrechnungsscheck

**Lösung s. Seite 207**

## Aufgabe 5:

Ein Unternehmen weist 60 Mio. € Fremdkapital und 60 Mio. € Eigenkapital in der Bilanz aus. Bei einer Fremdkapitalverzinsung von 8 % und einer Gesamtkapitalrentabilität von 10 % ergibt sich eine Eigenkapitalrentabilität von 12 %.

Erhöhen Sie diesen Prozentwert durch den Einsatz des Leverage-Effektes!

**Lösung s. Seite 208**

## Aufgabe 6:

Drei Unternehmen weisen folgende Zahlen auf:

| Unternehmen | A | B | C |
|---|---|---|---|
| Gewinn | 40 | 50 | 36 |
| Bilanzsumme | 200 | 500 | 360 |
| Umsatz | 400 | 500 | 720 |

Analysieren Sie die Situation der drei Unternehmen, die sich in einem verteilten Markt befinden, in dem Umsatzsteigerungen nur sehr schwer zu realisieren sind. Schlagen Sie anhand der Kennzahlen Umsatzrentabilität und Kapitalumschlag geeignete Maßnahmen vor, die eine Verbesserung des RoI der zwei Unternehmen bewirken, die im Wettbewerb zurückliegen.

**Lösung s. Seite 208**

## Aufgabe 7:

Zeigen Sie grafisch, wie die Zielkonflikte zwischen der Rentabilität und den Nebenbedingungen Liquidität, Sicherheit und Unabhängigkeit dargestellt werden können.

Beschreiben Sie die Zielkonflikte zwischen der Rentabilität und der Nebenbedingung bezüglich

(1) Sicherheit, wenn ein Unternehmen in Anleihen unterschiedlicher Staaten investiert

(2) Liquidität, wenn die Alternative besteht, in eine Anleihe oder in eine Maschine zu investieren

(3) Unabhängigkeit in Bezug auf Investitions- und Finanzentscheidungen des Unternehmens, das eine oder mehrere Bankverbindungen unterhält.

**Lösung s. Seite 209**

## Aufgabe 8:

In einem Industriebetrieb liegen im Jahresvergleich folgende Bilanzgrößen vor:

| | Jahr 2010 | Jahr 2011 |
|---|---|---|
| Anlagevermögen | 400,00 | 550,00 |
| Umlaufvermögen | 500,00 | 450,00 |
| Umsatz | 1.200,00 | 1.250,00 |

Analysieren und kommentieren Sie die Entwicklung der Investitionsstruktur und der Kapitalbindung anhand geeigneter Kennzahlen!

**Lösung s. Seite 209**

## Aufgabe 9:

| AKTIVA | | Bilanz zum 31.12.2011 | PASSIVA |
|---|---|---|---|
| | Euro | | Euro |
| I. Anlagevermögen | | I. Eigenkapital | |
|   1. Sachanlagen | 15.000,00 |   1. Gezeichnetes Kapital | 8.000,00 |
|   2. Finanzanlagen | 2.500,00 |   2. Gewinn | 1.000,00 |
| | | | |
| II. Umlaufvermögen | | II. Fremdkapital | |
|   1. Vorräte | 5.500,00 |   1. Langfristige Bankdarlehen | 7.000,00 |
|   2. Forderungen | 3.000,00 |   2. Kurzfristige Bankdarlehen | 9.500,00 |
|   3. Bankguthaben | 1.500,00 |   3. Kurzfristige Verbindlichkeiten | |
|   4. Kasse | 500,00 |     aus Warenlieferungen | 2.500,00 |
| | 28.000,00 | | 28.000,00 |

| Weitere Informationen | | Bestände am 31.12.2010 | |
|---|---|---|---|
| 1. Umsatzerlöse | 30.000,00 | 1. des Umlaufvermögens | 9.000,00 |
| 2. Abschreibungen | | 2. der Sachanlagen | 13.500,00 |
|   auf Sachanlagen | 750,00 | 3. der Finanzanlagen | 2.500,00 |
| | | 4. der Forderungen | 2.800,00 |

Errechnen Sie aus den oben dargestellten Informationen folgende Kennzahlen:

- ▸ Vermögenskonstitution
- ▸ Anlagenintensität
- ▸ Umlaufintensität
- ▸ Anlagennutzung
- ▸ durchschnittliches Anlagevermögen
- ▸ Umschlagshäufigkeit des Anlagevermögens
- ▸ durchschnittliches Umlaufvermögen
- ▸ Umschlagshäufigkeit des Umlaufvermögens
- ▸ durchschnittliches Gesamtvermögen
- ▸ Umschlagshäufigkeit des Gesamtvermögens
- ▸ Investitionsquote
- ▸ Investitionsdeckung

- ▸ Abschreibungsquote
- ▸ Vorratshaltung
- ▸ Laufzeit der Forderungen
- ▸ Eigenkapitalquote
- ▸ Anspannungskoeffzient
- ▸ Verschuldungskoeffzient
- ▸ Liquidität 1. Grades
- ▸ Liquidität 2. Grades
- ▸ Liquidität 3. Grades
- ▸ Deckungsgrad A
- ▸ Deckungsgrad B

**Lösung s. Seite 211**

## Aufgabe 10:

Ein Unternehmen weist einen Bilanzgewinn von 25 Mio. € auf. Während des Geschäfts-jahres wurden Rücklagen in Höhe von 4,5 Mio. € aufgelöst und 10 Mio. € Abschreibun-gen vorgenommen sowie 4 Mio. € Rückstellungen eingestellt.

(1) Errechnen Sie den Cashflow und interpretieren Sie diese Größe!
(2) Zeigen Sie zudem weitere Formen der Liquiditätsmessung auf!

**Lösung s. Seite 212**

## Aufgabe 11:

Der Vorstand eines Unternehmens weist seinen Referenten an, die Durchführung der Finanz- und Investitionsplanung vorzubereiten.

Zeigen Sie, welche Tatbestände der Referent bei der Vorbereitung zu berücksichtigen hat, damit eine differenzierte Durchführung der Planung gewährleistet ist!

**Lösung s. Seite 212**

## Aufgabe 12:

Erläutern Sie, was unter folgenden Begriffen zu verstehen ist:

- ► Kapital
- ► Eigenkapital
- ► Fremdkapital
- ► Vermögen
- ► Anlagevermögen
- ► Umlaufvermögen
- ► Ausgabe/Einnahme
- ► Aufwand/Ertrag
- ► Kosten/Erlös
- ► Investition
- ► Sachinvestition
- ► Finanzinvestition
- ► immaterielle Investition
- ► Nettoinvestition
- ► Reinvestition
- ► Diversifizierungsinvestition
- ► Finanzierung
- ► Eigen-/Fremdfinanzierung
- ► Außen-/Innenfinanzierung
- ► Zahlungsverkehr

- ► Zahlungsmittel
- ► Scheck
- ► Wechsel
- ► Rentabilität
- ► Return on Investment
- ► Leverage-Effekt
- ► Liquidität
- ► finanzwirtschaftliche Analyse
- ► Analyse der Investitionsstruktur
- ► Analyse der Investitionspolitik
- ► umsatzbezogene Analyse
- ► Analyse der Kapitalstruktur
- ► vertikale Finanzierungsregeln
- ► Liquiditätsanalyse
- ► horizontale Finanzierungsregeln
- ► Cashflow
- ► Bewegungsbilanz
- ► Kapitalflussrechnung
- ► Finanzplan
- ► funktionale und divisionale Organisation

**Lösung s. MiniLex ab Seite 233**

## Aufgabe 13:

Der Vorstand eines Unternehmens gibt als taktisches Planungsziel vor, dass im folgenden Geschäftsjahr zusätzliche Desinvestitionen im Volumen von 1 Mio. € durchzuführen sind.

Welche Ansatzpunkte für diese Desinvestitionen können sich im Unternehmen bieten?

**Lösung s. Seite 213**

## Aufgabe 14:

Formale Ziele werden in der Praxis gewöhnlicherweise durch den Vorstand eines Unternehmens gesetzt. Für Sachziele kann dies auch auf unteren Organisationsebenen eines Unternehmens erfolgen.

Erklären Sie den Unterschied zwischen einem Formalziel und einem Sachziel und führen Sie geeignete Beispiele dafür aus der Praxis an!

**Lösung s. Seite 213**

## Aufgabe 15:

Ein Unternehmen hat über eine Finanzinvestition in Form verschiedener Anleihen sowie eine Sachinvestition in Form alternativer Maschinen zu entscheiden.

(1) Welche qualitativen und quantitativen Bewertungskriterien würden Sie zur Beurteilung dieser unterschiedlichen Investitionsobjekte verwenden?

(2) Geben Sie außerdem beispielhaft Begrenzungskriterien vor, die generell gegeben sein könnten!

**Lösung s. Seite 213**

## Aufgabe 16:

Aufgrund seiner Kreditverträge hat ein Unternehmen durchschnittlich 7,5 % Zinsen an die Banken zu zahlen. Seine Eigenkapitalgeber verlangen 15 %. Welchen gewichteten Kapitalzins muss es für Investitionen ansetzen, wenn folgende Informationen aus einer Bilanz zu ersehen sind:

► Eigenkapital 15 Mio. €
► langfristiges Bankdarlehen 35 Mio. €
► Rücklagen 5 Mio. €.

**Lösung s. Seite 214**

## Aufgabe 17:

Sie stellen ein Kopiergerät her, das in vier Fertigungsschritten, die jeweils einen Tag dauern, produziert wird. Folgende Auszahlungen liegen pro Fertigungsschritt vor:

| Fertigungsschritt | Auszahlungen | Fertigungsschritt | Auszahlungen |
|---|---|---|---|
| 1 | 500,00 € | 3 | 300,00 € |
| 2 | 400,00 € | 4 | 200,00 € |

Aufgrund Ihrer Kapazität können Sie im ersten Fertigungsschritt am ersten Fertigungs-tag zeitlich nebeneinander den Herstellungsprozess für vier Kopierer gleichzeitig beginnen. Am fünften Tag realisieren Sie je Kopierer eine Einzahlung von 1.500,00 €. Zeigen Sie die Entwicklung der Einzahlungen und Auszahlungen und damit des kumulierten Kapitalbedarfes über neun Prozesstage auf.

Welche Änderungen für den Kapitalbedarf ergeben sich, wenn die Fertigung zeitlich gestaffelt erfolgt, d. h. Sie beginnen jeweils an einem Tag mit der Produktion eines Kopierers? Die Produktion des nächsten Fotokopierers erfolgt dann am darauffolgenden Tag. Die oben angegebenen Informationen sind zu übernehmen.

**Lösung s. Seite 215**

## Aufgabe 18:
Betriebliche Prozesse binden Kapital und erzeugen hierdurch einen Kapitalbedarf. Dieser kann auch durch Änderungen der Unternehmensgröße beeinflusst werden.

Zeigen Sie Beispiele aus der Praxis für die oben aufgeführte Matrix der Veränderungen des Kapitalbedarfes bei einer Größenänderung des Unternehmens!

**Lösung s. Seite 216**

## Aufgabe 19:
Ein Industrieunternehmen realisiert jährlich einen Umsatz von 20 Mio. € bei einem Kapitalumschlag von 1,5.

Zeigen Sie die Auswirkungen auf den Kapitalumschlag, wenn im güterwirtschaftlichen Bereich 1 Mio. € durch innovative Lagersysteme und 0,5 Mio. € im finanzwirtschaftlichen Bereich durch Änderungen der Zahlungsbedingungen an durchschnittlich investiertem Kapital eingespart werden können!

**Lösung s. Seite 216**

## Aufgabe 20:
Mithilfe von Überprüfungen und Verbesserungen von Prozessen im Unternehmen können die im bezeichneten Beispiel auf Seite 78 f. genannten Bindungsdauern verringert werden. Durch Just-in-time-Anlieferung kann die Lagerung von Rohstoffen um 15 Tage vermindert werden. Die Produktionserfahrungen führen zu einer Verkürzung des Produktionsprozesses um zwei Tage.

Zeigen Sie die Auswirkungen (kumulativ und elektiv) auf den Umlaufkapitalbedarf!

**Lösung s. Seite 217**

## Aufgabe 21:

Im auf S. 81 dargestellten Beispiel ist die Entwicklung des Kapitalbedarfes an den einzelnen Quartalszahlen ablesbar.

Welche notwendigen Vorkehrungen muss das Finanzmanagement eines Unternehmens bei oben gezeigter Kapitalbedarfsentwicklung treffen?

**Lösung s. Seite 217**

## Aufgabe 22:

Erläutern Sie, was unter folgenden Begriffen zu verstehen ist:

| | |
|---|---|
| ▶ Bewertungskriterien | ▶ Prozessanordnung |
| ▶ Nutzwertrechnung | ▶ Nutzungsgrad |
| ▶ Skalierung | ▶ Prozessgeschwindigkeit |
| ▶ Nutzungsdauer | ▶ Kapitalbedarfsrechnung |
| ▶ Kalkulationszins | ▶ Anlagekapitalbedarf |
| ▶ Anschaffungskosten | ▶ Umlaufkapitalbedarf |
| ▶ Kapitalbedarf | |

**Lösung s. MiniLex ab Seite 233**

## Aufgabe 23:

Eine Bäckerei möchte ihre Produktion steigern, indem sie einen neuen Backofen erwirbt. Zur Auswahl stehen zwei Geräte. Das erste Gerät, „Normalo Back", ist zu einem Anschaffungspreis von 18.000,00 € zu haben. Das alternative Gerät „Back de luxe" kostet 32.000,00 €. Der Zinssatz beträgt 8 %.

| | Normalo-Back | Back de luxe |
|---|---|---|
| Nutzungsdauer | 5 Jahre | 5 Jahre |
| Resterlös | 0,00 € | 0,00 € |
| Materialkosten pro Brötchen | 0,10 € | 0,08 € |
| Variable Energiekosten pro Brötchen | 0,02 € | 0,01 € |
| Fixe Energiekosten/Jahr | 1.500,00 € | 1.900,00 € |
| Reparaturkosten/Jahr | 1.000,00 € | 2.000,00 € |
| Raumkosten/Jahr | 500,00 € | 850,00 € |

Für welchen Backofen sollte sich die Bäckerei entscheiden, wenn sie mit dem neuen Backofen einen jährlichen Mehrabsatz von 100.000 Brötchen erwartet?

**Lösung s. Seite 218**

## Aufgabe 24:

Die Bäckerei erwartet, mit dem einfacheren „Normalo-Back" 100.000 Brötchen herstellen und verkaufen zu können. Der Ofen „Back de luxe" hat eine größere Produktionsfläche und könnte dementsprechend 150.000 Brötchen produzieren.

Welches Gerät ist als Investitionsalternative zu bevorzugen, wenn auch 150.000 Brötchen absetzbar wären und ansonsten die Daten aus Aufgabe 23 gelten?

**Lösung s. Seite 218**

## Aufgabe 25:

Die Bäckerei kann mit dem „Normalo-Back" nur 100.000 Brötchen zu 0,25 € absetzen. Mit dem „Back de luxe" aber 100.000 Stück der qualitativ besseren Vollkornbrötchen zu 0,30 €. Der Kostenanfall entspricht den in Aufgabe 23 dargestellten Werten.

Mit welcher Brotsorte macht die Bäckerei mehr Gewinn, d. h. für welche Investitionsalternative hätte sie sich demzufolge zu entscheiden?

**Lösung s. Seite 218**

## Aufgabe 26:

Sollte sich die Bäckerei auf die normalen Brötchen aus dem Ofen „Normalo-Back" spezialisieren oder mit dem „Back de luxe" die qualitativ besseren Vollkornbrötchen produzieren? Die Absatzgröße wäre jeweils 100.000 Stück.

Verwenden Sie die bisher gewonnenen Ergebnisse aus den Aufgaben 23 und 25. Von der notwendigen Differenzinvestition wissen Sie, dass sie sich mit 2.000,00 € verzinst.

**Lösung s. Seite 219**

## Aufgabe 27:

Um die Aspekte der Sicherheit und der Liquidität der vorgesehenen Investition in Backöfen zu untersuchen, wendet die Bäckerei die statische Amortisationsvergleichsrechnung an.

Wann haben sich die unterschiedlichen Backöfen amortisiert? Verwenden Sie die bisher gewonnenen Ergebnisse aus den Aufgaben 23 und 25, wobei die Gewinngrößen aus Aufgabe 25 Durchschnittsgrößen sind!

**Lösung s. Seite 219**

## Aufgabe 28:

Das im Beispiel auf S. 105 aufgeführte Investitionsobjekt ist mit den vorgegebenen Daten der Anschaffung, der Nutzungsdauer, des Restwertes sowie mit den jährlichen Rückflüssen geplant. Allerdings verlangt die Unternehmensleitung aufgrund der Erhöhung des Risikos in der Branche einen entsprechend höheren Kalkulationszins von 15 % zur Risikoabdeckung.

Inwiefern verschiebt sich die Amortisationszeit bei einer dynamisierten, barwertigen Betrachtung?

**Lösung s. Seite 220**

## Aufgabe 29:

Wie würde sich die Ersatzentscheidung in der auf S. 109 dargestellten Beispielrechnung verändern, wenn ein Resterlöswert am Ende des zehnten Jahres von 25.000,00 € aufgrund von Änderungen am Gebrauchtmaschinenmarkt anfallen würde?

**Lösung s. Seite 220**

## Aufgabe 30:

Die kritische Auslastung kann nicht nur rechnerisch ermittelt, sondern auch durch die grafische Umsetzung der Kostengleichungen bildlich dargestellt werden.

Zeigen Sie die grafische Lösung für die obige Beispielsrechnung!

**Lösung s. Seite 221**

## Aufgabe 31:

Errechnen Sie die kritische Auslastung für folgende Investitionsalternativen:

|  |  | Investitionsobjekt I | Investitionsobjekt II |
|---|---|---|---|
| Kapazität | Stück/Jahr | 40.000 | 40.000 |
| Preis | €/Stück | 36,00 | 36,00 |
| Fixe Kosten | €/Jahr | 65.000,00 | 58.000,00 |
| Variable Kosten | €/Stück | 28,00 | 28,50 |

**Lösung s. Seite 221**

## Aufgabe 32:

Erläutern Sie, was unter den folgenden Begriffen zu verstehen ist:

► statische Investitionsrechnung
► dynamische Investitionsrechnung
► Kapitalkosten
► Betriebskosten
► Gewinnvergleichsrechnung
► Rentabilitätsvergleichsrechnung
► Kostenvergleichsrechnung
► Auswahlproblem
► Amortisationsvergleichsrechnung
► Ersatzproblem
► kritische Auslastung

**Lösung s. MiniLex ab Seite 233**

## Aufgabe 33:

Berechnen Sie folgende Aufgaben:

(1) Sie zahlen einmalig im Jahr 2012 in einen Fonds 1.500,00 € ein. Die Fondsbedingungen garantieren Ihnen bei einer Mindestlaufzeit von zehn Jahren eine durchschnittliche Verzinsung von 7,2 %. Welchen Betrag erhalten Sie nach zehn Jahren?

(2) Ein Weinliebhaber verköstigt pro Jahr für 1.500,00 € italienische Chiantiweine. Nach 20 Jahren rät ihm aufgrund enorm gestiegener Leberwerte sein Hausarzt, dies nicht mehr zu tun. Welche Summe hätte der Weinliebhaber gespart, hätte er jährlich die Ausgaben auf einen Sparvertrag mit jährlicher Verzinsung von 5 % eingezahlt?

(3) In einer amerikanischen Lotterie gewinnt ein Mann die sagenhafte Summe von 40 Millionen USD. Diese kommen allerdings nicht sofort zur Auszahlung, sondern werden über jährliche Zahlungen auf 20 Jahre verteilt. Errechnen Sie den jährlichen Betrag, mit dem sich dieser Lottomillionär zufrieden geben muss. Die Lottogesellschaft garantiert hierbei eine Verzinsung von 7 %.

(4) Eine Zahlung von 10.000,00 € ist jetzt fällig. Es wird angeboten, anstelle der einmaligen Zahlung in fünf jährlichen, nachschüssigen Raten von 2.600,00 € zu zahlen. Der Kalkulationszinssatz beträgt 10 %. Ist das Angebot für den Schuldner vorteilhaft? Geben Sie mindestens zwei Lösungswege zu dieser Fragestellung an!

**Lösung s. Seite 222**

## Aufgabe 34:

Ein Unternehmen kauft ein Investitionsobjekt zu 1.000,00 €, von dem bekannt ist, dass es in den nächsten vier Jahren einen jährlichen Überschuss von 300,00 €/Jahr erzielt. Am Ende dieser vier Jahre entsteht kein Liquidationserlös/-verlust.

Ist die Investition bei einem zu Grunde gelegten Zinssatz von 5 % vorteilhaft?

**Lösung s. Seite 223**

## Aufgabe 35:

Damit die Interne Zinsfuß-Methode anwendbar wird, soll neben dem Zinssatz von 5 % ein weiterer Versuchszinssatz von 10 % zur Berechnung hinzugezogen werden. Berechnen Sie auf der Grundlage der Aufgabe 34 den internen Zinsfuß!

**Lösung s. Seite 223**

## Aufgabe 36:

Ein Unternehmen hat in eine Schleifmaschine 30.000,00 € investiert und erwartet für die ersten Jahre folgende Zahlungsüberschüsse:

1. Jahr:  7.500,00 €          2. Jahr: 8.500,00 €
3. Jahr: 10.000,00 €          4. Jahr: 11.000,00 €

Gesucht ist der Betrag, der neben Zins und Tilgung noch jährlich als Gewinnentnahme aus der Investition zur Verfügung steht. Als Kalkulationszins wurden 8 % unterstellt. Verproben Sie das Ergebnis!

**Lösung s. Seite 225**

## Aufgabe 37:

Erläutern Sie, was unter den folgenden Begriffen zu verstehen ist:

- ▶ Endwert
- ▶ Barwert
- ▶ Annuität
- ▶ Kapitalwert
- ▶ Kapitalwertmethode

- ▶ Differenzinvestition
- ▶ Interner Zinsfuß-Methode
- ▶ Interner Zinsfuß
- ▶ Annuitätenmethode
- ▶ Nutzungsdauerbezogener Kapitalwert

**Lösung s. MiniLex ab Seite 233**

## Aufgabe 38:

Sie haben ein Unternehmen vor zehn Jahren für 1,5 Mio. € gekauft. Heute errechnet sich ein Unternehmenswert von 3 Mio. €. Zu dieser Summe liegt Ihnen auch ein Kaufangebot vor. Welcher Zinssatz ergibt sich für diese Finanzinvestition, wenn Sie auf einen Verkauf eingehen würden? Formen Sie zur Errechnung der Verzinsung den Aufzinsungsfaktor um!

**Lösung s. Seite 226**

## Aufgabe 39:

Nach dem Mittelwertverfahren ist der Unternehmenswert zu errechnen. Verwenden Sie folgende Informationen:

| AKTIVA | | Bilanz in Mio. € | PASSIVA |
|---|---|---|---|
| I. Anlagevermögen | 4,5 | I. Eigenkapital | 3,8 |
| II. Umlaufvermögen | 5,2 | II. Fremdkapital | 5,9 |
| | 9,7 | | 9,7 |

Im Anlagevermögen sind nicht betriebsnotwendige Gebäude (Wiederbeschaffungswert 500.000,00 €; Liquidationswert 400.000,00 €) und im Umlaufvermögen nicht betriebsnotwendige Hilfs- und Betriebsstoffe (Wiederbeschaffungswert 200.000,00 €; Liquidationswert 100.000,00 €) enthalten. Der durchschnittlich jährliche Reingewinn wird auf 1,5 Mio. € geschätzt. Der Kalkulationszinssatz ist auf 10 % festgelegt.

**Lösung s. Seite 227**

## Aufgabe 40:

In Aufgabe 39 ergab sich ein Substanzwert von 9,5 Mio. €. Als durchschnittlicher Reingewinn bei einem Kalkulationszinssatz von 10 % sollen wiederum 1,5 Mio. € angenommen werden. Der Zinsfuß für Übergewinne soll 15 % betragen.

Errechnen Sie nach der Methode der Übergewinnkapitalisierung den Unternehmenswert und den Firmenwert!

**Lösung s. Seite 228**

## Aufgabe 41:

Berechnen Sie nach der Discounted-Cashflow-Methode den Unternehmenswert bei folgenden vorliegenden Informationen:

| | |
|---|---|
| Eigenkapitalquote: | 20 % |
| Fremdkapital im Unternehmen absolut: | 450 Mio. € |
| Fremdkapitalzins: | 8 % |
| Eigenkapitalzins: | 15 % |

Nicht betriebsnotwendiges Vermögen liegt im Unternehmen nicht vor. Folgende Free Cashflows sind geplant:

| Planungsjahre | 2012 | 2013 | 2014 | 2015 | 2016 | |
|---|---|---|---|---|---|---|
| Prognostizierte Free Cashflows | 65 | 70 | 80 | 85 | 95 | in Mio. € |

**Lösung s. Seite 228**

## Aufgabe 42:

Für die Ermittlung der Eigenkapitalkosten Z bestehen folgende Informationen zur Verwendung innerhalb eines Shareholder-Value-Modells:

Für risikolose Staatsanleihen liegt ein Zinssatz von 5,5 % vor. Die Marktrendite im Aktienmarkt beträgt 12 %. Da das zu bewertende Unternehmen stärker risikobehaftet ist als der Gesamtmarkt, wurde ein $\beta$ von 1,25 errechnet.

**Lösung s. Seite 229**

## Aufgabe 43:

In den letzten Jahren haben sehr viele an der Börse notierte Unternehmen die Aktienart gewechselt. Führen Sie Gründe an, warum Unternehmen Nennwertaktien in Stückaktien änderten und warum Inhaberaktien auf Namensaktien umgestellt wurden!

**Lösung s. Seite 229**

## Aufgabe 44:

Folgende Kaufaufträge und Verkaufsaufträge liegen vor. Ermitteln Sie den Einheitskurs

| Kaufaufträge | Kurs | Verkaufsaufträge | Kurs |
|---|---|---|---|
| 100 Stück | billigst | 120 Stück | bestens |
| 220 Stück | 224 € | 80 Stück | 220 € |
| 260 Stück | 223 € | 200 Stück | 222 € |
| 200 Stück | 222 € | 340 Stück | 223 € |
| 350 Stück | 221 € | 550 Stück | 224 € |
| 400 Stück | 220 € | | |

**Lösung s. Seite 230**

## Aufgabe 45:

Errechnen Sie den korrigierten Bilanzkurs für das auf S. 180 dargestellte Beispiel zum bilanzierten Eigenkapital, wenn Sie zusätzlich wissen, dass im Unternehmen noch 150 Mio. € stille Reserven bestehen.

Was sollte dann eine 5-€-Aktie an der Börse kosten?

**Lösung s. Seite 230**

## Aufgabe 46:

Ein Unternehmen erwartet nachhaltig 2 Mio. € an jährlichem Gewinn bei einem Kapitalisierungszins von 10 %. Das Unternehmen firmiert in Form einer Aktiengesellschaft und ist börsennotiert mit 5-€-Aktien. Es weist in seiner Bilanz ein gezeichnetes Kapital von 10 Mio. € aus.

Errechnen Sie die Ertragswerte pro Aktie und in Prozent!

**Lösung s. Seite 231**

## Aufgabe 47:

Die Aktien eines Elektronikunternehmens A notieren zurzeit mit 125,00 €. Der Gewinn beträgt 25,00 € pro Aktie. Ein Unternehmen B der gleichen Branche weist 180,00 € als Kurs und 20,00 € als Gewinn pro Aktie auf.

Bewerten Sie über die Price-Earning-Ratio die Kaufwürdigkeit der Aktien!

**Lösung s. Seite 231**

## Aufgabe 48:

Eine Anleihe wurde 2008 mit 94,00 € ausgegeben und wird bei einer Laufzeit von acht Jahren mit 100,00 € zurückgezahlt. Die Nominalverzinsung beträgt 7,5 %. Berechnen Sie die Effektivverzinsung zuerst nach der Faustformel.

Setzen Sie die errechnete Effektivverzinsung in die finanzmathematisch korrigierte Formel ein. Welches korrektere Ergebnis erhalten Sie dann?

**Lösung s. Seite 231**

## Aufgabe 49:

Verwenden Sie Ihr Wissen aus der dynamischen Investitionsrechnung und errechnen Sie unter Verwendung der Internen Zinsfuß-Methode die Effektivverzinsung der Anleihe mit den Angaben aus Aufgabe 48! Zeigen Sie zudem eine grafische Lösung des Investitionsablaufs!

**Lösung s. Seite 232**

## Aufgabe 50:

Erläutern Sie, was unter folgenden Begriffen zu verstehen ist:

- Merger- & Acquisitions-Geschäft
- Bewertungstechniken
- Liquidationswert
- Substanzwert
- Ertragswert
- Firmenwert
- Substanzwert-Verfahren
- Ertragswert-Verfahren
- Mittelwert-Verfahren
- Übergewinn-Verfahren
- Übergewinnabgeltungsverfahren
- Übergewinnkapitalisierungsverfahren
- Multiplikator-Verfahren
- Kurs-Gewinn-Verhältnis-Methode
- festverzinsliche Wertpapiere
- Chartanalyse

- Interfinanz-Methode
- EBDIT-Methode
- Discounted-Cashflow-Methode
- Shareholder-Value-Methode
- Capital Asset Pricing Model
- Aktie
- Aktienarten
- Finanzmarkt
- Wertpapierhandel
- Kassamarkt
- Terminmarkt
- Aktienkurs
- Fundamentalanalyse
- Bilanzkurs
- Ertragswertkurs
- Price-Earning-Ratio

**Lösung s. MiniLex ab Seite 233**

## Lösung zu 1:

(1) Ein Beispiel für eine **Einnahme, die keine Einzahlung** ist, stellt die Gewährung eines Zahlungszieles dar, das Forderungen entstehen lässt und damit das Geldvermögen erhöht, aber den Zahlungsmittelbestand gleich bleiben lässt.

(2) Ein Beispiel für eine **Auszahlung, die keine Ausgabe** ist, kann die Anzahlung auf ein bestelltes Anlagegut sein, wobei der Zahlungsmittelbestand sich bei gleichzeitiger Erhöhung der Forderungen verringert und das Geldvermögen unverändert bleibt.

## Lösung zu 2:

(1) Lizenzerwerb = Aktivierungsfähige immaterielle Investition
(2) Kauf von Halbfertigwaren = Sachinvestition im Umlaufvermögen
(3) Übernahme eines Aktienpakets = Finanzinvestition in Beteiligungsrechte
(4) Ersatz von Maschinen = Rationalisierungsinvestition

## Lösung zu 3:

|  | Außenfinanzierung | Innenfinanzierung |
|---|---|---|
| **Eigenfinanzierung** | Beteiligungsfinanzierung | Gewinnthesaurierung |
| **Fremdfinanzierung** | Kreditfinanzierung | Langfristige Rückstellungen |

## Lösung zu 4:

(1) **Ausstellen einer Tratte:** Lieferung von Waren, die erst später (auf Ziel) gezahlt werden. Zur Absicherung der späteren Zahlung stellt der Warenlieferant einen noch nicht unterschriebenen Wechsel aus, den der Belieferte akzeptiert und sich damit nach dem Wechselgesetz zur späteren Zahlung verpflichtet.

(2) **Ausstellen eines Zahlscheins:** Eine Schuld, z. B. eine Mietzahlung, kann bar auf einer Bank eingezahlt werden, um auf einem entsprechenden Girokonto gutgeschrieben zu werden. Zahlscheine werden bei Banken von Nichtkunden für die Einzahlung zu Gunsten eines Kontoinhabers benutzt.

(3) **Teilnahme am Einzugsermächtigungsverfahren:** Die Unterschrift auf einem Formular zur Einzugsermächtigung bringt regelmäßige, aber möglicherweise unterschiedlich hohe Kontobelastungen in Form einer Lastschrift, z. B. bei Telefonrechnungen. Es besteht die Möglichkeit eines unbegrenzt geltenden Widerspruchs.

(4) **Einrichten eines Dauerauftrages:** Die Bank wird vom Schuldner angewiesen, eine regelmäßige, immer gleich hohe Schuld mittels einer Überweisung zu begleichen, z. B. eine Mietzahlung.

(5) **Umwandlung eines Barschecks in einen Verrechnungsscheck:** Dies geschieht durch das Anbringen des Vermerkes „Nur zur Verrechnung". Ein Barscheck wird zumeist sofort durch Anbringung des Verrechnungsvermerkes nach der Ausstellung (zur Bezahlung von Ware) in einen Verrechnungsscheck umgewandelt, um das Verlustrisiko zu vermindern, z. B. beim Diebstahl des Schecks. Der Verrechnungsscheck wird ausschließlich einem Bankkonto gutgeschrieben und kann dementsprechend nachverfolgt werden.

## Lösung zu 5:

| | | |
|---|---|---|
| Eigenkapital | 60 | 20 |
| Fremdkapital | 60 | 100 |
| Gesamtkapital | 120 | 120 |
| Gewinn vor Zinsen (10 %) | 12 | 12 |
| Fremdkapitalzinsen (8 %) | 4,8 | 8 |
| Gewinn nach Zinsen | 7,2 | 4 |
| Eigenkapitalrentabilität | 12 % | 20 % |

Die Eigenkapitalrentabilität erhöht sich von 12 % (EK = 60, FK = 60) durch einen vermehrten Einsatz von Fremdkapital auf 20 % (EK = 20, FK = 100). Voraussetzung ist, dass die Gesamtkapitalrentabilität (10 %) größer als der Zins für das Fremdkapital (8 %) ist.

## Lösung zu 6:

| Unternehmen | A | B | C |
|---|---|---|---|
| Gewinn | 40 | 50 | 36 |
| Bilanzsumme | 200 | 500 | 360 |
| Gesamtkapitalrendite | 20 % | 10 % | 10 % |
| Umsatz | 400 | 500 | 720 |

RoI-Bestandteile nach Einbeziehung der Umsatzgrößen:

| | | | |
|---|---|---|---|
| Umsatzrendite | 10 % | 10 % | 5 % |
| Kapitalumschlag | 2 | 1 | 2 |

Die absolute Betrachtungsweise des Jahresüberschusses ergibt die Reihenfolge B vor A und C. Sie wird durch die Gesamtkapitalrendite relativiert, was zur Reihenfolge A vor B und C führt.

Als Erklärung kann nun durch die Einführung des Umsatzes eine Abweichungsanalyse durch die Bestandteile des RoI's Umsatzrendite und Kapitalumschlag erfolgen:

Das schlechtere Abschneiden des Unternehmens B beruht auf dem geringeren Kapitalumschlag. Ein Ansatzpunkt zur Rentabilitätssteigerung bei B wäre z. B. eine Untersuchung der Aktiva mit dem Ziel, eine Beschränkung auf betriebsnotwendiges Vermögen herbeizuführen.

Während Unternehmen C im Kapitalumschlag gleichauf mit Unternehmen A liegt, scheint bei C die Umsatzrendite Grund der unzureichenden Gesamtkapitalrendite zu sein. Ansatzpunkt zur Rentabilitätssteigerung bei C könnte vor allem die Überprüfung der Kostenstruktur sein. Neue Preisfestsetzungen sind in verteilten Märkten nur schwer durchführbar.

## Lösung zu 7:

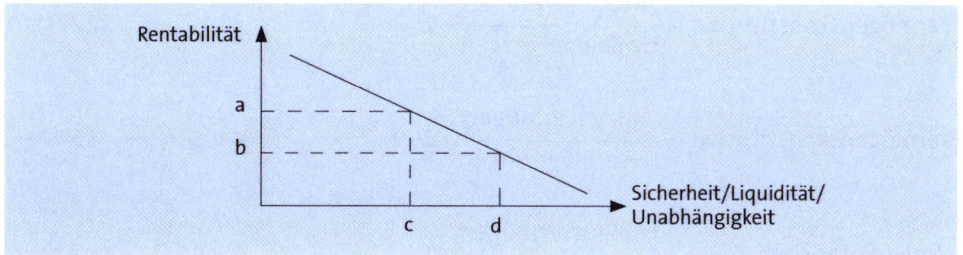

(1) Die Investition in Anleihen verschiedener Staaten führt zu einem Zielkonflikt zwischen Rentabilität und Sicherheit. Je geringer die Sicherheit ist (c), desto höher muss die Rentabilität sein (a). Dies ist am Anleihemarkt für Staatstitel nachzuvollziehen, an dem Werte von Staaten mit einer höheren Risikokategorie entsprechend höhere Zinssätze auszuweisen haben, um am Markt untergebracht werden zu können.

(2) Bei den Investitionsalternativen Anleihe bzw. Maschine ergibt sich ein Zielkonflikt zwischen Rentabilität und Liquidität. Die Investition in eine Maschine bringt eine höhere Rentabilität (a) als die Investition in ein festverzinsliches Wertpapier (b), das allerdings wesentlich schneller zu liquidieren ist (d), zumeist innerhalb von zwei Börsentagen, während für die Maschine die Liquidierung länger (c) dauert.

(3) Nehmen die Banken Einfluss auf Investitions- und Finanzierungsentscheidungen, handelt es sich um einen Konflikt zwischen Rentabilität und Unabhängigkeit. Er kann im Zusammenhang mit der Anzahl von Bankverbindungen dargestellt werden. Unterhält ein Unternehmen zahlreiche Bankverbindungen, wird seine Unabhängigkeit von einer einzelnen Bank relativ groß sein (d). Jedoch wird das Unternehmen bei zahlreichen Bankkonten geringere Volumina pro Bankverbindung umsetzen können und deswegen höhere Kosten (Zinsen, Gebühren u. Ä.) zu tragen haben (b) als ein Unternehmen, das sich auf wenige Bankverbindungen mit entsprechenden höheren Umsätzen konzentriert.

## Lösung zu 8:

|  | Jahr 2010 | Jahr 2011 |
|---|---|---|
| Anlagevermögen | 400,00 | 550,00 |
| Umlaufvermögen | 500,00 | 450,00 |
| Umsatz | 1.200,00 | 1.250,00 |

Die Investitionsstruktur ist an Kennzahlen der Vermögenskonstitution und der Anlage- sowie der Umlaufintensität, wie auch an deren zeitlichen Entwicklung zu interpretieren.

|  |  | Jahr 2010 | Jahr 2011 |
|---|---|---|---|
| Vermögenskonstitution = $\dfrac{\text{Anlagevermögen}}{\text{Umlaufvermögen}} \cdot 100$ | | 80 % | 122 % |
| Vermögenskonstitution = $\dfrac{\text{Anlagevermögen}}{\text{Gesamtvermögen}} \cdot 100$ | | 44 % | 55 % |
| Umlaufintensität = $\dfrac{\text{Umlaufvermögen}}{\text{Gesamtvermögen}} \cdot 100$ | | 55 % | 45 % |

Alle drei Kennzahlgrößen weisen auf eine Abnahme der betrieblichen Flexibilität hin. Scheinbar wurden Sachinvestitionen im Anlagevermögen durchgeführt, die nun zu höheren Fixkosten führen können. Auch Kapazitätsauslastungsprobleme scheinen gegeben zu sein, da der Umsatz im Verhältnis zum Anlagevermögen nur unwesentlich um ca. 4 % gestiegen ist.

Dies ist auch aus der Anlagenutzung zu ersehen, setzt man voraus, dass das Anlagevermögen zumeist aus Sachanlagen besteht:

|  |  | Jahr 2010 | Jahr 2011 |
|---|---|---|---|
| Anlagenutzung = $\dfrac{\text{Umsatz}}{\text{Sachanlagen}} \cdot 100$ | | 300 % | 227 % |

Die Kapitalbindung kann über die Umschlagshäufigkeit gemessen werden, beispielsweise in Form der Umschlagshäufigkeit des Gesamtvermögens:

$$\varnothing \text{ Bestand} = \frac{\text{Anfangsbestand} + \text{Endbestand}}{2} = \frac{900 + 1.000}{2} = \mathbf{950}$$

$$\text{Umschlagshäufigkeit des Gesamtvermögens:} \quad \frac{\text{Umsatz}}{\varnothing \text{ Bestand des Gesamtvermögens}} = \frac{1.250}{950} = \mathbf{1{,}32}$$

Diese Größe müsste nun über ihre zeitliche Entwicklung und mit Branchenzahlen verglichen werden. Eine Verringerung würde tendenziell zu einer geringeren Rentabilität des Unternehmens führen, da die Kapitalbindung in Relation zum Umsatz zu hoch war oder ist.

## Lösung zu 9:

| AKTIVA | | Bilanz zum 31.12.2011 | PASSIVA |
|---|---|---|---|
| | Euro | | Euro |
| I. Anlagevermögen | | I. Eigenkapital | |
| 1. Sachanlagen | 15.000,00 | 1. Gezeichnetes Kapital | 8.000,00 |
| 2. Finanzanlagen | 2.500,00 | 2. Gewinn | 1.000,00 |
| II. Umlaufvermögen | | II. Fremdkapital | |
| 1. Vorräte | 5.500,00 | 1. Langfristige Bankdarlehen | 7.000,00 |
| 2. Forderungen | 3.000,00 | 2. Kurzfristige Bankdarlehen | 9.500,00 |
| 3. Bankguthaben | 1.500,00 | 3. Kurzfristige Verbindlichkeiten | |
| 4. Kasse | 500,00 | aus Warenlieferungen | 2.500,00 |
| | 28.000,00 | | 28.000,00 |

| Weitere Informationen | | Bestände am 31.12.2010 | |
|---|---|---|---|
| 1. Umsatzerlöse | 30.000,00 | 1. des Umlaufvermögens | 9.000,00 |
| 2. Abschreibungen | | 2. der Sachanlagen | 13.500,00 |
| auf Sachanlagen | 750,00 | 3. der Finanzanlagen | 2.500,00 |
| | | 4. der Forderungen | 2.800,00 |

- ► Vermögenskonstitution — 166,7 %
- ► Anlagenintensität — 62,5 %
- ► Umlaufintensität — 37,5 %
- ► Anlagennutzung — 200,0 %
- ► durchschnittliches Anlagevermögen — 16.750,00 €
- ► Umschlagshäufigkeit des Anlagevermögens — 0,045 %
- ► durchschnittliches Umlaufvermögen — 9.750,00 €
- ► Umschlagshäufigkeit des Umlaufvermögens — 3,08 %
- ► durchschnittliches Gesamtvermögen — 26.500,00 €
- ► Umschlagshäufigkeit des Gesamtvermögens — 1,13 %
- ► Investitionsquote — 11,1 %
- ► Investitionsdeckung — 50,0 %
- ► Abschreibungsquote — 5,0 %
- ► Vorratshaltung — 18,3 %
- ► Laufzeit der Forderungen — 34,8 Tage
- ► Eigenkapitalquote — 32,1 %
- ► Anspannungskoeffzient — 67,9 %
- ► Verschuldungskoeffizient — 211,1 %
- ► Liquidität 1. Grades — 16,7 %
- ► Liquidität 2. Grades — 41,7 %
- ► Liquidität 3. Grades — 87,5 %
- ► Deckungsgrad A — 51,4 %
- ► Deckungsgrad B — 91,4 %

**Lösung zu 10:**

(1)

|  |  |  |
|---|---|---|
| | Bilanzgewinn: | 25,0 Mio € |
| - | Auflösung von Rücklagen | - 4,5 Mio € |
| = | Jahresüberschuss | 20,5 Mio € |
| + | Abschreibungen | + 10,0 Mio € |
| + | Rückstellungen | - 4,0 Mio € |
| **=** | **Cashflow** | **34,5 Mio €** |

Der Cashflow ist im Rahmen der dynamischen Liquiditätsmessung eine partielle Kapitalflussrechnung. Er errechnet einen Einzahlungsüberschuss als Finanzkraft-Indikator eines Unternehmens. Mit diesen Cashflow-Größen sind aus unternehmenseigener Kraft z. B. Innenfinanzierungen von Investitionen, Schuldentilgungen und Dividendenzahlungen möglich. Der Cashflow kann, wie oben geschehen, indirekt aus der Bilanz abgeleitet werden oder direkt – dann allerdings nur unternehmensintern – über zahlungswirksame Erträge und Aufwendungen errechnet werden.

(2) Generell versucht die **dynamische Liquidität** eine Messung, die zeitraumbezogen ist. Als weiterer Ansatzpunkt werden Bewegungsbilanzen verwendet, welche die Mittelherkunft und die Mittelverwendung aufzeigen. Aus ihnen können direkt Kapitalflussrechnungen abgeleitet werden, die letztlich in Finanzplänen münden. Die Finanzpläne stellen periodisch alle Einzahlungen und Auszahlungen gegenüber, um so für bestimmte Zeiträume Überschüsse oder Defizite in der Liquidität zu ermitteln.

Demgegenüber ergibt sich die **statische Liquidität** aus einer Beständebilanz. Der Jahresabschluss zeigt stichtagsbezogen den Liquiditätszustand des Unternehmens in Form von drei Liquiditätsgraden auf. Dieser kurzfristigen Betrachtungsweise kann eine langfristige gegenübergestellt werden mittels der Deckungsgrade. Die Aussagekraft ist insgesamt stark eingeschränkt, da nur zu einem bestimmten Zeitpunkt gemessen wird, der zudem zumeist bereits weit in der Vergangenheit liegt.

**Lösung zu 11:**

Der Vorstandsreferent hat zu differenzieren, welche Bereiche der Planung von welchen Unternehmensteilen durchzuführen sind. Generell können strategische, taktische und operative Planungen unterschieden werden:

► Die **strategische Planung** erfolgt auf oberer, also auf Vorstandsebene. Sie ist langfristig ausgelegt und gibt Rahmendaten vor, die auf Produkt- oder Marktstrategien basieren. So wären Investition zu planen, die beispielsweise Kapazitäten erweitern, Forschung und Entwicklung betreffen oder den Kauf von anderen Unternehmen vorsehen. Grundlage ist die Gestaltung der Vermögens- und Kapitalstruktur des Unternehmens.

► Die **taktische Planung** ergibt sich aus der strategischen Planung, die entsprechend Vorgaben gibt für die zu detaillierende Investitions- und Kapazitätsplanung durch die Führung der Finanzabteilung. Dementsprechend dagegen zu stellen, wären der Finanzierungsmix und mittelfristige Finanzpläne.

▶ Hieraus abzuleiten wäre als nicht extra festzusetzender Routinevorgang der Bereich der **operativen Planung**. Als Ausführungsplanung hat sie kurzfristigen Charakter und mündet zumeist in der so genannten Disposition, die z. B. Maßnahmen der Liquiditätssicherung und der Optimierung des Zahlungsverkehrs zum Gegenstand hat. Im Investitionsbereich wären wiederkehrende Investition geringwertiger Investitionsobjekte ein Aufgabenbereich der operativen Planung.

## Lösung zu 12:
Siehe MiniLex (Seite 233 ff.)

## Lösung zu 13:
Die Desinvestitionen könnten zunächst einmal in Form des Freisetzens von Kapital durch die laufenden Einzahlungen aus Umsatzerlösen erfolgen. Eine damit erforderliche Erhöhung des Umsatzes wird der Finanzvorstand aber eher nicht vorgesehen haben.

Wesentlich typischere Möglichkeiten für zusätzliche Desinvestitionen in einem Unternehmen sind z. B. im Wiederverkauf gebrauchter Investitionsobjekte zu sehen. Das Controlling könnte das Unternehmen daraufhin untersuchen, inwieweit die Maschinen in ihrer Kapazität ausgelastet sind. So wäre es möglich, letztlich jeden Gegenstand des Anlage- und Umlaufvermögens auf seine Betriebsnotwendigkeit zu hinterfragen.

Eine Desinvestition nicht betriebsnotwendiger Güter würde eine nicht notwendige Kapitalbindung aufheben und dem Unternehmen finanzielle Mittel zuführen. Hierdurch kann sich z. B. bei Rückführung von Krediten der Kapitalumschlag erhöhen und damit die Rentabilität des Unternehmens steigern.

## Lösung zu 14:
**Formalziele** sind übergeordnete Unternehmensziele, die an der Spitze der betrieblichen Zielhierarchie stehen, z. B. Gewinn, Umsatz, Marktmacht.

**Sachziele** beziehen sich auf diese übergeordneten Formalziele. Sie versuchen, die Umsetzung der Formalziele durch das Festlegen bestimmter praktischer Handlungen im Unternehmen zu erreichen. Gewinnsteigerungen, die als Formalziel vorgegeben sind, können z. B. durch konkrete Vorgaben zur Kostensenkung oder Erlössteigerung als Sachziele verfolgt werden.

## Lösung zu 15:
(1) Bewertungskriterien für eine Finanzinvestition in Form verschiedener Anleihen orientieren sich an den finanzwirtschaftlichen Zielsetzungen und können sein:

▶ Rentabilität (interner Zinsfuß, Faustformel für Effektivverzinsung von Anleihen)
▶ Liquidität (Marktgängigkeit, Liquidisierbarkeit)
▶ Sicherheit (Rating der Anleihen)

Bewertungskriterien für eine Sachinvestition in Form alternativer Maschinen können sein:

▶ **Quantitative Bewertungskriterien**, wie z. B. interner Zinsfuß und Amortisation

▶ **Qualitative Bewertungskriterien**, die in Form von Nutzwertrechnungen abgefragt werden. Hier sind zu unterscheiden:

- technische Größen, wie Kapazität, Automationsgrad, Energieverbrauch, Unfallsicherheit

- wirtschaftliche Größen, wie Kundendienst, Garantiezeit

- soziale Größen, wie Umweltfreundlichkeit

- rechtliche Größen, wie z. B. Laufzeiten von Leasing-Verträgen.

(2) Generell können als Begrenzungskriterien unterschieden werden:

▶ Quantitative Begrenzungskriterien:

Wirtschaftliche Vorgaben, z. B. das Nichterreichen einer Mindestverzinsung durch eine Investition. Dies wird durch statische oder dynamische Investitionsrechnungen (Rentabilitätsvergleichsrechnung, Interner-Zinsfuß-Methode) nachgewiesen.

Für den Kauf eines Unternehmens stehen z. B. maximal 2 Mio. € zur Verfügung. Ein quantitatives Begrenzungskriterium könnte der im Rahmen des Mittelwertverfahrens ermittelte Unternehmenswert von 3,5 Mio. € sein, der auch die wahrscheinliche Kaufpreisforderung des Unternehmensverkäufers darstellt.

Investitionen haben sich nach der Vorgabe der Unternehmensleitung innerhalb von zweieinhalb Jahren zu amortisieren. Entsprechend fallen aus der Betrachtung alle Investitionsalternativen mit längeren Zeiträumen, innerhalb derer aus den Erlösen der unterschiedlichen Investitionen die Kosten der jeweiligen Investitionen abgedeckt werden können.

▶ Qualitative Begrenzungskriterien:

Im Bereich der beschaffungsbezogenen Kriterien könnten bei einer notwendigen möglichst kurzfristigen Investition die Lieferzeiten alternativer Produktionsmaschinen eine Begrenzung darstellen.

Im Bereich der technischen Kriterien kann die Vorgabe für einen maximal zulässigen Energieverbrauch als Begrenzung dienen.

Im Bereich der Herstellung bestimmter Produkte könnte das Vorhandensein notwendiger und noch nicht erworbener Lizenzen oder Patente ein Begrenzungskriterium sein.

## Lösung zu 16:

Gewichteter Kapitalzins: $\dfrac{35 \cdot 7,5\,\%}{55} + \dfrac{20 \cdot 15\,\%}{55} = 4,77\,\% + 5,45\,\% = \mathbf{10,22\,\%}$

## Lösung zu 17:

**Gleichzeitige Prozessanordnung:**

| Prozesstag | 1 | 2 | 3 | 4 | 5 | 6 | 7 | 8 | 9 |
|---|---|---|---|---|---|---|---|---|---|
| Auszahlungen | 2.000 | 1.600 | 1.200 | 800 | | | | | |
| | | | | | | 2.000 | 1.600 | 1.200 | 800 |
| | | | | | | | | | 2.000 |
| Einzahlungen | | | | | 6.000 | | | | 6.000 |
| Kumuliert Ausz. | 2.000 | 3.600 | 4.800 | 5.600 | 7.600 | 9.200 | 10.400 | 11.200 | 13.200 |
| Kumuliert Einz. | | | | | 6.000 | | | | 12.000 |
| Kapitalbedarf | 2.000 | 3.600 | 4.800 | 5.600 | 1.600 | 3.200 | 4.400 | 5.200 | 1.200 |

**Zeitlich gestaffelte Prozessanordnung:**

| Prozesstag | 1 | 2 | 3 | 4 | 5 | 6 | 7 | 8 | 9 |
|---|---|---|---|---|---|---|---|---|---|
| Auszahlungen | 500 | 400 | 300 | 200 | | | | | |
| | | 500 | 400 | 300 | 200 | | | | |
| | | | 500 | 400 | 300 | 200 | | | |
| | | | | 500 | 400 | 300 | 200 | | |
| | | | | | 500 | 400 | 300 | 200 | |
| | | | | | | 500 | 400 | 300 | 200 |
| | | | | | | | 500 | 400 | 300 |
| | | | | | | | | 500 | 400 |
| Einzahlungen | | | | | 1.500 | 1.500 | 1.500 | 1.500 | 1.500 |
| Kumuliert Ausz. | 500 | 1.400 | 2.600 | 4.000 | 5.400 | 6.800 | 8.200 | 9.600 | 10.500 |
| Kumuliert Einz. | | | | | 1.500 | 3.000 | 4.500 | 6.000 | 7.500 |
| Kapitalbedarf | 500 | 1.400 | 2.600 | 4.000 | 3.900 | 3.800 | 3.700 | 3.600 | 3.000 |

Wie zu sehen ist, bringt die zeitlich gestaffelte Prozessanordnung eine wesentlich gleichmäßigere Entwicklung des Kapitalbedarfs.

## Lösung zu 18:

| | Zunehmende Unternehmensgröße | Abnehmende Unternehmensgröße |
|---|---|---|
| Anlagevermögen | Fehlende Teilbarkeit der Betriebsmittel bei Betriebserweiterungen erfordern kapazitätsunterausgelastete Neuerwerbungen, z. B. Kopiergeräte für mehrere Sekretariate. | Die zumeist unterproportionale Abnahme kann z. B. durch nicht verwertbare, d. h. nicht verkaufbare oder nur unter Wert verkaufbare, Vermögensgegenstände entstehen, deren ehemalige Finanzierung z. B. noch anhält. |
| Umlaufvermögen | Zumeist entwickelt sich die Menge, z. B. der Rohstoffe, proportional zur Unternehmensgröße. Allerdings können Größenvorteile, wie Mengenrabatte im Einkauf, ein unterproportionales Ansteigen des Kapitalbedarfes bedingen. | Hier verhält sich durch die Variabilität im Bereich des Verbrauchs und des Einkaufs, z. B. von Roh- oder Hilfsstoffen, der Kapitalbedarf entsprechend der abnehmenden Unternehmensgröße. |

## Lösung zu 19:

Folgende Daten waren gegeben:

Umsatz: 20 Mio. €
Kapitalumschlag 1,5

Durch die Umformung der Formel:

$$\text{Kapitalumschlag} = \frac{\text{Jahresumsatz}}{\varnothing \text{ investiertes Kapital}}$$

ergibt sich ein durchschnittlich investiertes Kapital von:

$$\varnothing \text{ Investiertes Kapital} = \frac{\text{Jahresumsatz}}{\text{Kapitalumschlag}} = \frac{20 \text{ Mio. €}}{1,5} = \textbf{13,33 Mio. €}$$

Bei einer Einsparung von insgesamt 1,5 Mio. € sinkt das durchschnittlich investierte Kapital auf 11,83 Mio. €. Hieraus ergibt sich eine Erhöhung des Kapitalumschlags und damit eine voraussichtliche Erhöhung der Rentabilität des Unternehmens:

$$\textbf{Kapitalumschlag} = \frac{20 \text{ Mio. €}}{11,83 \text{ Mio. €}} = \textbf{1,69}$$

## Lösung zu 20:
Folgende Daten ergeben sich:

| | |
|---|---:|
| Zeitdauer der Rohstofflagerung (alt) 20 Tage; neu | 5 Tage |
| Zeitdauer der Produktion (alt) 15 Tage, neu | 13 Tage |
| Zeitdauer der Lagerung von Fertigerzeugnissen | 10 Tage |
| Zeitdauer des Kundenziels | 30 Tage |
| Zeitdauer des Lieferantenziels | 10 Tage |
| Durchschnittlicher täglicher Werkstoffeinsatz | 7.000,00 € |
| Durchschnittlicher täglicher Lohneinsatz | 10.000,00 € |
| Durchschnittlicher täglicher Gemeinkosteneinsatz | 2.000,00 € |

**Kumulativer Umlaufkapitalbedarf:**

| Werteinsatz | | Bindungsdauer | |
|---|---:|---|---:|
| Werkstoffeinsatz | 7.000,00 € | Rohstofflagerung | + 5 Tage |
| Lohneinsatz | 10.000,00 € | Produktion | + 13 Tage |
| Gemeinkosteneinsatz | 2.000,00 € | Lagerung Fertigerzeug. | + 10 Tage |
| **Summe** | **= 19.000,00 €** | Kundenziel | + 30 Tage |
| | | Lieferantenziel | - 10 Tage |
| | | **Summe** | **= 48 Tage** |

**Umlaufkapitalbedarf** = 19.000,00 € · 48 = **912.000,00 €**

Hierdurch hat sich der Kapitalbedarf um 323.000,00 € verringert.

**Elektiver Umlaufkapitalbedarf:**

| Werteinsatz | | Bindungsdauer | |
|---|---:|---|---:|
| Werkstoffeinsatz | 7.000,00 € | (5 + 13 + 10 + 30 - 10) | = 336.000,00 € |
| Lohneinsatz | 10.000,00 € | (13 + 10 + 30) | = 530.000,00 € |
| Gemeinkosteneinsatz | 2.000,00 € | (5 + 13 + 10 + 30) | = 116.000,00 € |
| | | **Umlaufkapitalbedarf =** | **982.000,00 €** |

Hier ist eine Verringerung um 173.000,00 € festzustellen.

## Lösung zu 21:
Wie in der Quartalsübersicht zu sehen ist, muss durch das Finanzmanagement für das erste dreiviertel Geschäftsjahr durch z. B. genügend hohe Kontokorrentkreditlinien bei den Banken die jederzeitige Zahlungsbereitschaft des Unternehmens gesichert werden. Die Überliquidität hin zum Ende des Geschäftsjahres kann entsprechend verplant werden z. B. durch die Tilgung kurzfristiger Kredite oder in der dann erfolgenden Ausschüttung von Jahresprämien für die Mitarbeiter sowie der Durchführung geplanter, nicht sofort unter dem Geschäftsjahr notwendiger Investitionen.

## Lösung zu 22:
Siehe MiniLex (Seite 233 ff.)

### Lösung zu 23:

|  | Normalo-Back | Back de luxe |
|---|---|---|
| Nutzungsdauer | 5 Jahre | 5 Jahre |
| Resterlös | 0,00 € | 0,00 € |
| Materialkosten pro Brötchen | 0,10 € | 0,08 € |
| Variable Energiekosten pro Brötchen | 0,02 € | 0,01 € |
| Fixe Energiekosten/Jahr | 1.500,00 € | 1.900,00 € |
| Reparaturkosten/Jahr | 1.000,00 € | 2.000,00 € |
| Raumkosten/Jahr | 500,00 € | 850,00 € |
| **Berechnung** | **Normalo-Back** | **Back de luxe** |
| Abschreibungen/Jahr | 3.600,00 € | 6.400,00 € |
| Zinsen/Jahr | 720,00 € | 1.280,00 € |
| Raumkosten/Jahr | 500,00 € | 850,00 € |
| Reparaturkosten/Jahr | 1.000,00 € | 2.000,00 € |
| Fixe Energiekosten/Jahr | 1.500,00 € | 1.900,00 € |
| Fixkosten gesamt | 7.320,00 € | 12.430,00 € |
| Materialkosten | 10.000,00 € | 8.000,00 € |
| Energiekosten | 2.000,00 € | 1.000,00 € |
| Variable Kosten gesamt | 12.000,00 € | 9.000,00 € |
| Gesamtkosten | 19.320,00 € | 21.430,00 € |

Der Normalo-Back ist vorzuziehen, da er die geringeren Kosten pro Jahr verursacht.

### Lösung zu 24:

|  | Normalo-Back | Back de luxe |
|---|---|---|
| Auslastung | 100.000 Stück | 150.000 Stück |
| Fixkosten gesamt | 7.320,00 € | 12.430,00 € |
| Fixkosten pro Stück | 0,0732 € | 0,0829 € |
| Variable Kosten gesamt | 12.000,00 € | 13.500,00 € |
| Variable Kosten pro Stück | 0,1200 € | 0,0900 € |
| **Gesamtkosten** | **0,1932 €** | **0,1729 €** |

Der Back de luxe ist vorzuziehen, da er die geringeren Kosten pro Stück verursacht.

### Lösung zu 25:
Normalo-Back 100.000 Brötchen zu 0,25 €; Back de luxe 100.000 Stück zu 0,30 € Vollkornbrötchen. Kostenanfall wie in Aufgabe 23.

|  | Normalo-Back | Back de luxe |
|---|---|---|
| Erlöse | 25.000,00 € | 30.000,00 € |
| Kosten | 19.320,00 € | 21.430,00 € |
| Gewinn | **5.680,00 €** | **8.570,00 €** |

Der Back de luxe ist vorzuziehen, da er den höheren Gewinn erreicht.

## Lösung zu 26:

|  | Normalo-Back | Differenz-investition | Back de luxe |
|---|---|---|---|
| Anschaffungskosten | 18.000,00 € | 14.000,00 € | 32.000,00 € |
| Restwert | 0 € |  | 0 € |
| Auslastung/Jahr | 100.000 Stück |  | 100.000 Stück |
| Erlöse/Jahr | 25.000,00 € |  | 30.000,00 € |
| Kosten/Jahr ohne kalkulatorischen Zins | 18.600,00 €[1] |  | 20.150,00 € |
| Gewinn/Jahr | 6.400,00 € | 2.000,00 € | 9.850,00 € |

[1] Bemerkung: Der Kostenansatz aus Aufgabe 23 und 25 wurde um die kalkulatorischen Zinsen reduziert.

Rentabilität:   $R = \dfrac{6.400 + 2.000}{16.000} \cdot 100 = \mathbf{52,5\,\%}$   $R = \dfrac{9.850}{16.000} \cdot 100 = \mathbf{61,6\,\%}$

Die Rentabilität des Back de luxe ist um 9,1 % höher als die des Normalo-Back. Problematisch ist hierbei die Festlegung der Differenzinvestition.

## Lösung zu 27:

|  | Normalo-Back | Back de luxe |
|---|---|---|
| Anschaffungskosten | 18.000,00 € | 32.000,00 € |
| Gewinn/Jahr | 5.680,00 € | 8.570,00 € |
| Abschreibungen/Jahr | 3.600,00 € | 6.400,00 € |
| Ø Rückfluss | **9.280,00 €** | **14.970,00 €** |

Amortisation:   $t_I = \dfrac{18.000}{9.280}$   $t_{II} = \dfrac{32.000}{14.970}$

$t_I = \mathbf{1,94}$   $t_{II} = \mathbf{2,14}$

Aus Sichtweise der Amortisation wäre der Normalo-Back zu bevorzugen.

## Lösung zu 28:

| Anschaffungskosten | € | 150.000,00 |
|---|---|---|
| Nutzungsdauer | Jahre | 10 |
| Restwert | € | 0 |
| Kalkulationszins | i | 15 % |

| Jahre | Rückflüsse jährlich | Abzinsungs-faktor | Barwert | Barwertige Rückflüsse kumuliert |
|---|---|---|---|---|
| 1 | 32.000,00 | 0,869565 | 27.826 | 27.826,00 |
| 2 | 34.000,00 | 0,756144 | 25.709 | 53.535,00 |
| 3 | 38.000,00 | 0,657516 | 24.986 | 78.521,00 |
| 4 | 39.000,00 | 0,571753 | 22.298 | 100.819,00 |
| 5 | 34.000,00 | 0,497177 | 16.904 | 117.723,00 |
| 6 | 38.000,00 | 0,432328 | 16.428 | 134.151,00 |
| 7 | 40.000,00 | 0,375937 | 15.037 | 149.188,00 |
| 8 | 38.000,00 | 0,326902 | 12.422 | **161.610,00** |
| 9 | 45.000,00 | 0,284262 | 12.792 | 174.402,00 |
| 10 | 45.000,00 | 0,247185 | 11.123 | 185.525,00 |

Der Amortisationszeitpunkt hat sich durch die Erhöhung des Zinses vom 6. Jahr in das 8. Jahr verschoben.

## Lösung zu 29:

Ersatzproblem bei der Kostenvergleichsrechnung mit veränderten Resterlösen:

| | | Altes Investitionsobjekt | Neues Investitionsobjekt |
|---|---|---|---|
| Anschaffungskosten | € | 180.000,00 | 300.000,00 |
| Restwert | € | 25.000,00 | 0 |
| Nutzungsdauer | Jahre | 10 | 10 |
| Zinssatz % | % | 5 | 5 |
| Restnutzungsdauer | Jahre | 3 | |
| Resterlöswert am Ende des 7. Jahres | € | 40.000,00 | |
| Resterlöswert am Ende des 10. Jahres | € | 25.000,00 | |
| Verringerung des Resterlöswertes (I) | €/Jahr | 5.000,00 | |
| Kalkulatorische Zinsen auf gebundenes Kapital (Z) | €/Jahr | 1.625,00 | |
| Abschreibungen | €/Jahr | | 30.000,00 |
| Zinsen | €/Jahr | | 7.500,00 |
| Betriebskosten | €/Jahr | 250.000,00 | 220.000,00 |
| Gesamtkosten | €/Jahr | 256.625,00 | 257.500,00 |
| Kostendifferenz Alt/Neu | €/Jahr | - 875,00 | |

Aufgrund der Veränderung des Resterlöswertes verschiebt sich auch die Entscheidung innerhalb dieses Ersatzproblems. Da das alte Investitionsobjekt immer noch Kostenvorteile gegenüber dem neuen Investitionsobjekt aufweist, ist es weiter im Unternehmen zu nutzen.

## Lösung zu 30:

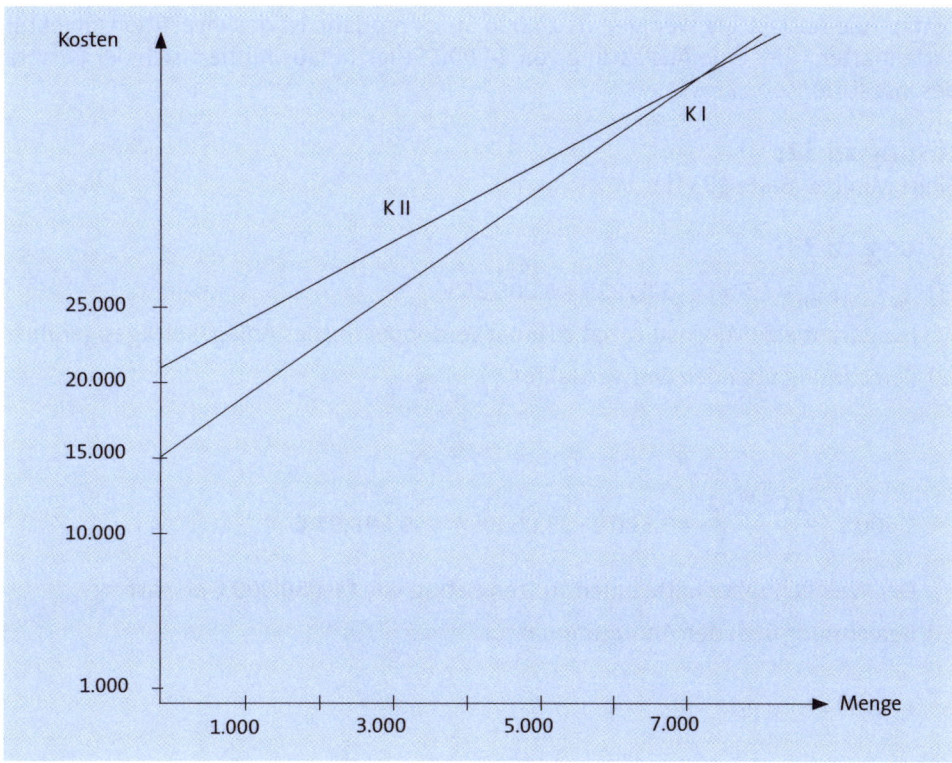

Die Fixkosten sind als Ausgangspunkt auf der Ordinate einzutragen. Der zweite Teil der Gleichung („+3x") stellt die Steigung der Geraden dar. Durch Einsetzen eines Wertes erhält man einen Punkt im Raum und damit eine Gerade. Nach dem Erstellen der zweiten Gerade zeigt der Schnittpunkt die kritische Menge.

## Lösung zu 31:

|  |  | Investitionsobjekt I | Investitionsobjekt II |
|---|---|---|---|
| Kapazität | Stück/Jahr | 40.000 | 40.000 |
| Preis | €/Stück | 36,00 | 36,00 |
| Fixe Kosten | €/Jahr | 65.000,00 | 58.000,00 |
| Variable Kosten | €/Stück | 28,00 | 28,50 |

$G_I = 36 x - 28 x - 65.000$
$G_{II} = 36 x - 28,50 x - 58.000$

221

Nach der Gleichsetzung ergibt sich:

$36 x - 28 x - 65.000 = 36 x - 28,50 x - 58.000$
$8 x - 65.000 = 7,50 x - 58.000$
$0,5 x = 7000$
$x_{krit}$ **= 14.000 Stück**

Beträgt die Auslastung weniger als 14.000 Stück pro Jahr, ist das Investitionsobjekt II vorteilhafter. Über eine Auslastung von 14.000 Stück hinaus rentiert sich der Einsatz des Investitionsobjektes I.

## Lösung zu 32:
Siehe MiniLex (Seite 233 ff.)

## Lösung zu 33:

(1) $K_n = K_0 \cdot q_n = 1.500 \text{ €} \cdot 1,072^{10} = 3.006,35 \text{ €}$

Die garantierte Verzinsung hat zu einer Verdoppelung des Anlagebetrages geführt.

(2) Berechnung über den Endwertfaktor

$$\frac{q^n - 1}{q - 1}$$

$$1.500 \text{ €} \cdot \frac{1,05^{20} - 1}{1,05 - 1} = 1.500 \text{ €} \cdot 33,065954 = \mathbf{49.598,93 \text{ €}}$$

Der Weinliebhaber hätte einen stolzen Betrag von fast 50.000 € erspart.

(3) Berechnung über den Annuitätenfaktor

$$q^n \cdot \frac{q - 1}{q^n - 1}$$

$$40.000.000 \text{ USD} \cdot 1,07^{20} \frac{1,07 - 1}{1,07^{20} - 1} = 40.000.000 \text{ USD} \cdot 0,0943876 = \mathbf{3,78 \text{ Mio. USD}}$$

Der Lottogewinner müsste sich jährlich mit knapp 3,8 Mio. US-Dollar „begnügen".

(4) Zahlung jetzt von 10.000,00 € oder 2.600,00 € in nachschüssigen Raten
Kalkulationszinssatz: 10 %

Erster Lösungsweg über den Endwertfaktor:

$$K_n = z \cdot \frac{q^n - 1}{q - 1} = 2.600 \text{ €} \cdot \frac{1,1^5 - 1}{1,1 - 1} = \mathbf{15.873,26 \text{ €}}$$

$$K_n = K_0 \cdot q_n = 10.000 \text{ €} \cdot 1,1^5 = \mathbf{16.105,10 \text{ €}}$$

Zweiter Lösungsweg über den Annuitätenfaktor:

$$z = K_0 \cdot q^n \ \frac{q-1}{q^n - 1} = 10.000\,€ \cdot 1,1^5 \cdot \frac{1,1-1}{1,1^5 - 1} = \mathbf{2.637,97\,€}$$

Dritter Lösungsweg über den Barwertfaktor:

$$K_0 = z \cdot \frac{q^n - 1}{q^n \cdot (q-1)} = 2.600\,€ \cdot \frac{1,1^5 - 1}{1,1^5 \cdot (1,1-1)} = \mathbf{9.856,05\,€}$$

Wie zu sehen ist, kann in allen drei Fällen die Ratenzahlung als die für den Schuldner günstigere Alternative gelten.

## Lösung zu 34:

Zinssatz = 5 %  Investitionsvolumen $A_0$ = - 1.000 €
Liquidationswert = 0 €  Jährlicher Überschuss $E_n - A_n$ = 300 €

| Periode | $E_n - A_n$ | Barwertfaktor | Barwert |
|---------|-------------|---------------|---------|
| 1 | 300 | 0,9524 | 285,72 |
| 2 | 300 | 0,9070 | 272,10 |
| 3 | 300 | 0,8638 | 259,14 |
| 4 | 300 | 0,8227 | 246,81 |
| Summe | | | 1.063,77 |

Kapitalwert = - 1.000 + 1063,77 **= + 63,77 €**

Es ergibt sich ein positiver Kapitalwert von 63,77 €. Die Investition ist bei einem Kalkulationszins von 5 % vorteilhaft.

## Lösung zu 35:

Versuchszinssatz = $i_1$ = 5 %  Investitionsvolumen $A_0$ = - 1.000 €
Liquidationswert = 0 €  Jährlicher Überschuss $E_n - A_n$ = 300 €

| Periode | $E_n - A_n$ | Barwertfaktor | Barwert |
|---------|-------------|---------------|---------|
| 1 | 300 | 0,9524 | 285,72 |
| 2 | 300 | 0,9070 | 272,10 |
| 3 | 300 | 0,8638 | 259,14 |
| 4 | 300 | 0,8227 | 246,81 |
| Summe | | | 1.063,77 |

Der Kapitalwert$_1$ der Investition ist bei einem Versuchszinssatz i$_1$:

K$_1$ = - 1.000 + 1.063,77 **= + 63,77 €**

Versuchszinssatz = i$_2$ = 10 %        Investitionsvolumen A$_0$ = - 1.000 €
Liquidationswert = 0 €        jährlicher Überschuss E$_n$ - A$_n$ = 300 €

| Periode | E$_n$ - A$_n$ | Barwertfaktor | Barwert |
|---------|-----------|---------------|---------|
| 1 | 300 | 0,9091 | 272,73 |
| 2 | 300 | 0,8264 | 247,92 |
| 3 | 300 | 0,7513 | 225,39 |
| 4 | 300 | 0,6830 | 204,90 |
| Summe | | | **950,94** |

Der Kapitalwert$_2$ der Investition ist bei einem Versuchszinssatz i$_2$:

K$_2$ = - 1.000 + 950,94 **= - 49,06 €**

Die Investition erreicht den vorgegebenen zweiten Versuchszinssatz nicht.

Hieraus ergibt sich:
K$_1$ = + 63,77      bei i$_1$ = 5 %
K$_2$ = - 49,06      bei i$_2$ = 10 %

Die lineare Interpolation

$$r = i_1 - K_1 \frac{i_2 - i_1}{K_2 - K_1}$$

ergibt dann:

$$r = 5 - 63,77 \cdot \frac{10 - 5}{-49,06 - 63,77}$$

r = 7,8259328 **= 7,83 %**

Die Investition verzinst sich mit 7,83 %. Ein weiterer Interpolationsversuch mit näher am Ergebnis liegenden Versuchszinsfüßen (z. B. mit 7 und 8 %) ergäbe das exakte Ergebnis von 7,71 %.

## Lösung zu 36:

Kauf einer Maschine zu 30.000,00 €                Zins = 8 %

| Jahre | 1 | 2 | 3 | 4 |
|---|---|---|---|---|
| Erlöse | 7.500,00 | 8.500,00 | 10.000,00 | 11.000,00 |

Zuerst ist die Kapitalwertmethode anzuwenden:

$$K_0 = -30.000 + 7.500 \cdot \frac{1}{1,08^1} + 8.500 \cdot \frac{1}{1,08^2} + 10.000 \cdot \frac{1}{1,08^3} + 11.800 \cdot \frac{1}{1,08^4}$$

$$K_0 = 255,48$$

Hieraus folgt die Annuität:

$$z = K_0 \cdot K_1 \; \frac{q-1}{q^n - 1}$$

$$z = 255,48 \cdot 1,08^4 \cdot \frac{1,08 - 1}{1,08^4 - 1}$$

**z = 77,13 €**

Als jährlicher Überschuss aus der Investition verbleiben 77,13 €.

### Probe:

| Jahre | Kapital | Zins | Tilgung | Annuität | Erlös |
|---|---|---|---|---|---|
| 1 | 30.000,00 | 2.400,00 | 5.022,87 | 77,13 | 7.500,00 |
| 2 | 24.977,13 | 1.998,17 | 6.424,70 | 77,13 | 8.500,00 |
| 3 | 18.552,43 | 1.484,19 | 8.438,68 | 77,13 | 10.000,00 |
| 4 | 10.113,75 | 809,10 | 10.113,77 | 77,13 | 11.000,00 |

Wie zu sehen ist, hat die Investition über vier Jahre Zins und Tilgung sowie eine Annuität erarbeitet. Die um zwei Cent überhöhte Tilgung ergibt sich durch Rundungsdifferenzen. Diese Aufstellung nennt man auch einen vollständigen Finanzplan.

## Lösung zu 37:

Siehe MiniLex (Seite 233 ff.)

## Lösung zu 38:

Zur Berechnung ist vom Aufzinsungsfaktor einer einmaligen Zahlung auszugehen und nach q aufzulösen.

Aufzinsungsfaktor:

$$K_n = K_0 \cdot q^n$$

Bekannt sind: $K_n$ = 3 Mio. €    $K_0$ = 1,5 Mio. €    n = 10 Jahre

Umformung nach q:

$$K_n = K_0 \cdot q^n$$

$$\frac{K_n}{K_0} = q^n$$

$$q = \sqrt[n]{\frac{K_n}{K_0}} = \sqrt[10]{\frac{3.000.000}{1.500.000}} = 1{,}07177$$

Es ergibt hieraus eine Verzinsung von 7,18 %. Die Formel

$$q = \sqrt[n]{\frac{K_n}{K_0}}$$

steht für den Zweizahlungsfall – siehe *Däumler*, S. 193 f.

## Lösung zu 39:

| AKTIVA | | Bilanz in Mio. € | | PASSIVA |
|---|---|---|---|---|
| I. Anlagevermögen | 4,5 | I. Eigenkapital | | 3,8 |
| II. Umlaufvermögen | 5,2 | II. Fremdkapital | | 5,9 |
| | 9,7 | | | 9,7 |

| Nicht betriebsnotwendige Gebäude im Anlagevermögen: | Wiederbeschaffungswert | 500.000,00 € |
|---|---|---|
| | Liquidationswert | 400.000,00 € |
| Nicht betriebsnotwendige Hilfs- und Betriebsstoffe: | Wiederbeschaffungswert | 200.000 ,00 € |
| | Liquidationswert | 100.000,00 € |

Durchschnittlicher jährlicher Reingewinn = 1,5 Mio. €
Kalkulationszinssatz = 10 %

### Substanzwert:

| Bilanzsumme: | | 9.700.000,00 € |
|---|---|---|
| - Wiederbeschaffungswert der nicht betriebsnotwendigen Güter | - | 700.000,00 € |
| + Liquiditationswert der nicht betriebsnotwendigen Güter | + | 500.000,00 € |
| **= Teilreproduktionswert** | | **9.500.000,00 €** |

### Ertragswert:

$$\text{Ertragswert} = \frac{G}{q-1}$$

$$= \frac{1.500.000\ €}{1,1-1} = \frac{1.500.000\ €}{0,1} = \textbf{15.000.000\ €}$$

### Unternehmenswert nach dem Mittelwertverfahren:

$$= \frac{EW + SW}{2}$$

$$= \frac{15.000.000\ € + 9.500.000\ €}{2} = \textbf{12.250.000\ €}$$

Ein möglicher Kaufpreis für das Unternehmen liegt bei 12,25 Mio. €.

## Lösung zu 40:

Substanzwert = 9,5 Mio. €.  Kalkulationszinssatz = 10 %
Durchschnittlicher Reingewinn = 1,5 Mio. €  Zinsfuß für Übergewinne = 15 %

$$\text{Unternehmenswert} = RW + \frac{G - i \cdot RW}{h}$$

$$= 9.500.000\,€ + \frac{1.500.000\,€ - 0,1 \cdot 9.500.000\,€}{2} = \mathbf{13.166.666,67\ €}$$

$$\text{Firmenwert} = \frac{G - i \cdot RW}{h}$$

$$= \frac{1.500.000\,€ - 0,1 \cdot 9.500.000\,€}{0,15} = \mathbf{3.666.666,67\ €}$$

Als Unternehmenswert ergeben sich ca. 13,2 Mio. €. Der Firmenwert ist mit 3,7 Mio. €
hierin enthalten.

## Lösung zu 41:

| Planungsjahre | 2012 | 2013 | 2014 | 2015 | 2016 | |
|---|---|---|---|---|---|---|
| Prognostizierte Free Cashflows | 65 | 70 | 80 | 85 | 95 | in Mio. € |

Zinskosten:  Langfristiges Fremdkapital  8 %
　　　　　　 Eigenkapital  15 %
Finanzierungsstruktur:  Fremdkapital 80 % der Bilanzsumme (450 Mio. €)
　　　　　　 Eigenkapital 20 % der Bilanzsumme

Hieraus ergeben sich gewichtete Kapitalkosten:

$$\frac{80 \cdot 8\,\%}{100} + \frac{20 \cdot 15\,\%}{100} = 6,4\,\% + 3\,\% = \mathbf{9,4\,\%}$$

| Jahre | Cashflow in Mio. € | Barwertfaktor | Barwert in Mio. € |
|---|---|---|---|
| 2008 | 65 | 0,9140768 | 59,41 |
| 2009 | 70 | 0,8355364 | 58,49 |
| 2010 | 80 | 0,7637444 | 61,10 |
| 2011 | 85 | 0,698121 | 59,34 |
| 2012 | 95 | 0,6381362 | 60,62 |
| | | Summe | 298,96 |

Der letzte Free Cashflow aus dem fünften Jahr in Höhe von 95 Mio. € wird als ewige Rente aufgefasst und zu einem Restwert entsprechend kapitalisiert:

$$\text{Restwert} = \frac{CF}{q-1}$$

$$= \frac{95 \text{ Mio. €}}{1{,}094 - 1} = \mathbf{1.010{,}64 \text{ Mio. €}}$$

Entsprechend kann als Barwert des Restwertes errechnet werden:

Barwert des Restwertes = 1.010,64 Mio. € · 0,6381362 **= 644,93 Mio. €**

Als Gesamtwert des Unternehmens ergibt sich:

| | |
|---|---|
| Summe der prognostizierten Free Cashflows | 298,96 Mio. € |
| Barwert des Restwertes | 644,93 Mio. € |
| Gesamtwert | 943,89 Mio. € |
| abzüglich des Fremdkapitals | 450,00 Mio. € |
| Unternehmenswert | **493,89 Mio. €** |

Der Unternehmenswert nach der Discounted-Cashflow-Methode beträgt knapp eine halbe Milliarde Euro.

## Lösung zu 42:
Folgende Daten sind gegeben:

| | |
|---|---|
| Risikolose Staatsanleihen (r): | 5,5 % |
| Marktrendite im Aktienmarkt (Erm): | 12 % |
| Systematisches Risiko (β): | 1,25 |

$$Z = r + (E_{rm} - r) \cdot \beta = 5{,}5 \% + (12 \% - 5{,}5 \%) \cdot 1{,}25 = \mathbf{13{,}625 \%}$$

Als Zinssatz für die Eigenkapitalkosten wären 13,63 % zu verwenden.

## Lösung zu 43:

▶ Bis spätestens Ende 2001 mussten Aktien auf EURO lauten. Durch die Umstellung von DM auf EURO entstanden bei einer Beibehaltung von Nennwertaktien „krumme" Werte, die eine Nennbetragsglättung durch z. B. Kapitalerhöhungen oder Kapitalherabsetzungen erforderten, was sehr aufwändig gewesen wäre. Deswegen stellten die meisten Unternehmen ihre Nennwertaktien auf nennwertlose Stückaktien um, deren „fiktiver Nennwert" sich aus dem Verhältnis des Grundkapitals und der Anzahl der ausgegebenen Aktien bestimmt und 1 € als untere Grenze nicht unterschreiten darf.

► Die Ausgabe von Namensaktien zum Börsenhandel war bisher eingeschränkt, da bei einer Übertragung der Namensaktien eine Indossierung dieses Orderpapiers und eine Umschreibung im Aktienregister notwendig wurde. Diese Hindernisse werden nun mit einer Blankozession und EDV-gestützten Aktienregister überwunden. Als Gründe werden angeführt:

- Weltweite Handelsmöglichkeiten und Börsenfähigkeit von Namensaktien
- Aus- und Aufbau eines „Investor relationship", was die gezielte Ansprache der Aktionäre meint
- Kenntnis der Aktionärsstruktur und deren Veränderung

## Lösung zu 44:

| Kaufaufträge | Kurs | Verkaufsaufträge | Kurs |
|---|---|---|---|
| 100 Stück | billigst | 120 Stück | bestens |
| 220 Stück | 224 € | 80 Stück | 220 € |
| 260 Stück | 223 € | 200 Stück | 222 € |
| 200 Stück | 222 € | 340 Stück | 223 € |
| 350 Stück | 221 € | 550 Stück | 224 € |
| 400 Stück | 220 € | | |

| Kurs | Käufe Stück | Verkäufe Stück | Umsatz Stück |
|---|---|---|---|
| 220 | 1.530 | 200 | 200 |
| 221 | 1.130 | 200 | 200 |
| 222 | 780 | 400 | 400 |
| 223 | 580 | 740 | **580** |
| 224 | 320 | 1.290 | 320 |

Zum Kurs von 223 € können 580 Aktien umgesetzt werden. Dies wäre dann der Einheitskurs oder der Kurs in den Xetra-Auktionen. 160 Aktien sind nicht zu diesem Kurs absetzbar, d. h. es liegt ein Angebotsüberhang vor.

## Lösung zu 45:

► Zunächst wird errechnet:

| | |
|---|---|
| Gezeichnetes Kapital | 100 Mio. € |
| Gewinnrücklagen | 130 Mio. € |
| Kapitalrücklagen | 120 Mio. € |
| **Eigenkapital** | **350 Mio. €** |

Hinzukommen noch 150 Mio. € stille Reserven.

$$\text{Korrigierter Bilanzkurs} = \frac{\text{Bilanzielles Eigenkapital + Stille Reserven}}{\text{Gezeichnetes Kapital}} \cdot 100$$

$$\text{Korrigierter Bilanzkurs} = \frac{350 + 150}{100} \cdot 100 = \mathbf{500\ \%}$$

▶ Eine 5-€-Aktie hätte einen inneren Wert von 25,00 €.

## Lösung zu 46:

Nachhaltiger, jährlicher Gewinn = 2.000.000 €  Nennwert der Aktien = 5,00 €
Gezeichnetes Kapital = 10.000.000 €  Kapitalisierungszins = 10 %

$$\text{Ertragswert} = \frac{G}{q-1}$$

$$\text{Ertragswert} = \frac{2.000.000\ €}{1,1 - 1} = \mathbf{20.000.000\ €}$$

$$\text{Ertragswert pro Aktie in } € = \frac{20.000.000\ €}{2.000.000\ €} = \mathbf{10\ €}$$

$$\text{Ertragswert pro Aktie in } \% = \frac{20.000.000\ €}{10.000.000\ €} \cdot 100 = \mathbf{200\ \%}$$

## Lösung zu 47:

$$\text{PER des Unternehmens A} = \frac{125}{25} = \mathbf{5}$$

$$\text{PER des Unternehmens A} = \frac{180}{20} = \mathbf{9}$$

Nach der PER-Kennziffer scheinen die Aktien des Unternehmens A die vorteilhaftere Investitionsalternative zu sein.

## Lösung zu 48:

Ausgabekurs = 94 €  Nominalverzinsung = 7,5 %.
Rücknahmekurs = 100 €  Laufzeit (n) = 8 Jahre

$$r = \frac{7,5 + \dfrac{100 - 94}{8}}{94} \cdot 100 = \mathbf{8,78\ \%}$$

Die Effektivverzinsung der Anleihe nach der Faustformel beträgt 8,78 %.

Der aus der Faustformel gewonnene Effektivzinssatz von 8,78 % wird für q eingesetzt. Dies gibt einen Restwertfaktor von: 0,09139

$$r = \frac{7,5 + (100 - 94) \cdot 0,09139}{94} \cdot 100 = \textbf{8,562 \%}$$

Die mathematisch genauere Effektivverzinsung der Anleihe beträgt 8,56 %.

### Lösung zu 49:
Der Investitionsablauf einer Anleihe kann grafisch wie folgt dargestellt werden:

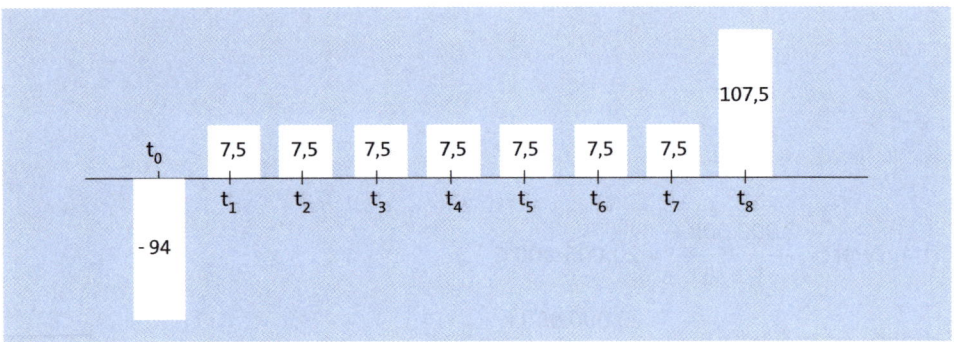

Wendet man die Interne Zinsfuß-Methode an, können als Versuchszinsfüße zum Beispiel 8,5 % und 9 % stehen. Als Barwerte ergeben sich:

$i_1 = 8,5 \%$      $K_1 = 0,360817$
$i_2 = 9 \%$      $K_2 = -2,30223$

Die lineare Interpolation:

$$r = i_1 - K_1 \cdot \frac{i_2 - i_1}{K_2 - K_1}$$

ergibt dann

$$r = 8,5 - 0,360817 \cdot \frac{9 - 8}{-2,30223 - 0,360817}$$

$r = 8,5677 = \textbf{8,57 \%}$

### Lösung zu 50:
Siehe MiniLex (Seite 233 ff.)

Das MiniLex enthält die wichtigsten Begriffe, die in diesem Buch behandelt werden. Weitere Begriffe finden sich in: *Olfert/Rahn/Zschenderlein*, Lexikon der Betriebswirtschaftslehre, Kiehl

## Aktie

Sie ist ein **Wertpapier**, das Rechte an der Mitgliedschaft in einem Unternehmen verbrieft:

► Stimmrecht in der Hauptversammlung

► Recht auf Anteil am Gewinn (Dividende)

► Recht auf Anteil am Liquidationserlös

► Recht auf Bezug neuer (junger) Aktien.

Die Aktie besteht aus dem Mantel (Wertpapierurkunde) und dem Bogen mit Kupons und Erneuerungsschein.

## Aktie, Arten

► Nennwertaktie (Nennwert von 1 € oder Vielfachem)

► Quotenaktie (ohne Nennwert, in Deutschland verboten)

► Stückaktie (nennwertlose Aktie aufgrund EURO-Umstellung)

► Inhaberaktie (ohne Namen eines Berechtigten)

► Namensaktie (Name des Berechtigten im Aktienregister)

► Stammaktie (gleiche Rechte für die Aktionäre)

► Vorzugsaktie (Sonderrechte für die Aktionäre).

## Aktienkurs

Er kann sein:

► ein **Einheitskurs** als Marktwert einer Aktie, der sich für Aktien, die nicht im Xetra gehandelt werden, aufgrund von Angebot und Nachfrage ergibt

► ein **variabler Kurs**, der durch fortlaufende Notierung von Aktien mit bedeutendem Umsatz entsteht

► ein **Schlusskurs** der den letztverfügbaren Kurs in Xetra bzw. im Parketthandel darstellt.

## Amortisationsvergleichsrechnung

Sie ist eine **statische** oder auch **dynamische Investitionsrechnung**, bei der die Vorteilhaftigkeit eines Investitionsobjektes mithilfe der Amortisationszeit gemessen wird. Das ist der Zeitraum, innerhalb dessen das für ein Investitionsobjekt eingesetzte Kapital wieder in das Unternehmen zurückgeflossen ist. Mit der Amortisationsvergleichsrechnung lassen sich auch das **Auswahl-** und **Ersatzproblem** lösen.

## Analyse der Investitionspolitik

Sie befasst sich mit dem **Verhalten des Unternehmens** als Investor:

$$\text{Investitionsquote} = \frac{\text{Nettoinvestition bei Sachanlagen}}{\text{Anfangsbestand bei Sachanlagen}} \cdot 100$$

$$\text{Investitionsdeckung} = \frac{\text{Abschreibungen auf Sachanlagen}}{\text{Endbestand an Sachanlagen}} \cdot 100$$

$$\text{Abschreibungsquote} = \frac{\text{Abschreibungen auf Sachanlagen}}{\text{Endbestand an Sachanlagen}} \cdot 100$$

## Analyse der Investitionsstruktur

Sie untersucht die **Zusammensetzung der Vermögensteile**:

$$\text{Vermögens-konstitution} = \frac{\text{Anlagevermögen}}{\text{Umlaufvermögen}} \cdot 100$$

$$\text{Anlage-intensität} = \frac{\text{Anlagevermögen}}{\text{Gesamtvermögen}} \cdot 100$$

$$\text{Umlauf-intensität} = \frac{\text{Umlaufvermögen}}{\text{Gesamtvermögen}} \cdot 100$$

## Analyse der Kapitalstruktur

Sie untersucht die **Zusammensetzung der Kapitalteile**:

$$\text{Eigenkapitalquote} = \frac{\text{Eigenkapital}}{\text{Gesamtkapital}} \cdot 100$$

$$\text{Anspannungskoeffizient} = \frac{\text{Fremdkapital}}{\text{Gesamtkapital}} \cdot 100$$

$$\text{Verschuldungskoeffizient} = \frac{\text{Fremdkapital}}{\text{Eigenkapital}} \cdot 100$$

## Analyse, finanzwirtschaftliche

Mit ihrer Hilfe werden **Investitionen, Finanzierungen** und **Liquiditäten** untersucht. Dies kann geschehen als:

▶ Objektvergleich/Zeitvergleich/Soll-Ist-Vergleich

▶ interne/externe Analyse

▶ formelle/materielle Analyse.

## Analyse, umsatzbezogene

Sie untersucht die Beziehung zwischen Umsatzerlösen und Vermögensteilen:

$$\text{Anlagennutzung} = \frac{\text{Umsatz}}{\text{Sachanlagen}} \cdot 100$$

$$\text{Vorratshaltung} = \frac{\text{Vorräte}}{\text{Umsatz}} \cdot 100$$

$$\text{Umschlagshäufigkeit des Anlagevermögens} = \frac{\text{Abschreibung + Abgänge des Anlagevermögens}}{\varnothing \text{ Bestand des Anlagevermögens}}$$

$$\text{Umschlagshäufigkeit des Umlaufvermögens} = \frac{\text{Umsatz}}{\varnothing \text{ Bestand des Umlaufvermögens}}$$

$$\text{Umschlagshäufigkeit des Gesamtvermögens} = \frac{\text{Umsatz}}{\varnothing \text{ Bestand des Gesamtvermögens}}$$

$$\text{Laufzeit der Forderungen} = \frac{\varnothing \text{ Bestand des Gesamtvermögens}}{\text{Umsatz}} \cdot 360$$

## Anlagekapitalbedarf

Dabei wird von den **Anschaffungskosten** ausgegangen, die für die Güter des Anlagevermögens anfallen. Sie werden **addiert**. Dazu können bei einer Unternehmensgründung noch kommen:

▶ Auszahlungen für die Gründung

▶ Auszahlungen für die Ingangsetzung des Geschäftsbetriebes.

## Anlagevermögen

Es umfasst alle **Vermögensgegenstände,** die dazu bestimmt sind, dem Geschäftsbetrieb **dauernd** zu dienen (§ 247 Abs. 2 HGB). In der Bilanz wird das Anlagevermögen auf der Aktiv-Seite ausgewiesen als:

- immaterielle Vermögensgegenstände, z. B. Konzessionen

- Sachanlagen, z. B. Grundstücke, Maschinen

- Finanzanlagen, z. B. Beteiligungen, Wertpapiere.

## Annuität

Mit ihr werden die jährlich in gleicher Höhe anfallenden Werte ermittelt, die sich aus einem bestimmten auf den Beginn oder das Ende der Betrachtungsperiode bezogenen Wert ergeben. Sie wird auch **Jahreswert** oder **Jahresbetrag** genannt.

## Annuitätenmethode

Sie ist eine **dynamische Investitionsrechnung**, bei der die Annuität als Maßstab der Vorteilhaftigkeit dient. Sie bezieht sich auf den Periodenerfolg. Mithilfe der Annuitätenmethode kann das **Auswahlproblem** für einzelne oder alternative Investitionsobjekte sowie das **Ersatzproblem** gelöst werden.

## Anschaffungskosten

Sie bestehen aus:

- dem **Angebotspreis**, abzüglich Rabatten, Boni und ggf. Skonto, zuzüglich Kosten für Verpackung, Fracht, Versicherung, Rollgeld als Nettopreis

- **Kosten der Nutzbarmachung** des Investitionsobjektes, z. B. Umbau-, Installations-, Projektierungs-, Anlaufkosten.

## Aufwand/Ertrag

Der **Aufwand** ist der gesamte Wertverzehr für Güter und Dienstleistungen innerhalb einer Rechnungsperiode. Der **Ertrag** stellt den Wertzugang durch erstellte Güter und Dienstleistungen während einer Rechnungsperiode dar. Zu unterscheiden sind:

- Zweckaufwand/betrieblicher Ertrag in Erfüllung des Betriebszwecks

- Neutraler Aufwand/Ertrag, der nicht dem Betriebszweck dient.

## Ausgaben/Einnahmen

Sie entstehen durch **schuldrechtliche Verpflichtungen**, z. B. Kaufverträge. Aus ihnen ergeben sich Verbindlichkeiten bzw. Forderungen, die im Zeitpunkt der schuldrechtlichen Verpflichtung noch nicht zu Auszahlungen bzw. Einzahlungen als tatsächlichem Abfluss bzw. Zufluss von Zahlungsmitteln führen müssen. Sie finden in der **Finanzbuchhaltung** ihren Niederschlag.

## Auslastung, *kritische*

Sie ist bei der Ausbringungsmenge gegeben, bei der die **Kosten** bzw. die **Gewinne** der alternativen Investitionsobjekte **gleich hoch** sind. Ihre Ermittlung ist dann bedeutsam, wenn die Auslastung des Investitionsobjektes nicht als (weitgehend) sicheres Datum angesehen werden kann und hat umso größere Bedeutung, je unterschiedlicher sich die Kosten bzw. die Gewinne entwickeln.

## Außenfinanzierung

Sie ist die **Zuführung des Kapitals** von außerhalb des Unternehmens, unbeschadet der rechtlichen Stellung des Kapitals. Zu unterscheiden sind:

- Beteiligungsfinanzierung, bei der Eigenkapital zufließt.

- Fremdfinanzierung, der Fremdkapital zu Grunde liegt.

## Auswahlproblem

Es stellt sich, wenn mehrere **alternative Investitionsobjekte** vorhanden sind, von denen das vorteilhaftere bzw. vorteilhafteste zu bestimmen ist.

Beim Auswahlproblem kann aber auch die Frage auftreten, inwieweit ein Investitionsobjekt vorteilhaft ist, für das keine Alternativen gegeben sind.

## Barwert
Das ist der Wert, der sich durch **Abzinsung** von Einzahlungsströmen und Auszahlungsströmen ergibt. Mit seiner Hilfe kann festgestellt werden, welchen Wert eine oder mehrere während einer Betrachtungsperiode geleistete Zahlungen zu Beginn der Betrachtungsperiode haben.

## Betriebskosten
Sie können im Rahmen einer **Investition** vor allem sein:

► Personalkosten
► Materialkosten
► Instandhaltungskosten
► Raumkosten
► Energiekosten
► Werkzeugkosten.

## Bewegungsbilanz
In ihr werden Mittelverwendung und Mittelherkunft gegenübergestellt, um **Bestandsveränderungen** finanzwirtschaftlicher Vorgänge aufzuzeigen:

| Mittelverwendung | Mittelherkunft |
|---|---|
| Aktivmehrung Passivminderung | Aktivminderung Passivmehrung |

## Bewertungskriterien
Sie sind Messgrößen für die **Beurteilung der Vorteilhaftigkeit** von Investitionen. Es gibt:

► **quantitative Kriterien** als Kosten, Gewinn, Rentabilität, Amortisationswert, Kapitalwert, interner Zinsfuß, Annuität
► **qualitative Kriterien**, die wirtschaftlich, technisch, sozial und rechtlich ausgerichtet sein können.

## Bewertungstechniken
Sie sind bei der **Unternehmensbewertung**:

► die **Einzelbewertung**, bei der alle inventurfähigen Unternehmensteile einzeln bewertet und zum Unternehmenswert addiert werden

► die **Gesamtbewertung**, bei der die Kombinationseffekte aller Gegenstände im Unternehmen mit berücksichtigt werden.

## Bilanzkurs
Er gibt an, wie viel Eigenkapital aus bilanzieller Sicht auf eine Aktie entfällt:

$$\text{Bilanzkurs} = \frac{\text{Bilanzielles Eigenkapital}}{\text{Gezeichnetes Eigenkapital}} \cdot 100$$

Im **korrigierten Bilanzkurs** werden zusätzlich zum bilanziellen Eigenkapital noch stille Reserven berücksichtigt.

## Capital Asset Pricing Model
Es dient zur Ermittlung der **Eigenkapitalkosten**:

$$\text{Eigenkapital-kosten} = \text{Rendite einer risikofreien Anlage} + \text{Risikoprämie}$$

Die **Risikoprämie** besteht aus zwei Teilen:

$$\text{Risikoprämie} = \text{Rendite-schwankungs-koeffizient } \beta \cdot \text{Durchschnittliche Risikoprämie}$$

Der Renditeschwankungskoeffizient ist das Maß für das unternehmensbezogene Marktrisiko.

## Cashflow

Er gibt den **finanziellen Überschuss** an, den ein Unternehmen erwirtschaftet hat. Er kann auf folgende Weise ermittelt werden:

- ► direkt, innerhalb des Unternehmens
- ► indirekt aufgrund der Daten des Jahresabschlusses außerhalb des Unternehmens.

## Chart

Es wird im Rahmen der **Trendanalyse** verwendet als:

- ► **Linien-Chart**, bei dem die Schlusskurse mit einer Linie verbunden werden
- ► **Balken-Chart**, bei dem vertikale Linien (Balken) Höchst- und Tiefstkurse für konstante Zeitintervalle angeben
- ► **Point-and-Figure-Chart**, bei dem in Form von alternierenden Säulen steigende oder fallende Kurse gezeigt werden
- ► **Candlestick-Chart**, bei dem Höchst- und Tiefstkurs sowie Eröffnungs- und Schlusskurs für einen einzelnen Handelstag angegeben werden können.

## Chartanalyse

Sie versucht, die Entwicklung der Aktienkurse aus der Kursentwicklung am Aktienmarkt zu erklären. Sie wird auch **Technische Analyse** genannt und bedient sich zur Trendanalyse verschiedener Arten von Charts, die Aktienverläufe grafisch darstellen.

## Differenzinvestition

Sie muss bei verschiedenen Investitionsrechnungen gebildet werden, wenn die **Anschaffungskosten** und/oder **Nutzungsdauern** alternativer Investitionsobjekte unterschiedlich hoch sind. Damit ist es möglich, die Investitionsobjekte vergleichbar zu machen, um falsche Beurteilungen zu vermeiden.

## Discounted-Cashflow-Methode

Mit ihr wird der **Unternehmenswert** durch die Summierung der Marktwerte des Eigenkapitals und des Fremdkapitals ermittelt. Grundlagen sind prognostizierte Free Cashflows und ein Restwert, die auf den heutigen Zeitpunkt abgezinst werden. Das Fremdkapital wird von dieser Summe abgezogen. Als Kalkulationszinssatz wird das Modell des Weighted Average Cost of Capital (WACC) verwendet.

## Diversifizierungsinvestition

Sie bewirkt eine **Veränderung des Leistungsprogramms** bzw. der **Absatzorganisation** und dient der Sicherung des Unternehmens sowie der Risikostreuung. Zu unterscheiden sind:

- ► **horizontale** Diversifizierungsinvestitionen (Aufnahme verwandter Produkte)
- ► **vertikale** Diversifizierungsinvestitionen (Aufnahme vor-/nachgelagerter Produkte)
- ► **Laterale** Diversifizierungsinvestitionen (Aufnahme neuer/branchenfremder Produkte).

## EBDIT-Methode

Sie ist ein **Multiplikator-Verfahren**, bei dem der Unternehmenswert über das nachhaltig erzielbare Ergebnis vor AfA-Größen, Steuern und Fremdkapitalzinsen errechnet wird. Das Ergebnis wird durch einen risikobezogenen Multiplikator indirekt verzinst.

## Eigenfinanzierung

Bei ihr fließt dem Unternehmen **Eigenkapital** zu, das gewöhnlich zeitlich unbegrenzt zur Verfügung steht. Als Finanzierung mithilfe von Eigenkapital lassen sich unterscheiden:

- ► Beteiligungsfinanzierung (durch neue oder durch alte Gesellschafter)

- Selbstfinanzierung (durch zurückbehaltene Gewinne)
- Finanzierung aus Abschreibungsgegenwerten, wobei hier auch Fremdkapitalien zufließen können.

## Eigenkapital

Dabei handelt es sich um das von den Eigentümern eines Unternehmens als Gesellschafter ohne zeitliche Begrenzung zur Verfügung gestellte Kapital. Es dient als Grundlage für die wirtschaftliche Tätigkeit eines Unternehmens, ist Haftungsmasse für Fremdkapitalgeber sowie Lieferanten und verkörpert Herrschaftsrechte, Vermögensrechte sowie das Recht auf Gewinnbeteiligung.

## Endwert

Das ist der Wert, der sich durch Aufzinsung von Einzahlungsströmen und Auszahlungsströmen ergibt. Mit seiner Hilfe kann festgestellt werden, welchen Wert eine oder mehrere während einer Betrachtungsperiode geleistete Zahlungen am Ende der Betrachtungsperiode haben.

## Ersatzproblem

Dabei geht es um die Frage, **wann** es **vorteilhaft** ist, ein in Nutzung befindliches, technisch noch weiter verwendbares Investitionsobjekt durch ein neues, gleichartiges **Investitionsobjekt zu ersetzen**. Die Entscheidung hierüber ist schwierig und auch durch die Investitionsrechnungen nicht zweifelsfrei gelöst.

## Ertragswert

Er ist der **Zukunftserfolgswert** eines Unternehmens, mit dem sich die Unternehmensbewertung befasst. Unter dem Zukunftserfolg ist der nachhaltig erzielbare, zukünftige Ertrag des Unternehmens unter Berücksichtigung der Verzinsung zu verstehen.

## Ertragswertkurs

Er basiert auf dem Ertragswert und kann ermittelt werden:

$$\text{Ertragswertkurs pro Aktie (€)} = \frac{\text{Ertragswert}}{\text{Aktienanzahl}}$$

$$\text{Ertragswertkurs pro Aktie (\%)} = \frac{\text{Ertragswert}}{\text{Gezeichnetes Kapital}} \cdot 100$$

## Eurokreditmarkt

In ihm bieten Banken großvolumige Eurokredite mit kurz- bis mittelfristigen Laufzeiten an, die von Großunternehmen, Staaten oder internationalen Institutionen nachgefragt werden.

## Ertragswert-Verfahren

Dies ist ein traditionelles Verfahren der **Unternehmensbewertung**, bei dem die zukünftig erwarteten Gewinne, die langfristig bei normaler Unternehmensleistung erzielt werden, diskontiert werden. Dabei sind Marktänderungen sowie Substitutionsgefahren in den Zukunftserträgen zu berücksichtigen.

## Finanzierung

Dabei handelt es sich um die **Beschaffung von Kapital**, das zur Leistungserstellung und Leistungsverwertung benötigt wird. Sie geschieht meist in Form von **Geld**, kann aber auch in **Sachgütern** bzw. **Rechten** bestehen. Die Finanzierung kann z. B. sein:

- Eigenfinanzierung/Fremdfinanzierung
- Außenfinanzierung/Innenfinanzierung.

## Finanzierungsregeln, *horizontale*

Sie beziehen sich auf die **Aktiv-** und **Passiv-Seite** der Bilanz:

$$\text{Goldene Bilanzregel i. e. S.} = \frac{\text{Anlagevermögen}}{\text{Eigenkapital}} \leq 1$$

$$\text{Goldene Bilanzregel i. w. S.} = \frac{\text{Anlagevermögen}}{\text{Eigenkapital} + \text{langfristiges Fremdkapital}} \leq 1$$

$$\text{Goldene Finanzierungsregel} = \frac{\text{Kurzfristiges Vermögen}}{\text{Kurzfristiges Kapital}} \leq 1$$

bzw.

$$\text{Goldene Finanzierungsregel} = \frac{\text{langfristiges Vermögen}}{\text{langfristiges Kapital}} \leq 1$$

## Finanzierungsregeln, vertikale

Sie beziehen sich auf die **Passiv-Seite** der Bilanz:

$$\text{1:1-Regel} = \frac{\text{Fremdkapital}}{\text{Eigenkapital}} \leq 1 \text{ (erstrebenswert)}$$

$$\text{2:1-Regel} = \frac{\text{Fremdkapital}}{\text{Eigenkapital}} \leq 2 \text{ (gesund)}$$

$$\text{3:1-Regel} = \frac{\text{Fremdkapital}}{\text{Eigenkapital}} \leq 3 \text{ (noch zulässig)}$$

## Finanzinvestition

Sie bezieht sich auf das **Finanzanlagevermögen** des Unternehmens und kann erfolgen in Form von:

► Forderungsrechten, z. B. gewährten Darlehen, Kundenforderungen

► Beteiligungsrechten, z. B. Aktien, Gesellschaftsanteile.

Die Finanzinvestition wird auch als **Nominalinvestition** bezeichnet.

## Finanzmarkt

Er besteht aus:

► dem **Geldmarkt**, der die kurzfristigen Finanzgeschäfte in Form der Geldaufnahme und der Geldanlage abwickelt

► dem **Kapitalmarkt**, der längerfristige Aufnahmen und Anlagen von Kapitalien umfasst. Zu ihm zählt die Emission von bzw. die Investition in Anleihen und Aktien.

## Finanzplan

Er ist eine **tabellarische Übersicht** der prognostizierten oder vorgegebenen Einzahlungen und Auszahlungen eines Unternehmens für einen bestimmten Zeitraum, z. B. Monat, Quartal, Halbjahr, Jahr. Aus ihm werden Unter- und Überdeckungen ersichtlich, die finanzielle Maßnahmen bewirken.

## Firmenwert

Er stellt bei der Unternehmensbewertung den **Goodwill** oder **Geschäftswert** dar und kann sein:

► **originärer** Firmenwert, der sich im Lauf des Firmenbestehens ergibt

► **derivativer** Firmenwert, der vom Käufer eines Unternehmens im Rahmen eines Gesamtkaufpreises bezahlt wird.

## Fremdfinanzierung

Bei ihr fließt dem Unternehmen **Fremdkapital** zu, das zeitlich befristet zur Verfügung steht. Sie wird auch als **Kreditfinanzierung** bezeichnet. Vor allem Kreditinstitute, Lieferanten und Kunden stellen die Kapitalgeber dar. Sie verlangen für die Hingabe von Fremdkapital vielfach die Bereitstellung von Sicherheiten.

**Fremdkapital**
Es umfasst die **Gesamtheit der Schulden** eines Unternehmens, die auf der Passiv-Seite der Bilanz ausgewiesen werden und dient – wie auch das Eigenkapital – der Finanzierung des Vermögens. Mit der Hingabe von Fremdkapital erwachsen dem Fremdkapitalgeber das Recht auf Rückzahlung des Nominalbetrages sowie das Recht auf Zahlung von Zinsen.

**Fundamentalanalyse**
Sie dient dazu, den **inneren Wert von Aktien** zu ermitteln, um deren Kaufwürdigkeit beurteilen zu können. Verfahren sind z. B.:

► Bilanzkurs
► Ertragswertkurs
► Price-Earning-Ratio.

**Gewinnvergleichsrechnung**
Sie ist eine **statische Investitionsrechnung**, die eine Erweiterung der Kostenvergleichsrechnung darstellt, indem sie die Erlöse einbezieht. Diese können in der Praxis unterschiedlich hoch sein. Mithilfe der Gewinnvergleichsrechnung kann das **Auswahlproblem** für einzelne und alternative Investitionsobjekte sowie das **Ersatzproblem** gelöst werden.

**Innenfinanzierung**
Durch sie erfolgt die **Finanzierung** des Unternehmens **von innen**, d. h. aus eigener Kraft. Zu unterscheiden sind:

► Finanzierung aus Umsatzerlösen als Selbstfinanzierung

► Finanzierung aus Abschreibungs- und Rückstellungsgegenwerten

► Finanzierung aus sonstigen Kapital-freisetzungen, z. B. Rationalisierung.

**Interfinanz-Methode**
Sie ist ein **Multiplikator-Verfahren**, bei dem der Unternehmenswert ermittelt wird, indem die bereinigten und gewich-teten durchschnittlichen Gewinne der letzten fünf Jahre mit einem größen- und branchenspezifischen Multiplikator multipliziert werden, der das Risiko am Markt wiedergibt.

**Interner Zinsfuß**
Das ist der Zinssatz, der beim **Diskontieren** der Einzahlungen und Auszahlungen **zu einem Kapitalwert von Null** führt. Er kann grafisch und rechnerisch ermittelt werden, wobei in beiden Fällen zunächst zwei Zinssätze als Versuchszinssätze gewählt werden, um durch eine Interpolation zum internen Zinsfuß zu gelangen.

**Interne Zinsfuß-Methode**
Sie ist eine **dynamische Investitionsrechnung**, bei welcher der interne Zinsfuß als Maßstab der Vorteilhaftigkeit von Investitionen dient. Mit ihrer Hilfe kann das **Auswahlproblem** für einzelne und alternative Investitionsobjekte sowie das **Ersatzproblem** gelöst werden.

**Investition**
Darunter wird allgemein die **Kapitalverwendung** verstanden, also eine Umwandlung von Kapital in Vermögen. Als Investition kann aber auch jegliche **Abkehr vom Geld** gesehen werden. Arten von Investitionen sind z. B.:

► Sachinvestitionen, Finanzinvestitionen, immaterielle Investitionen

► Nettoinvestitionen, Reinvestitionen, Bruttoinvestitionen.

**Investition, *immaterielle***
Sie dient dazu, das Unternehmen wettbewerbsfähig zu halten oder seine Wettbewerbsfähigkeit zu steigern. Die immaterielle Investition bezieht sich vor allem auf den:

► Personalbereich, z. B. als Ausbildung, Fortbildung, Umschulung

- Forschungs- und Entwicklungsbereich, z. B. neue Verfahren
- Marketingbereich, z. B. als Werbung, Öffentlichkeitsarbeit.

### Investitionsrechnung, *dynamische*

Mit ihr lässt sich die Vorteilhaftigkeit von Investitionen **mehrperiodisch** anhand von Einzahlungs- und Auszahlungsströmen mithilfe **mathematischer Methoden** beurteilen. Dabei steht die Diskontierung zukünftiger Größen im Mittelpunkt. Verfahren sind:

- Kapitalwertmethode
- Interne Zinsfuß-Methode
- Annuitätenmethode.

### Investitionsrechnung, *statische*

Sie wird insbesondere zur Beurteilung von Sachinvestitionen eingesetzt, ist einfach zu handhaben, betrachtet **einperiodisch** Kosten und Erlöse und bezieht den Zins nur als Kostengröße ein. Verfahren sind:

- Kostenvergleichsrechnung
- Gewinnvergleichsrechnung
- Rentabilitätsvergleichsrechnung
- Amortisationsvergleichsrechnung.

### Kalkulationszins

Er spiegelt die **Finanzierungskosten** für die Investition wider und dient innerhalb der dynamischen Investitionsrechnungen als **Renditemaßstab** der in der Zukunft liegenden Vorgänge. Er kann sein:

- Kapitalmarktzins, meist mit Risikozuschlag
- Branchenzins (durchschnittlich erreichte Rendite)
- Unternehmenszins (Verzinsung langfristig gebundenen Kapitals)
- Zins nach dem WACC-Modell (nach ihrem Anteil an der Bilanz gewichtete

Fremd- und Eigenkapitalzinsen).

### Kapital

Es stellt die **Wertsumme auf der Passiv-Seite** der Bilanz dar, mit der die Gesamtheit der Verbindlichkeiten des Unternehmens gegenüber seinen Gläubigern ausgewiesen wird, die Eigenkapital und Fremdkapital zur Verfügung gestellt haben. Unter Kapital kann auch **Geld für Investitionszwecke** oder ganz allgemein **Geld** verstanden werden.

### Kapitalbedarf

Er entsteht dadurch, dass vom Unternehmen Auszahlungen zu leisten sind, denen unmittelbar keine zumindest gleich hohen Einzahlungen gegenüberstehen. Seine **Höhe** hängt ab:

- von der Höhe der Einzahlungen und der Auszahlungen
- vom zeitlichen Auseinanderfallen der Zahlungsströme.

### Kapitalbedarfsrechnung

Sie dient dazu, den Kapitalbedarf auf relativ einfache Weise zu ermitteln und erfolgt in drei **Schritten**:

- Ermittlung des Anlagekapitalbedarfes
- Ermittlung des Umlaufkapitalbedarfes
- Ermittlung des Gesamtkapitalbedarfes (Anlagekapitalbedarf + Umlaufkapitalbedarf).

Dies kann kumulativ oder elektiv erfolgen.

### Kapitalflussrechnung

Mit ihr werden **Veränderungen** der Posten **zweier aufeinander folgender Bilanzen und GuV-Rechnungen** zu Beginn und am Ende einer Periode gegenübergestellt. Die Differenzen zwischen insgesamt verfügbaren Mitteln und eingesetzten Mitteln ergibt die Zu- und Abnahme der flüssigen Mittel.

**Kapitalkosten**

Sie umfassen:

► **kalkulatorische Abschreibungen**, welche die Wertminderungen innerhalb einer Periode widerspiegeln

► **kalkulatorische Zinsen**, die das durch das Investitionsobjekt gebundene Kapital repräsentieren.

**Kapitalwert**

Er ist die **Differenz** zwischen dem **Barwert** der investitionsbedingten **Einzahlungen** und dem **Barwert** der investitionsbedingten **Auszahlungen**, wobei ein Liquidationserlös des Investitionsobjektes abgezinst und den Überschüssen des Investitionsobjektes zugerechnet wird. Der Kapitalwert kann positiv, negativ oder Null sein.

**Kapitalwertmethode**

Sie ist eine **dynamische Investitionsrechnung**, bei welcher der Kapitalwert zum Beginn der Nutzungsdauer von Investitionsobjekten als Maßstab der Vorteilhaftigkeit dient. Mit ihrer Hilfe kann das **Auswahlproblem** für einzelne und alternative Investitionsobjekte sowie das **Ersatzproblem** gelöst werden.

**Kassamarkt**

Bei ihm fallen die Preisfeststellung für eine Wertpapiertransaktion und deren Erfüllung zeitlich zusammen. Seine **Segmente** sind:

► **Regulierter Markt** (für Unternehmen, die hohen (General Standard) bzw. höchsten (Prime Standard) Transparenz- und Zulassungsanforderungen gerecht werden)

► **Open Market** (für junge und kleine Unternehmen, die nach dem Entry Standard geringere Anforderungen z. B. für die Zulassung oder die Publizitätspflicht zu erfüllen haben).

**Kosten/Erlöse**

**Kosten** stellen den wertmäßigen Verzehr von Produktionsfaktoren zur Erstellung und Verwertung betrieblicher Leistungen sowie zur Sicherung der dafür notwendigen betrieblichen Kapazitäten dar.

**Erlöse** sind der Wertzuwachs, der durch die Erstellung und Verwertung von betrieblichen Leistungen bewirkt wird.

**Kostenvergleichsrechnung**

Sie ist das einfachste Verfahren der **statischen Investitionsrechnung**, bei dem die Kosten der alternativen Investitionsobjekte gegenübergestellt werden. Das Investitionsobjekt ist das vorteilhaftere bzw. vorteilhafteste, das die niedrigeren bzw. niedrigsten Kosten verursacht. Erlöse bleiben unberücksichtigt.

**Kurs-Gewinn-Verhältnis-Methode**

Sie ist ein **Multiplikator-Verfahren**, bei dem der Unternehmenswert ermittelt wird, indem das nachhaltig erzielbare zukünftige Ergebnis nach Steuern mit dem Kurs-Gewinn-Verhältnis (**Price-Earning-Ratio**) multipliziert wird. Die Methode ermöglicht lediglich eine Grobschätzung.

**Leverage-Effekt**

Er bewirkt, dass bei einer bestimmten Eigenkapitalrentabilität die **Verzinsung des Eigenkapitals** durch die Aufnahme von Fremdkapital **erhöht** werden kann, wenn die Kosten für das zusätzliche Fremdkapital niedriger sind als die erzielte Gesamtkapitalrentabilität. Im umgekehrten Falle kommt es zu einer Aufzehrung des Eigenkapitals, was als **Leverage Risk** bezeichnet wird.

**Liquidationswert**

Er gibt an, welcher Erlös bei der Liquidation eines Unternehmens zu erzielen wäre, wenn die vorhandenen **Güter ein-**

**zeln verkauft** würden, d. h. er ist die Summe aller Veräußerungspreise, die erzielt werden.

## Liquidität

Sie soll die **Zahlungsfähigkeit** eines Unternehmens gewährleisten bzw. seine Zahlungsunfähigkeit (Illiquidität) abwenden. Sie kann sein:

► **absolute Liquidität** als Eigenschaft von Vermögensteilen, als Zahlungsmittel verwendet bzw. umgewandelt zu werden.

► **relative Liquidität**, siehe dort.

## Liquidität, *relative*

Sie zeigt die Möglichkeit des Unternehmens, seinen finanziellen Verpflichtungen nachzukommen. Es gibt:

► **statische Liquidität**, die zeitpunktbezogen das Verhältnis zwischen verschiedenen Bilanzpositionen beschreibt

► **dynamische Liquidität**, die zeitraumbezogen alle fälligen Zahlungsverpflichtungen uneingeschränkt erfüllt.

## Liquiditätsanalyse, kurzfristige statische

Dabei werden Positionen von **Aktiv- und Passiv-Seite** untersucht:

$$\text{Liquidität 1. Grades} = \frac{\text{Zahlungsmittel}}{\text{Kurzfristige Verbindlichkeiten}} \cdot 100$$

$$\text{Liquidität 2. Grades} = \frac{\text{Zahlungsmittel + kurzfristige Forderungen}}{\text{Kurzfristige Verbindlichkeiten}} \cdot 100$$

$$\text{Liquidität 3. Grades} = \frac{\text{Gesamtes Umlaufvermögen}}{\text{Kurzfristige Verbindlichkeiten}} \cdot 100$$

## Liquiditätsanalyse, langfristige statische

Es werden Positionen von **Aktiv- und Passiv-Seite** einbezogen:

$$\text{Deckungsgrad A} = \frac{\text{Eigenkapital}}{\text{Anlagevermögen}} \cdot 100$$

$$\text{Deckungsgrad B} = \frac{\text{Eigenkapital + langfristiges Fremdkapital}}{\text{Anlagevermögen}} \cdot 100$$

$$\text{Deckungsgrad C} = \frac{\text{Eigenkapital + langfristiges Fremdkapital}}{\text{Anlagevermögen + langfristig gebundenes Umlaufvermögen}} \cdot 100$$

## Mergers- & Acquisitions-Geschäft

Dabei handelt es sich um die **Vermittlung** von Beteiligungen und ganzer Unternehmen gegen Provision. Die Leistungen der Mergers- & Acquisitions-Firmen bzw. Mergers- & Acquisitions-Abteilungen von Banken oder Wirtschaftsprüfungsgesellschaften umfassen:

► Beratung
► Durchführungsbetreuung
► Objektsuche
► Finanzierung.

## Mittelwert-Verfahren

Es ist ein traditionelles Verfahren der **Unternehmensbewertung**, bei dem der Unternehmenswert als arithmetisches Mittel aus Teilreproduktionswert und Ertragswert errechnet wird. Damit wird der latenten Konkurrenzgefahr Rechnung getragen, was vielfach als zu schematisch angesehen wird.

## Multiplikator-Verfahren

Dies sind relativ einfache **Verfahren zur Bestimmung des Unternehmenswertes**, die in Märkten angewandt werden können, in denen Transparenz herrscht. Verfahren sind z. B.:

▶ Umsatzbezogener Unternehmenswert
▶ Kurs-Gewinn-Verhältnis-Methode
▶ Interfinanz-Methode
▶ EBDIT-Methode.

## Nettoinvestition
Sie wird im Unternehmen **erstmals** vorgenommen und kann sein:

▶ Gründungsinvestition bei Gründung oder Kauf eines Unternehmens

▶ Erweiterungsinvestition bei Erweiterung der Leistungspotenziale.

## Nutzungsdauer
Sie ist der Zeitraum, in dem ein Investitionsobjekt zweckentsprechend verwendet werden kann. Zu unterscheiden sind:

▶ technische Nutzungsdauer (theoretisch unendlich lang)

▶ wirtschaftliche Nutzungsdauer (Verschleiß, Entwicklung)

▶ betriebsgewöhnliche Nutzungsdauer (AfA-Tabellen)

▶ rechtliche Nutzungsdauer (Leasing-/Lizenz-Zeitraum).

## Nutzungsgrad
Er gibt die tatsächliche Nutzung des Leistungsvermögens eines Unternehmens an, wird auch **Beschäftigungsgrad** genannt und beeinflusst den Kapitalbedarf in seiner Höhe durch:

▶ quantitative Anpassung (Änderung der Arbeitsplatzanzahl)

▶ zeitliche Anpassung (Änderung der Arbeitszeitlänge)

▶ intensitätsmäßige Anpassung (Änderung der Prozessgeschwindigkeit).

## Nutzwertrechnung
Mit ihrer Hilfe wird der Nutzwert von Investitionsobjekten festgestellt, der zahlenmäßiger **Ausdruck für den subjektiven Wert einer Investition** im Hinblick auf das Erreichen insbesondere qualitativer Ziele (Kriterien) ist. Unter Verwendung der Nutzwerte alternativer Investitionsobjekte lässt sich eine Rangordnung bezüglich deren Vorteilhaftigkeit bilden.

## Price-Earning-Ratio
Die PER-Kennziffer, die auch Kurs-Gewinn-Verhältnis genannt wird, stellt dem momentanen Marktwert einer Aktie den hierauf entfallenden Reingewinn gegenüber:

$$PER = \frac{\text{Börsenkurs (€)}}{\text{Gewinn je Aktie (€)}}$$

## Prozessanordnung
Mit ihr wird der **Ablauf der betrieblichen Leistungserstellung** zeitlich organisiert. Sie hat Einfluss auf die Höhe des Kapitalbedarfes und kann sein:

▶ gleichzeitige Prozessanordnung (hoher und schwankender Kapitalbedarf)

▶ zeitlich gestaffelte Prozessanordnung (niedrigerer und konstanter Kapitalbedarf).

## Prozessgeschwindigkeit
Dabei handelt es sich um den **zeitlichen Bedarf**, den ein Prozess benötigt. Je größer sie ist, umso weniger weit fallen Auszahlungen und Einzahlungen auseinander, weshalb der Kapitalbedarf geringer wird, z. B. durch Verringerung von Fertigungs- bzw. Lagerzeiten.

## Reinvestition
Sie dient der **Wiederauffüllung** des durch den Leistungsprozess verminderten Bestandes an Produktionsfaktoren und kann sein:

▶ Ersatzinvestition (neues gleichartiges

Investitionsobjekt)

▶ Rationalisierungsinvestition (verbessertes Investitionsobjekt)

▶ Umstellungsinvestition (für gleiche Produkte)

▶ Diversifizierungsinvestition (für andere Produkte/Märkte).

## Rentabilität

Sie ist eine **Verhältniszahl** aus wertmäßigen Ertragsgrößen und verschiedenen Kapitalien als Einsatzgrößen, z. B.:

$$\text{Eigenkapitalrentabilität} = \frac{\text{Gewinn}}{\text{Eigenkapital}} \cdot 100$$

$$\text{Gesamtkapital-rentabilität} = \frac{\text{Gewinn} + \text{Fremdkapitalzinsen}}{\text{Eigenkapital} + \text{Fremdkapital}} \cdot 100$$

Auch der **Return on Investment** misst die Rentabilität.

Bei der Rentabilitätsvergleichsrechnung wird unter Rentabilität verstanden:

$$\text{Rentabilität} = \frac{\text{Gewinn}}{\varnothing \text{ eingesetztes Kapital}} \cdot 100$$

## Rentabilitätsvergleichsrechnung

Sie ist eine **statische Investitionsrechnung**, mit der die Ermittlung einer absoluten Vorteilhaftigkeit von Investitionsobjekten möglich ist, da sie den erforderlichen Kapitaleinsatz berücksichtigt. Mit ihrer Hilfe kann das **Auswahlproblem** für einzelne und alternative Investitionsobjekte sowie das **Ersatzproblem** gelöst werden.

## Return on Investment (RoI)

Er gibt die **Rentabilität des Kapitaleinsatzes** wieder. Die Ertragsgrößen können der Gewinn, Jahresüberschuss oder Cashflow sein.

$$\text{RoI} = \frac{\text{Gewinn}}{\text{Gesamtkapital}} \cdot 100$$

$$\text{RoI} = \underbrace{\frac{\text{Gewinn}}{\text{Umsatz}} \cdot 100}_{\text{Umsatz-rentabilität}} \cdot \underbrace{\frac{\text{Umsatz}}{\text{Gesamtkapital}}}_{\text{Kapitalumschlags-häufigkeit}}$$

## Sachinvestition

Sie ist **am** betrieblichen **Leistungsprozess direkt beteiligt**, z. B. als Maschine, oder ermöglicht den betrieblichen Leistungsprozess erst, z. B. als Gebäude. Die Sachinvestition wird auch genannt:

▶ Leistungswirtschaftliche/produktionswirtschaftliche Investition

▶ Realinvestition.

## Scheck

Er stellt eine unbedingte **Anweisung des Ausstellers** an sein Kreditinstitut dar, einen bestimmten Betrag bei Sicht an einen Dritten unter Belastung seines Kontos zu zahlen. Es gibt:

▶ Barscheck/Verrechnungsscheck

▶ Inhaberscheck/Orderscheck/Rektascheck

▶ Bestätigter Scheck.

## Shareholder Value-Methode

Mit ihr wird der **Unternehmenswert** als **Aktionärsvermögen** entsprechend der Discounted Cashflow-Methode ermittelt. Grundlagen sind ebenso prognostizierte Free Cashflows und ein Restwert, die auf den heutigen Zeitpunkt abgezinst werden. Das Fremdkapital wird von dieser Summe abgezogen. Im Unterschied zu der Discounted Cashflow-Methode wird zur Ermittlung der Eigenkapitalzinsen das Capital Asset Pricing Model verwandt.

## Skalierung

Sie ermöglicht bei der **Nutzwertrechnung** den Vergleich der alternativen Investitionsobjekte und kann sein:

► Nominalskala (ja/nein, gut/schlecht)

► Ordinalskala (größer/kleiner/gleich)

► Intervallskala (sehr gut = 5 Punkte, sehr schwach = 0 Punkte)

► Verhältnisskala (sehr genaue Skala mit einem Nullpunkt, z. B. Gewichtsskala).

## Substanzwert

Er stellt die Summe der Beträge dar, die aufgewendet werden müssten, um ein Unternehmen mit der gleichen technischen Leistungsfähigkeit wieder zu errichten. Der Substanzwert wird auch **Teilreproduktionswert** genannt.

## Substanzwert-Verfahren

Es ist ein traditionelles Verfahren der **Unternehmensbewertung**, das den Substanzwert in Form der Tageswerte der bewertbaren, betriebsnotwendigen Vermögensteile erfasst. Das Substanzwert-Verfahren ist kein eigenständiges Verfahren der Unternehmensbewertung, sondern wird ergänzend verwendet und zeigt Risikoaspekte auf.

## Terminmarkt

Hier fallen die **Preisfeststellung** für eine Wertpapiertransaktion und deren **Erfüllung zeitlich auseinander**, d. h. es werden Verträge geschlossen, bei denen die Konditionen z. B. für den Wertpapierkauf bzw. Wertpapierverkauf in der Zukunft bereits heute festgelegt werden.

## Übergewinnkapitalisierungs-Verfahren

Bei ihm wird unterstellt, dass über die Nor-

malverzinsung des Reproduktionswertes hinausgehende Gewinne besonders stark risikobehaftet sind und der Übergewinn deshalb mit einem höheren als dem normalen Zinssatz zu kapitalisieren ist.

## Übergewinnabgeltungs-Verfahren

Es geht davon aus, dass dem Verkäufer eines Unternehmens nicht nur der Reproduktionswert zusteht, sondern auch ein Betrag, der für den Verzicht auf die Übergewinne der kommenden Jahre entschädigt. Nach Ablauf einiger Jahre sind die Übergewinne dem neuen Eigentümer zuzurechnen oder sie fallen aufgrund des Konkurrenzdruckes weg.

## Übergewinn-Verfahren

Es ist ein traditionelles Verfahren der **Unternehmensbewertung**, bei dem der Unternehmenswert mithilfe des Übergewinns ermittelt wird. Darunter ist der Gewinn zu verstehen, der über die Normalverzinsung des Substanzwertes hinaus erzielt wird. Für seine Ermittlung gibt es zwei **Verfahren**:

► Verfahren der Übergewinnabgeltung

► Verfahren der Übergewinnkapitalisierung.

## Umlaufkapitalbedarf

Seine Ermittlung erfolgt, indem für die Güter des **Umlaufvermögens**:

► die Kapitalbindungsdauern festgestellt werden

► die durchschnittlichen täglichen Werteinsätze ermittelt werden.

Danach erfolgt die Multiplikation beider Größen miteinander, was **vereinfacht** (kumulativ) oder **differenziert** (elektiv) geschehen kann.

## Umlaufvermögen

Es umfasst alle Gegenstände, die dem **Geschäftsbetrieb nicht dauernd dienen** sollen, also kein Anlagevermögen dar-stellen. Das Umlaufvermögen wird auf der Aktiv-Seite der Bilanz ausgewiesen als:

► Vorräte, z. B. Rohstoffe, Betriebsstoffe, Hilfsstoffe

► Forderungen und sonstige Vermögens-gegenstände (als Restposten)

► Wertpapiere, z. B. Aktien sowie Obliga-tionen mit kurzer Restlaufzeit

► Schecks, Kassenbestand, Guthaben (Bundesbank, Kreditinstitute).

## Vermögen
Beim Vermögen handelt es sich um die Gesamtheit aller vom Unternehmen be-nötigten Produktionsfaktoren in Form von:

► Sachmitteln, z. B. Rohstoffen, Maschi-nen, Gebäuden

► Rechten, z. B. Patenten, Lizenzen

► Geld.

Zu unterscheiden sind Anlagevermögen und Umlaufvermögen.

## Wechsel
Er **verbrieft** als streng förmliches Wert-papier ein **privates Vermögensrecht**, das an den Besitz der Urkunde gebunden ist. Der Wechsel kann sein:

► Gezogener Wechsel (vor dem Erfolgen des Akzepts auch Tratte genannt)

► Eigener Wechsel (auch als Solawechsel bezeichnet).

## Wertpapiere, *festverzinsliche*
Sie verbriefen schuldrechtliche Verpflich-tungen und gewähren dem Inhaber ein Forderungsrecht gegenüber dem Emit-tenten (öffentliche Hand, private Unter-nehmen, Kreditinstitute). Sie heißen auch **Schuldverschreibungen, Anleihen, Ren-tenpapiere** oder **Obligationen** und wer-den zur Beschaffung von langfristigem Fremdkapital ausgegeben.

## Wertpapierhandel
Er umfasst:

► den börslichen Handel an der Wert-papierbörse, dem der Kassamarkt und der Terminmarkt zu Grunde liegen

► den außerbörslichen Handel, der auch als Telefonhandel bezeichnet wird.

## Zahlungsmittel
Sie umfassen:

► **Bargeld** als gesetzliches Zahlungsmit-tel (Banknoten, Münzen)

► **Buchgeld**, z. B. Sichteinlagen (kein ge-setzliches Zahlungsmittel)

► **Geldersatzmittel**, z. B. Schecks, Wech-sel, die ebenfalls kein gesetzliches Zah-lungsmittel darstellen.

## Zahlungsverkehr
Er **verwaltet** die für die Finanzwirtschaft erforderlichen **finanziellen Transaktionen** und kann sein:

► Barzahlungsverkehr (Übertragung von Buchgeld)

► halbbarer Zahlungsverkehr (Umwand-lung von Bar-/Buchgeld)

► bargeldloser Zahlungsverkehr (Über-tragung von Buchgeld).

## Zahlungsverkehr, bargeldloser
Bei ihm wird Buchgeld übertragen im Rahmen des:

► Überweisungsverkehrs durch Dauer-, Eil-, Sammelüberweisung

► Lastschriftverkehrs durch Einzugser-mächtigung und Abbuchungsauftrag

► Scheck- und Wechselverkehrs.

## A. Grundlagen

**Becker, H. P.**, Investition und Finanzierung, 2. Aufl., Wiesbaden 2008

**Bestmann, U.** (Hrsg.), Kompendium der Betriebswirtschaftslehre, 11. Aufl., München/Wien 2008

**Bischoff, S.**, Investitionsmanagement, München 1997

**Blazek/Deyhle/Eiselmayer**, Finanz-Controlling: Planung und Steuerung von Bilanzen und Finanzen, 7. Aufl., Offenburg 2002

**Blohm/Lüder/Schäfer**, Investition: Schwachstellenanalyse des Investitionsbereichs und Investitionsrechnung, 9. Aufl., München 2006

**Brandt, H.**, Investitionspolitik des Industriebetriebs, 3. Aufl., Wiesbaden 1970

**Buchner, R.**, Grundzüge der Finanzanalyse, München 1981

**Büschgen, H. E.**, Grundlagen betrieblicher Finanzwirtschaft, 3. Aufl., Frankfurt/Main 1991

**Büschgen, H. E.**, Das kleine Bank-Lexikon, 3. Aufl., Düsseldorf 2006

**Busse, F.-J.**, Grundlagen der betrieblichen Finanzwirtschaft, 5. Aufl., München/Wien 2003

**Chmielewicz, K.**, Betriebliche Finanzwirtschaft I. Finanzierungsrechnung, Berlin 1976

**Coenenberg, A.**, Jahresabschluss und Jahresabschlussanalyse, 20. Aufl., München 2005

**Däumler, K.-D.**, Grundlagen der Investitions- und Wirtschaftlichkeitsrechnungen, 10. Aufl., Herne/Berlin 2002

**Ditges/Arendt**, Bilanzen, 12. Aufl., Herne 2010

**Ehrmann, H.**, Balanced Scorecard, 4. Aufl., Ludwigshafen 2007

**Eilenberger, G.**, Betriebliche Finanzwirtschaft: Einführung in Investition und Finanzierung, Finanzpolitik und Finanzmanagement von Unternehmungen, 7. Aufl., München/Wien 2003

**Grabbe, H. W.**, Investitionsrechnung in der Praxis, Köln 1976

**Gräfer, H.**, Bilanzanalyse, 10. Aufl., Herne 2008

**Grefe, C.**, Kompakt-Training Bilanzen, 7. Aufl., Herne 2011

**Grill/Perczynski**, Wirtschaftslehre des Kreditwesens, 41. Aufl., Bad Homburg 2007

**Grochla, E.**, Unternehmensorganisation, 9. Aufl., Reinbek 1983

**Grochla, E.**, Finanzorganisation, in: Handwörterbuch der Finanzwirtschaft, hrsg. v. H. E. Büschgen, Stuttgart 1976, Sp. 526 - 539

**Grob, H. L.**, Einführung in die Investitionsrechnung, 5. Aufl., München 2006

**Grössl, L.**, Betriebliche Finanzwirtschaft, 4. Aufl., Grafenau/Stuttgart 1999

**Hahn, O.**, Allgemeine Betriebswirtschaftslehre, 3. Aufl., München/Wien 1997

**Hahn, O.**, Finanzwirtschaft, 2. Aufl., Landsberg 1983

**Harrmann, A.**, Bilanzanalyse in der Praxis unter Berücksichtigung moderner Kennzahlen, 3. Aufl., Herne/Berlin 1988

**Hax, H.**, Finanzierung, in: Bitz/Dellmann/Domsch/Egner (Hrsg.), Vahlens Kompendium der Betriebswirtschaftslehre, Bd. 1, 2. Aufl., München 1989

**Heinen, E.**, Industriebetriebslehre, 9. Aufl., Wiesbaden 1991

**Heinold, M.**, Arbeitsbuch zur Investitionsrechnung, 2. Aufl., München 1985

**Henselmann, K.**, Finanzplanung; Aufgaben, Arten, Vorgehensweisen, in: Akademie 4/1996

**Hopfenbeck, W.**, Allgemeine Betriebswirtschafts- und Managementlehre, 14. Aufl., Landsberg 2002

**Horvath, P.**, Controlling, 10. Aufl., München 2006

**Kaplan/Norton**, Balanced Scorecard, Stuttgart 1997

**Kern, W.**, Grundzüge der Investitionsrechnung, Stuttgart 1976

**Kern, W.**, Investitionsrechnung, Stuttgart 1974

**Kruschwitz, L.**, Finanzierung und Investition, 5. Aufl., Berlin/New York 2007

**Kruschwitz, L.**, Investitionsrechnung, 12. Aufl., München/Wien 2008

**Marx, M.**, Finanzmanagement und Finanzcontrolling im Mittelstand, Schriftenreihe Controlling, Bd. 2, hrsg. v. K. Serfling, Ludwigsburg/Berlin 1993

**Massé, P.**, Investitionskriterien, 2. Aufl., München 1989

**Müller-Hedrich, B.**, Betriebliche Investitionswirtschaft, 7. Aufl., Stuttgart 1998

**Moxter, A.**, Bilanzlehre, in 2 Bdn., 3. u. 4. Aufl., Wiesbaden 1991

**Olfert/Rahn**, Lexikon der Betriebswirtschaftslehre, 7. Aufl., Herne 2011

**Olfert, K.**, Investition, 12. Aufl., Herne 2012

**Olfert, K.**, Finanzierung, 15. Aufl., Herne 2011

**Olfert, K.**, Kompakt-Training Finanzierung, 7. Aufl., Herne 2011

**Olfert, K.**, Lexikon Finanzierung und Investition, 2. Aufl., Herne 2010

**Peemöller, V. H.**, Controlling: Grundlagen und Einsatzgebiete, 5. Aufl., Herne/Berlin 2005

**Perridon/Steiner/Rathgeber**, Finanzwirtschaft der Unternehmung, 15. Aufl., München 2009

**Priewasser, E.**, Betriebliche Investitionsentscheidung, Berlin/New York 1972

**Rahn, H.-J.**, Unternehmensführung, 8. Aufl., Herne 2012

**Schierenbeck/Wöhle**, Grundzüge der Betriebswirtschaftslehre, 17. Aufl., München/Wien 2008

**Schmalenbach, E.**, Pretiale Wirtschaftslenkung, Bd. 2, Bremen- Horn 1948

**Schmid, R. B.**, Unternehmungsinvestitionen, 4. Aufl., Opladen 1984

**Schmidt, A.**, Das Controlling als Instrument zur Koordination der Unternehmensführung – eine Analyse der Koordinationsfunktion des Controlling unter entscheidungsorientierten Gesichtspunkten, Frankfurt a. M./Bern/ New York 1986

**Schneider, D.**, Investition, Finanzierung und Besteuerung, 7. Aufl., Wiesbaden 1992

**Schulte, K. W.**, Wirtschaftlichkeitsrechnung, 4. Aufl., Würzburg/Wien 1986

**Süchting, J.**, Finanzmanagement: Theorie und Politik der Unternehmensfinanzierung, 6. Aufl., Wiesbaden 1995

**Swoboda, P.**, Investition und Finanzierung, 5. Aufl., Göttingen 1996

**Weis, H. C.**, Marketing, 14. Aufl., Ludwigshafen/Rhein 2007

**Weitkemper, F.-J.**, Finanzierung multinationaler Unternehmen, in: Finanzierungshandbuch, 2. Aufl., hrsg. v. F. W. Christians, Wiesbaden 1988

**Ziegenbein, K.**, Controlling, 10. Aufl., Herne 2012

**Ziegenbein, K.**, Kompakt-Training Controlling, 3. Aufl., Ludwigshafen/Rhein 2006

## B. Investitionsentscheidung

**Bamberg/Coenenberg**, Betriebswirtschaftliche Entscheidungslehre, 12. Aufl., München 2004

**Berekoven/Eckert/Ellenrieder**, Marktforschung, Methodische Grundlagen und praktische Anwendung, 9. Aufl., Wiesbaden 2001

**Betge, P.**, Investitionsplanung, 4. Auflage, Wiesbaden 2000

**Bischoff, S.**, Investitionsmanagement, München 1980

**Blazek/Deyhle/Eiselmayer**, Finanz-Controlling: Planung und Steuerung von Bilanzen und Finanzen, 7. Aufl., Offenburg 2002

**Blohm/Lüder/Schäfer**, Investition: Schwachstellenanalyse des Investitionsbereichs und Investitionsrechnung, 9. Aufl., München 2006

**Busse, F.-J.**, Grundlagen der betrieblichen Finanzwirtschaft, 5. Aufl., München/Wien 2003

**Däumler, K.-D.**, Grundlagen der Investitions- und Wirtschaftlichkeitsrechnungen, 10. Aufl., Herne/Berlin 2002

**Eilenberger, G.**, Betriebliche Finanzwirtschaft: Einführung in Investition und Finanzierung, Finanzpolitik und Finanzmanagement von Unternehmungen, 7. Aufl., München/Wien 2003

**Gutenberg, E.**, Grundlagen der Betriebswirtschaftslehre, Bd. 3, Die Finanzen, 8. Aufl., Berlin 1987

**Hahn, D.**, PUK, Wertorientierte Controllingkonzepte, 6. Aufl., Wiesbaden 2001

**Hahn, O.**, Allgemeine Betriebswirtschaftslehre, 3. Aufl., München/Wien 1997

**Hahn, O.**, Finanzwirtschaft, 2. Aufl., Landsberg 1983

**Hax, H.**, Investitionstheorie, 5. Aufl., Würzburg/Wien 1998

**Heinen, E.**, Einführung in die Betriebswirtschaftslehre, 9. Aufl., Wiesbaden 1992

**Heinen, E.**, Betriebswirtschaftliche Führungslehre, 2. Aufl. Wiesbaden 1992

**Meffert, H.**, Marketing: Grundlagen marktorientierter Unternehmensführung. Konzepte – Instrumente – Praxisbeispiele, 9. Aufl., Wiesbaden 2000

**Nieschlag/Dichtl/Hörschgen**, Marketing, 19. Aufl., Berlin 2002

**Olfert, K.**, Investition, 12. Aufl., Herne 2012

**Olfert, K.**, Lexikon Finanzierung und Investition, 2. Aufl., Herne 2010

**Weis, H. C.**, Marketing, 15. Aufl., Ludwigshafen/Rhein 2009

**Weis, H. C.**, Kompakt-Training Marketing, 6. Aufl., Ludwigshafen 2010

## C. Investitionsrechnung zur Beurteilung von Sachinvestitionen

**Altrogge, G.**, Investition, 4. Aufl., München 1996

**Bischoff, S.**, Investitionsmanagement, München 1980

**Blohm/Lüder/Schäfer**, Investition: Schwachstellenanalyse des Investitionsbereichs und Investitionsrechnung, 9. Aufl., München 2006

**Brandt, H.**, Investitionspolitik des Industriebetriebs, 3. Aufl., Wiesbaden 1970

**Chmielewicz, K.**, Betriebliche Finanzwirtschaft I. Finanzierungsrechnung, Berlin 1976

**Däumler, K.-D.**, Grundlagen der Investitions- und Wirtschaftlichkeitsrechnungen, 10. Aufl., Herne/Berlin 2002

**Ditges/Arendt**, Bilanzen, 12. Aufl., Herne 2010

**Eilenberger, G.**, Betriebliche Finanzwirtschaft: Einführung in Investition und Finanzierung, Finanzpolitik und Finanzmanagement von Unternehmungen, 7. Aufl., München/Wien 2003

**Grabbe, H. W.**, Investitionsrechnung in der Praxis, Köln 1976

**Grefe, C.**, Kompakt-Training Bilanzen, 7. Aufl., Herne 2011

**Hahn, O.**, Allgemeine Betriebswirtschaftslehre, 3. Aufl., München/Wien 1997

**Hahn, O.**, Finanzwirtschaft, 2. Aufl., Landsberg 1983

**Hass, O.**, Finanzmathematik, 6. Aufl., München 2000

**Heinold, M.**, Arbeitsbuch zur Investitionsrechnung, 2. Aufl., München 1985

**Kern, W.**, Grundzüge der Investitionsrechnung, Stuttgart 1976

**Kern, W.**, Investitionsrechnung, Stuttgart 1974

**Kruschwitz, L.**, Finanzierung und Investition, 5. Aufl., Berlin/New York 2007

**Kruschwitz, L.**, Investitionsrechnung, 12. Aufl., Berlin/New York 2008

**Müller-Hedrich, B.**, Betriebliche Investitionswirtschaft, 7. Aufl., Stuttgart 1998

**Olfert/Rahn**, Lexikon der Betriebswirtschaftslehre, 7. Aufl., Herne 2011

**Olfert, K.**, Investition, 12. Aufl., Herne 2012

**Olfert, K.**, Lexikon Finanzierung und Investition, 2. Aufl., Herne 2010

**Perridon/Steiner/Rathgeber**, Finanzwirtschaft der Unternehmung, 14. Aufl., München 2005

**Priewasser, E.**, Betriebliche Investitionsentscheidung, Berlin/New York 1972

**Schmid, R. B.**, Unternehmungsinvestitionen, 4. Aufl., Opladen 1984

**Schneider, D.**, Investition, Finanzierung und Besteuerung, 7. Aufl., Wiesbaden 1992

**Schulte, K. W.**, Wirtschaftlichkeitsrechnung, 4. Aufl., Würzburg/Wien 1986

**Swoboda, P.**, Investition und Finanzierung, 5. Aufl., Göttingen 1996

**Walther/Rollwage**, Investitionsrechnung: Mit Übungsaufgaben und Lösungen, 2005

## D. Investitionsrechnung zur Beurteilung von Finanzinvestitionen

**Ballwieser, W.**, Unternehmensbewertung: Prozeß, Methoden und Probleme, 12. Aufl., Stuttgart 2007

**Bea/Haas**, Strategisches Management, 4. Aufl., Stuttgart 2005

**Blohm/Lüder/Schäfer**, Investition: Schwachstellenanalyse des Investitionsbereichs und Investitionsrechnung, 9. Aufl., München 2006

**Buchner, R.**, Grundzüge der Finanzanalyse, München 1981

**Bühner, R.**, Das Mangement-Wert-Konzept, Strategien zur Schaffung von mehr Wert im Unternehmen, Stuttgart 2001

**Däumler, K.-D.**, Grundlagen der Investitions- und Wirtschaftlichkeitsrechnungen, 10. Aufl., Herne/Berlin 2002

**Ditges/Arendt**, Bilanzen, 12. Aufl., Herne 2010

**Eilenberger, G.**, Betriebliche Finanzwirtschaft: Einführung in Investition und Finanzierung, Finanzpolitik und Finanzmanagement von Unternehmungen, 7. Aufl., München/Wien 2003

**Grefe, C.**, Kompakt-Training Bilanzen, 7. Aufl., Herne 2011

**Jung, W.**, Praxis des Unternehmenskaufs. Eine systematische Darstellung der Planung und Durchführung einer Akquisition, Stuttgart 1983

**Kruschwitz, L.**, Finanzierung und Investition, 5. Aufl., Berlin/New York 2007

**Müller-Hedrich, B.**, Betriebliche Investitionswirtschaft, 7. Aufl., Stuttgart 1998

**Neumann, M.**, Theoretische Volkswirtschaftslehre Bd. 2, Produktion, Nachfrage und Allokation, 4. Aufl., München 1995

**Olfert, K.**, Investition, 12. Aufl., Herne 2012

**Olfert, K.**, Lexikon Finanzierung und Investition, 2. Aufl., Herne 2010

**Peemöller, V. H.**, Ermittlung des Unternehmenswertes, in: SteuerStud, 2/1989

**Perridon/Steiner/Rathgeber**, Finanzwirtschaft der Unternehmung, 14. Aufl., München 2007

**Rappaport, A.**, Creating shareholder value: the new standard for business performance, New York/London 1986

**Sieben, G.**, Der Substanzwert der Unternehmung, Wiesbaden 1963

**Swoboda, P.**, Investition und Finanzierung, 5. Aufl., Göttingen 1996

**Süchting, J.**, Finanzmanagement: Theorie und Politik der Unternehmensfinanzierung, 6. Aufl., Wiesbaden 1995

**Wolbert, H.**, Bewertung eines Unternehmens aus der Sicht des Finanzinvestors, Euroforum Praxisseminar „Was kostet ein Unternehmen", Vortrag am 23.10.1990 Köln

**Zimmerer, C.**, Die Bewertung von Unternehmungen und Unternehmensanteilen, in: Finanzierungshandbuch, hrsg. v. F. W. Christians, 2. Aufl., Wiesbaden 1988